Traudi und Hugo Portisch

Pilzesuchen ein Vergnügen

Traudi und Hugo Portisch

Pilzesuchen ein Vergnügen

Die besten Speisepilze und ihre Doppelgänger

Illustrationen von
Alfonso B. Madden

Wissenschaftliche Betreuung:
Mag. Dr. Uwe Passauer

Orac Pietsch

ISBN 3-85368-907-8

Schutzumschlag: Bronislaw Zelek
Graphische Gestaltung: Gottfried Moritz
Lektorat: Leo Mazakarini
Technik: Imprima W. Menches
Gesamtherstellung: Wiener Verlag

Inhaltsverzeichnis

PILZESUCHEN – EIN VERGNÜGEN

Pilzesuchen ist nur dann ein Vergnügen, wenn man auch welche findet. Lediglich nach zwei, drei Pilzarten Ausschau zu halten und daher oft nur wenige zu finden, hält das Vergnügen in Grenzen. Dieses Buch soll Ihnen helfen, viele neue Pilzarten erkennen zu lernen und damit Ihr Suchprogramm zu erweitern.
Das Vergnügen sollte auch nicht nur auf einige Monate im Jahr beschränkt bleiben. Wir stellen Ihnen daher unter anderen einige Pilzarten vor, die entweder jahraus, jahrein wachsen oder besonders in den pilzarmen Wintermonaten zu finden sind. Wir folgen dabei dem Kalender, beginnend mit jenen Pilzarten, die im Januar und Februar oder schon im März und April wachsen, und stellen als letzten den Schneepilz vor, der noch im Dezember zu finden ist. Zu jeder einzelnen

Pilzart empfehlen wir Ihnen die beste Zubereitungsweise; denn, richtig verwertet, wird jeder eßbare Pilz zur Köstlichkeit.

Was Sie wissen müssen

Das Vergnügen, Pilze zu finden und zu verspeisen, war immer schon mit Gefahr verbunden. Denn es gibt kaum einen Pilz, der nicht ungenießbare oder giftige Doppelgänger besäße. Es existiert jedoch keine andere Möglichkeit, die eßbaren von den giftigen Pilzen zu unterscheiden, als ihre Merkmale genau zu kennen. Um diese Merkmale besser erkennen zu können, stellen wir in diesem Buch jeder eßbaren Pilzart ihre ungenießbaren und giftigen Doppelgänger in Wort und Bild unmittelbar gegenüber. Das sollte den Vergleich und das Erlernen der Unterscheidungsmerkmale um vieles einfacher machen.
Dieses Buch ist also kein Pilze-Bestimmungsbuch der gewohnten Art, in dem die Pilze nach ihrer Zugehörigkeit zu den einzelnen Großgruppen nacheinander vorgestellt werden, nein, dies ist ein Suchbuch, in dem wir einen guten Speisepilz nach dem anderen zur Suche empfehlen und ihn deshalb mit jenen giftigen und ungenießbaren Pilzen vergleichen, die mit ihm verwechselt werden könnten, und zwar unabhängig davon, welcher Gruppe sie wissenschaftlich zuzurechnen sind.
Dennoch sollten vor allem Anfänger sich diese Merkmale stets auch noch von erfahrenen Pilzkennern an Hand ihrer Funde genau erklären lassen. Denn kein Bild und kein Wort kann die in der Natur selbst gesammelte Erfahrung ersetzen.
Wir bitten Sie auch, zu beachten, daß stets alle angeführten Unterscheidungsmerkmale an den von Ihnen gefundenen Pilzen deutlich erkennbar sein müssen – es genügt nicht, wenn nur einige oder gar nur ein einziges dieser Merkmale zutreffen.
Suchen Sie nicht nur auf den Bildern nach den Merkmalen, sondern lesen Sie bitte stets auch den erklärenden Text zu den Bildern.
Und beachten Sie bitte auch die allgemeinen Grundsätze und Voraussetzungen für das Pilzesuchen, wie wir sie nun in den nächsten Kapiteln darlegen. Sie alle sind wichtig, wenn das Pilzesuchen tatsächlich nur Vergnügen und keinerlei Enttäuschungen oder gar Vergiftungen bringen soll.
Unter Beachtung dieser Grundregeln wünschen wir Ihnen viel Vergnügen auf der Pilzjagd. Ein Vergnügen übrigens, das in unseren Wäldern und Auen das ganze Jahr hindurch auf Sie wartet.

Wie man Pilze sucht und findet

Pilzsucher sind merkwürdige Leute. Die gemeinsame Leidenschaft, durch Wiesen und Wälder zu streifen und nach Pilzen zu jagen, verbindet sie. Aber im Wald selbst wollen sie möglichst allein sein, ihre Fundorte halten sie geheim wie vergrabene Schätze. Der Anblick eines Pilzes löst in ihnen ein besonderes Glücksgefühl aus. Da klingt etwas in uns nach aus einer Zeit, da des Menschen Arbeit nur im Sammeln und Jagen bestand und jeder Fund ein Stück Überleben garantierte. Tatsächlich bedeutet uns jeder Pilzfund auch heute noch ein echtes Erfolgserlebnis.
Und das Pilzesuchen lockt uns nicht nur zu dem gerade heute mehr denn je notwendigen Auslauf in die Wälder, es bietet Nervösen und Ungeduldigen, die glauben, ohne Arbeit nicht leben zu können, durchaus auch »Arbeit« beim Spazierengehen an. Denn Suchen ist Arbeit, jedoch eine Arbeit, die die Nerven beruhigt, das Selbstbewußtsein stärkt und – nach Einbringung der Ernte – zur Geselligkeit

einlädt. Das sind Eigenschaften, mit denen oft auch die Lust am Jagen begründet wird. Das Pilzesuchen ist auch aufregend wie ein Jagderlebnis – das Aufnehmen der Fährte, die Pirsch, das Erlegen der Beute, alles das gibt es beim Pilzesuchen, nur wird mit dem Pflücken des Pilzes das Lebewesen selbst nicht zerstört: denn die eigentliche Pilzpflanze befindet sich als Pilzgeflecht, als Myzel, unter der Erdoberfläche. Der Pilz ist nur der Fruchtkörper dieses Myzels, wie etwa ein Apfel oder eine Birne Fruchtkörper des Baumes sind, an dem sie hängen. Der Pilz ist wie sie Träger der Samen; bei den Pilzen nennt man die Samen Sporen. Sie befinden sich an den Blättern oder in den Röhren der Pilze.

Es sind diese Fruchtkörper, die Pilze selbst, nach denen wir suchen und die die köstlichen Speisen abgeben. Aber es geht eben nicht nur um die Beute, es geht auch um die Suche selbst. Denn was immer er im Leben draußen ist, beim Eintritt in den Wald verändert sich der Mensch schlagartig. Er wird verschluckt vom grünen Baumgewirr, er wird schweigsam, aber alle seine Sinne sind hellwach. Die mysteriöse Wirkung, die die tausendfache Strichlandschaft der Bäume auf ihn hat, wirkt wohltuend und beruhigend. Alle Nervosität der Welt wird abgestreift. Der Pilzsucher beginnt auch nicht sofort nach seiner Ankunft im Wald zu suchen, er schnuppert erst wie ein Hund und gewöhnt seine Augen langsam an seine Umwelt. Dann erfaßt er die Art des Waldbodens und der Vegetation, und jetzt erst entscheidet er, ob er sich in einem Pilzgebiet befindet oder nicht. Oft geht er mit Riesenschritten scheinbar uninteressiert durch den Wald, nur um dann plötzlich – wieder scheinbar unmotiviert – stehenzubleiben und ein ganz bestimmtes Plätzchen genau abzusuchen.

Weil aber das Pilzsuchen eine Beschäftigung ist, die schon die frühesten Menschen ausgeübt haben, kommt ihm fast eine mystisch-kultische Bedeutung zu. Wer sich mit Pilzen beschäftigt, kommt aus dem Staunen nicht

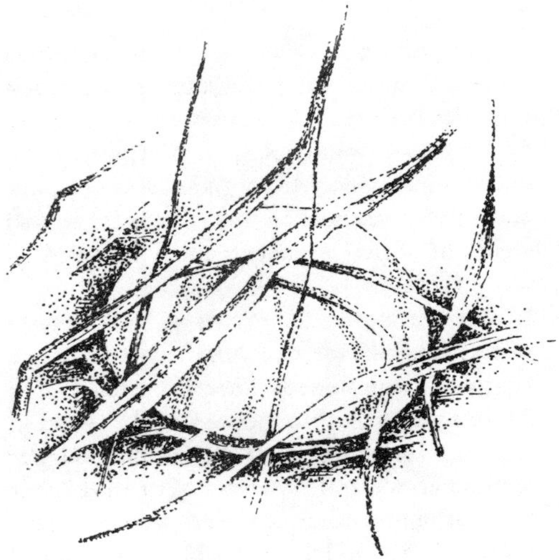

heraus. Die unendliche Vielfalt der Pilzformen verblüfft und begeistert: Da gibt es Keulen, Trichter, Sterne, Bälle, Tierzungen, getupfte, gestreifte, zusammengeknüllte, flekkige, samtige, glänzende, matte, schneeweiß leuchtende oder goldgelb strahlende, ja sogar kohlrabenschwarze Pilze. Oft stehen sie in geheimnisvollen Hexenringen auf einsamen Waldwiesen oder leuchten des Nachts unheimlich von modernden Baumstämmen, an toten Bäumen wachsen sie wie Austern, oder sie stehen allein am Wegesrand. Es ist eine faszinierende Welt, in die wir uns da begeben, diese Welt der Pilze.

Zwei Umstände jedoch können einem das Pilzesuchen verleiden. Wenn es keine oder zuwenig Pilze gibt, oder nur solche, die wir nicht genügend kennen, die daher giftig sein könnten und die man folglich auch nicht nehmen darf. Die Angst vor giftigen Pilzen hält überhaupt viele Menschen, die gerne Pilze suchen möchten, von vornherein davon ab. Letzterem können wir durch genaues Studium abhelfen.

Wir können das Pilzesuchen praktisch das ganze Jahr über ausüben. Denn zu jeder Jahreszeit wachsen gute Speisepilze, wenn auch nicht immer so viele wie in der Hauptsaison, etwa im Sommer und im Herbst. Im

Winter und im Vorfrühling gibt es nur einige wenige Pilzarten, und wir müssen uns schon doppelt und dreifach anstrengen, sie auch zu finden. Aber wenn tatsächlich schon in der Suche die Passion liegt, dann sollte es uns auch nichts ausmachen, manchmal lange und vielleicht sogar vergeblich nach Pilzen Ausschau zu halten.

In der wärmeren Jahreszeit jedoch besteht kein Grund, mit leeren Körben nach Hause zu kommen, denn irgendwelche Pilzarten sollten da stets wachsen. Den meisten wird es wohl so ergangen sein wie uns: Schon als Kinder sammelten wir mit unseren Eltern Pilze, aber wir durften eben nur einige wenige Arten nehmen – Steinpilze, Pfifferlinge, die man in Österreich Eierschwammerln nennt, vielleicht auch noch Parasole oder Rotkappen – mehr nicht, aus Sorge, wir könnten allzuleicht giftige Pilze sammeln. Eine berechtigte Sorge. Jedoch auch Herrenpilze und Pfifferlinge/ Eierschwämme können mit giftigen oder ungenießbaren Pilzen verwechselt werden. Daß dies nur selten geschieht, ist nicht auf das Fehlen giftiger Doppelgänger zurückzuführen, sondern darauf, daß eben doch viele Menschen die Merkmale der Steinpilze und der Pfifferlinge sehr genau kennen und sie daher auch nicht verwechseln. Daraus ist zu schließen: Die genaue Kenntnis von Kennzeichen und Unterscheidungsmerkmalen kann man sich von jeder Pilzart aneignen.

Was uns bei diesem Lernprozeß jedoch immer gefehlt hat, war die unmittelbare Gegenüberstellung der einzelnen eßbaren Pilzarten mit ihren ungenießbaren oder giftigen Doppelgängern. Wir wünschten uns immer doppelseitige Bildtafeln, die etwa auf der einen Seite den eßbaren Pilz und unmittelbar gegenüber die ihm ähnlichen giftigen Pilze gezeigt hätten. Und wir wünschten uns Texte, die in verständlichen Worten diese Unterschiede Punkt für Punkt erklären würden. Mit der Zeit begannen wir, uns diese Aufzeichnungen selbst herzustellen. Immer wieder verglichen wir die eßbaren Pilze mit deren Doppelgängern und notierten ihre wichtigsten Unterscheidungsmerkmale. Dazu holten wir uns auch den Rat von erfahrenen Pilzsuchern und wissenschaftlich geschulten Fachleuten. Es war ein vieljähriger Lernprozeß, dem wir uns mit großem Vergnügen unterzogen haben, denn er erlaubte uns, unser Suchrepertoire stetig zu erweitern und unsere Pilzküche zu bereichern.

Dann hatten wir auch noch das Glück, auf einen Künstler zu treffen, der nicht nur selbst leidenschaftlich Pilze sucht, sondern sie auch leidenschaftlich zeichnet: Alfonso Madden, aufgewachsen in England, wo bis vor kurzem fast niemand Pilze suchte (denn außer den Champignons gelten alle anderen Pilze im Volksglauben der Briten als giftig) und wo daher ein großer Pilzreichtum herrscht. Für Maddens Pilzzeichnungen gab es also Modelle in großer Zahl, und wir meinen, daß man dies seinen Pilzporträts auch ansieht. Jedenfalls waren wir von Maddens Bildern so begeistert, daß wir ihn baten, unsere Aufzeichnungen zu illustrieren.

So ist praktisch über Jahre hinweg eine private Mappe entstanden – mit der Gegenüberstellung von eßbaren und giftigen Pilzen in Wort und Bild. Zu jeder Pilzart legten wir die selbsterprobten Kochrezepte, denn, wie gesagt, durch geeignete Zubereitung kann jeder Pilz zur Köstlichkeit werden. Schon die alten Römer meinten, daß es leichter wäre, auf eine Kaiserkrone zu verzichten als auf ein gutes Pilzgericht. Bei einem Pilzessen im Kreise von Freunden kam die Idee auf, wir sollten unsere Sammlung doch auch anderen zugänglich machen, was mit diesem Buch geschieht.

Wir haben diese Mappe nach unseren eigenen Wünschen und Vorstellungen angelegt. Wir meinen aber, daß jeder Pilzsucher und jene, die es gerne werden wollen, ähnliche Wunschvorstellungen haben dürften. Es sollte uns möglich sein, zu jeder Jahreszeit auf Pilzsuche gehen zu können; also soll dieses Buch Pilzarten enthalten, die auch zu ungewöhnlichen Zeiten wachsen. Es sollte uns auch möglich sein, nie mit leeren Körben aus den Wäldern heimzukehren, also muß nach mehreren Arten Ausschau gehalten werden. Sollte nun auch jede Art noch mit ihren möglichen giftigen Doppelgängern verglichen werden und dieser Vergleich einprägsam bleiben, so galt es, aus den vielen Pilzarten, die eßbar sind, eine begrenzte Auswahl zu treffen. Wir trafen diese Auswahl nach dem Grundsatz, daß die Merkmale der hier gezeigten Speisepilze so ausgeprägt sein müssen, daß eine Verwechslung möglichst ausgeschaltet werden kann.

Für die meisten Pilze in diesem Buch haben wir die allgemein gebräuchlichen deutschen Namen verwendet. Viele der Pilze aber werden in verschiedenen Gegenden mit oft sehr alten heimischen Namen bezeichnet. Wir waren bemüht, auch diese zu berücksichtigen. Etwa beim Pfifferling, der in Österreich Eierschwammerl heißt, oder beim Champignon, der oft nur als Egerling bekannt ist. Um aber auf jeden Fall eine eindeutige Bestimmung jedes einzelnen Pilzes zu gewährleisten, wird auch jeder der von uns vorgestellten Pilze mit seinem heute gültigen lateinischen Namen benannt. Das ist gleichzeitig der wissenschaftliche Name des Pilzes, und dazu gehört, daß dem Namen jeweils auch der Autor bzw. die Autoren dieser Bezeichnung hinzugefügt werden – es sind jene Wissenschafter, die sich vorwiegend mit der Erforschung dieser Pilzart beschäftigt haben.

Auch wir haben für die wissenschaftliche Beratung und Überprüfung aller Texte und Bilder in diesem Buch einen hervorragenden Fachmann gewinnen können, Mag. Dr. Uwe Passauer von der Botanischen Abteilung des Naturhistorischen Museums in Wien: Ebenfalls ein leidenschaftlicher Pilzesucher und -esser, aber auch ein ausgebildeter Mykologe und Spezialist für Giftpilze. Er hat unsere Art der unmittelbaren Gegenüberstellung eßbarer Pilze mit deren giftigen Doppelgängern besonders begrüßt, soll sie doch bewirken, Verwechslungen mit Giftpilzen, wie sie leider

Jahr für Jahr immer noch vorkommen, möglichst zu vermeiden.

Dazu ist es übrigens notwendig, nicht nur alle Merkmale der eßbaren Pilze und deren giftiger Doppelgänger genau kennenzulernen, es ist auch wichtig, eine Reihe weiterer wichtiger Regeln beim Pilzesuchen zu beachten.

Zwanzig Grundregeln für das Pilzesuchen

Für Anfänger ist es gar nicht so einfach, zum Pilzesuchen aufzubrechen. Da ergeben sich gleich ein paar grundsätzliche Fragen:
Wie muß man ausgerüstet sein? Wo wachsen überhaupt Pilze?
Und wann wachsen sie?
Wie findet man sie?
Auf welche Weise soll man sie sammeln?
Und was tut man mit ihnen, nachdem man sie nach Hause gebracht hat?

Die Antworten sind keine Selbstverständlichkeit. *Zur Ausrüstung:* Für sie gilt das gleiche wie für jede ausgedehnte Wanderung – feste Schuhe und Regenschutz, auch wenn der Tag zunächst nur blauen Himmel und Sonnenschein zu versprechen scheint. Man vergesse nicht, daß man beim Pilzesuchen von den Wegen abweicht und kreuz und quer durch Wälder und Wiesen stapft, sich also über Wurzelwerk, durch Unterholz und manchmal sogar durch Dickicht seinen Weg bahnt. Kleidung und Schuhe sollten diesen Anforderungen entsprechen.

Auch darf die Kopfbedeckung nicht vergessen werden: Der Kopf ist nicht nur vor Ästen und Dornen zu schützen, sondern möglichst auch vor Zecken. Sie sind in einzelnen Wäldern zur echten Gefahr geworden, da einige Arten durch ihren Biß Gehirnhautentzündung hervorrufen können. Der einzig verläßliche Schutz liegt in der rechtzeitigen Impfung. Diesbezüglich berät Sie jede Apotheke, natürlich Ihr Hausarzt und jedes Ambulatorium.

Wollen wir nun die Pilze in guter, appetitlicher Verfassung nach Hause bringen, sollten wir uns einen festen geflochtenen Korb anschaffen, nie aber mit Tragnetzen oder Plastiktaschen auf Pilzsuche gehen. Pilze sind heikle Gebilde. Netze schneiden leicht in die Fruchtkörper ein oder drücken sie so stark aneinander, daß sie matschig und unansehnlich werden. In Plastiktaschen staut sich darüber hinaus auch noch Hitze, in der ältere Pilze sogar schon innerhalb der wenigen Stunden, während derer sie getragen werden, verderben können. In einem festen, dennoch luftdurchlässigen Korb liegen die Pilze locker aufeinander und entgehen diesen Gefahren. Ideal ist ein Korb, der sich mit einem Deckel schließen läßt, denn oft berührt man mit Kopf oder Schulter einen abgestorbenen Tannenzweig, dessen trockene Nadeln dann in den offenen Korb fallen, die sich später nur schwer von den klebrigen Pilzen entfernen lassen. Ein Deckel schützt die Pilze vor Nadeln, Laub und auch vor Regen.

So, und jetzt fehlt uns nur noch ein Messer, am besten ein Klappmesser, das während des Gehens geschlossen bleibt; feste offene Messer sind ungeeignet, denn man könnte sich beim Stolpern an ihnen verletzen. Das Messer benötigen wir, denn die Pilze sollten stets schon am Fundort von allen Erdresten, von Laub und Tannennadeln gereinigt werden; wer verschmutzte Pilze in den Korb legt, findet den Schmutz später über alle Pilze verteilt vor. Auch sollten madige Stellen ebenfalls sofort aus den Pilzen entfernt werden, denn während des Transports setzen in den Pilzen befindliche Maden ihren Fraß fort.

Wo aber soll man nach Pilzen suchen?

An sich können Pilze in allen Wäldern, auf allen Wiesen, in allen Auen wachsen. Selbstverständlich nicht alle Arten, denn deren Standort richtet sich nach der Art der Bodenbeschaffenheit und vor allem der Vegetation. Es gibt Pilze, die nur auf kalkarmem Boden wachsen, andere, die eine reiche Humusschicht als Nährboden benötigen, und wieder andere, die sandige Böden bevorzugen. Viele der Pilze stehen mit den Wurzeln bestimmter Pflanzen in einem festen Nährstoffaustausch, bilden also mit diesen Pflanzen eine Symbiose, eine Lebensgemeinschaft, die Mykorrhiza genannt wird. Und so muß der Pilzesucher sich die Plätze, auf denen er auch tatsächlich Pilze findet, oft in mühsamer Suche erst erarbeiten, muß also selbst erst herausfinden, wann und wo bestimmte Arten von Pilzen zu wachsen pflegen.

Dabei erlebt man übrigens auch seine Überraschungen. So kann es vorkommen, daß man oft stundenlang durch den schönsten Wald läuft, ohne einen Pilz zu finden, während wir nicht selten schon etwa einen Champignon zwischen dem Steinpflaster inmitten der Stadt gefunden haben. Oft wachsen Pilze auch in Parkanlagen oder in dem schmalen Erdgeviert rund um einen Alleebaum, ebenfalls inmitten der Stadt. Daß natürlich im Prinzip die großen Waldgegenden, etwa in Österreich, in Bayern, im Schwarzwald oder im Harz besonders reich an Pilzen sind, braucht wohl nicht erst hinzugefügt zu werden. Aber fast immer kann man Pilze auch schon in den kleinen Stadtwäldchen finden, die sozusagen unmittelbar vor unserer Haustür liegen.

Pilze gibt es fast überall, wenn ihre Zeit gekommen ist, und mehr von ihnen, wenn es sich um ein gutes Pilzjahr handelt. Bei jedem in diesem Buch vorgestellten Pilz haben wir angemerkt, in welchen Monaten des Jahres er zu wachsen pflegt und in welcher Umgebung er bevorzugt wächst; ob wir ihn in Laub- oder Nadelwäldern, auf Wiesen, unter Hecken oder in Parkanlagen finden. Grundsätzlich läßt sich sagen, daß in Laubwäldern viel mehr Arten von Pilzen wachsen als in Nadelwäldern. Dafür aber wachsen von ein und derselben Art in Nadelwäldern meist viel mehr Exemplare als in Laubwäldern. Nicht immer sind auch die meisten Pilze im innersten Dickicht des Waldes zu finden. Oft bevorzugen sie die lichteren Stellen der Wälder, die Lichtungen selbst, die Waldränder, wachsen entlang der Wege, manchmal sogar auf den Wegen. Ist der Wald jedoch dicht mit Unterholz oder etwa mit Brombeerstauden bewachsen, wird man wahrscheinlich vergeblich nach Pilzen suchen.

Die meisten Pilze lieben einen reichen Humusboden mit vermodertem Laub bzw. abgefallenen Nadeln oder wachsen aus dem Moos. An Waldrändern und auf Lichtungen kann man Pilze auch im Gras finden, sogar zwischen Farnen, und einzelne Pilzarten – etwa Champignon, Parasol oder Schopftintling – sind ausgesprochene Gras- bzw. Feldpilze. Immer sollten wir – und zwar zu jeder Jahreszeit – Ausschau halten nach Pilzen, die auf alten Baumstümpfen oder auch aus den Bäumen selbst wachsen. Denn dort finden wir die wenigen Pilzarten, die das ganze Jahr über oder während Trockenperioden wachsen, etwa den Samtfuß-Rübling oder den Austernseitling, und auf alten Holunderästen das Judasohr. Allerdings, auf altem Holz wächst auch der giftige Grünblättrige Schwefelkopf, und da können noch andere giftige Pilze wachsen. Auf Verwechslungsmöglichkeiten verweisen wir bei der Vorstellung jedes einzelnen Pilzes in diesem Buch.

Übrigens: Es gibt mehrere tausend Arten höherer Pilze in unseren Wäldern. Es mag vielleicht auch interessant sein, daß die meisten dieser Pilze entweder in der gleichen oder in einer sehr verwandten Art fast überall in der Welt vorkommen. Sie brauchen also auf das Pilzesuchen nicht zu verzichten, wenn Sie Ihr Urlaub in andere Regionen Europas oder nach Nordamerika, ja selbst nach Kenia, nach

Südafrika oder nach Hawaii führen sollte. Wir selbst haben mit großem Erfolg Pilze in den Edelkastanienwäldern des italienischen Apennin gesucht, in den Wäldern Schwedens und Finnlands, unter den Pinien Korsikas, in einem kanadischen Urwald, sogar an den Ufern des Sambesi in Zimbabwe und in den Bambuswäldern Chinas. Oft trafen wir auf die gleichen Pilzarten, wie wir sie bei uns finden, manchmal variierten sie in Größe und Form, gaben sich aber deutlich als unmittelbare Verwandte unserer Pilze zu erkennen. In Kanada fanden wir eine Pfifferlingsart, die dort bis zu 30 cm groß wird. Und in Sambia Schirmlinge, die eine Höhe bis zu einem Meter erreichen. Auf dem sogenannten Peak in Hongkong pflückten wir am Wegrand mühelos Dutzende Morcheln.

Wichtig bleibt einzig und allein, daß wir stets völlig einwandfrei feststellen, ob es sich um eßbare Pilze oder um Giftpilze handelt. Wichtig ist auch, daß wir uns bei der Behandlung der eßbaren Pilze richtig verhalten. Daher haben wir einige Such- und Verhaltensregeln aufgestellt, die beim Auffinden der Pilze und bei deren Behandlung unbedingt beachtet werden sollten:

Regel 1

Anfänger sollten sich nur in Begleitung erfahrener Pilzsucher auf die ersten Suchausflüge begeben. Wer im Freundes- und Bekanntenkreis keine Lehrmeister findet, sollte sich zunächst den Lehrausflügen mykologischer Gesellschaften oder der Volksbildungsstätten anschließen. Auf Seite 155–157 geben wir die wichtigsten Kontaktstellen dieser Art in der Bundesrepublik Deutschland, in Österreich und in der Schweiz an.

Regel 2

Es gibt kein Patentrezept zum Erkennen giftiger und eßbarer Pilze außer der genauen Kenntnis ihrer Kennzeichen und Unterscheidungsmerkmale. Die Farbe eines Pilzes sagt nichts über seine Eßbarkeit oder Giftigkeit aus. Es gibt Pilze mit roten Hüten, die eßbar, und solche, die giftig sind, und grüne, die eßbar, andere, die tödlich giftig sind. Es gibt auch unter den Röhrlingen giftige und unter den Blätterpilzen solche, die köstlich und andere, die giftig sind. Und nicht alle Pilze, die auf Baumstümpfen wachsen, sind eßbar; einige sind ebenfalls giftig. Es gibt Pilze, die auf Druck oder bei Anschnitt blau anlaufen und zu den besten Speisepilzen zählen. Und es gibt blau anlaufende Pilze, die giftig sind. Es sagt also auch die Farbe des Fleisches allein noch nichts über die Brauchbarkeit eines Pilzes aus. Nur alle Kennzeichen gemeinsam lassen uns eine Pilzart genau erkennen. Die Giftigkeit von Pilzen läßt sich auch nicht feststellen, indem man etwa einen Silberlöffel oder eine Silbermünze mit dem Pilzgericht kocht, wobei eine eventuelle Verfärbung des Silbers auf das Vorhandensein von Gift schließen ließe. Eine solche Verfärbung hängt von ganz anderen chemischen Prozessen ab; die giftigsten Knollenblätterpilze rufen keinerlei Verfärbung bei Silber hervor.

Regel 3

Vorsicht bei ganz jungen Pilzen. Sie haben ihre Merkmale noch nicht voll entwickelt. Ihre Hüte sind oft noch weiß, und so sieht der kleine Steinpilz etwa dem kleinen Gallenröhrling zum Verwechseln ähnlich, der kleine Champignon dem kleinen Knollenblätterpilz. Es läßt sich bei sehr jungen Pilzen sogar nur mit Mühe feststellen, ob sie an der Hutunterseite Blätter oder Röhren tragen. Auch eventuelle Farben am Stiel oder an der Unterseite des Hutes sind noch nicht ausgeprägt, Hut und Stiel haben auch noch nicht annähernd die für sie kennzeichnende Form. Die Merkmale eines Pilzes sind daher nur an ausgewachsenen Exemplaren festzustellen.

Regel 4

Man verlasse sich auch nicht darauf, daß alle Pilze, die dicht beieinanderstehen, ein- und derselben Art angehören. Wir haben schon inmitten einer Gruppe eßbarer Pilze einzelne Exemplare giftiger Arten angetroffen. Das ist besonders gefährlich, wenn die giftige Art zu den verwechselbaren Doppelgängern dieser Pilzgruppe gehört. Es muß also jeder einzelne Pilz für sich genau bestimmt werden.

Regel 5

Daß ein Pilz von Würmern angefallen oder von Schnecken angefressen ist, sagt nichts über dessen Eßbarkeit für Menschen aus: die giftigsten Pilze scheinen für Schnecken und Insekten harmlos zu sein.

Regel 6

Beim Pflücken packe man den Pilz sanft am unteren Stielende, drehe ihn vorsichtig aus dem Boden heraus, und zwar so, daß alles, was zu diesem Pilz gehört, also der ganze Stiel und eine etwa vorhandene Scheide aus dem Boden herausgehoben werden. Diese Art des Pflückens ist die schonendste für das im Boden befindliche Pilzgeflecht und darüber hinaus eine weitere wichtige Vorsichtsmaßnahme: denn die Beschaffenheit der Stielbasis und gar das Vorhandensein einer Scheide kann uns entscheidende Auskunft über die Art des Pilzes geben.

Regel 7

Man sammle nie überaltete Pilze. Ein alter Pilz kann schon in der Zeit des Heimtransports in Zersetzung übergehen und wirkt dann wie verdorbenes Fleisch. Dazu kommt noch eine andere, wenn auch nicht häufige Gefahr: Auf alten Röhrenpilzen kann sich ein Schimmelpilz ansetzen, und einige dieser Schimmelarten sind giftig. So kann es vorkommen, daß man zwar einen eßbaren Pilz mit nach Hause genommen hat, der aber seinerseits von einem giftigen Schimmelpilz befallen ist.

Regel 8

Man beachte, daß viele Pilze im Regen ihre Farbe und Konsistenz ändern. Meist werden sie dunkler und glitschig, ihre Hutränder manchmal durchscheinend. Starker Regen kann auch einige ihrer wesentlichen Merkmale wegwaschen, etwa die kleinen Flocken auf dem Hut des Fliegenpilzes oder des Pantherpilzes. Auch ein Ring oder eine Manschette am Stiel kann durch Witterungseinflüsse oder Schneckenfraß beseitigt worden sein, ebenso wie eine Scheide rund um die Stielbasis. Daher gilt es, stets auch alle anderen Merkmale eines Pilzes genau zu beachten.

Regel 9

Bei einigen Pilzen ist deren Geschmack im Rohzustand ein wichtiges Kennzeichen. Der Anfänger hüte sich jedoch, Pilze roh zu kosten, außer dies wird (bei einigen Arten) ausdrücklich empfohlen, wenn mit einer Verwechslung nicht zu rechnen ist. Manche Pilzarten sind nämlich zu giftig, um das Risiko auch nur einer kleinen Kostprobe eingehen zu können. Wo sich das Kosten als Merkmal empfiehlt, z. B. bei Täublingen – natürlich unter der Voraussetzung, daß man das gekostete Stück wieder ausspuckt –, werden wir das bei der Beschreibung der einzelnen Pilze genau angeben.

Regel 10

Bei einzelnen Pilzarten läßt sich die Huthaut leicht abziehen, etwa beim Butter- und beim Perlpilz. Das sollte man auch gleich an Ort und Stelle tun, da die Haut schnell eintrocknet und später nicht mehr abziehbar ist. Oft ist sie auch klebrig und mit Nadel- oder Erdresten behaftet.

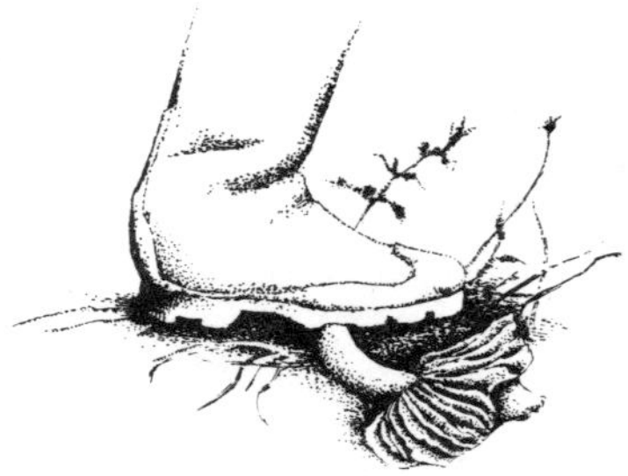

Regel 11

Pilze, die man nicht kennt, und auch solche, die man als Giftpilze erkennt, dürfen nie umgeworfen oder zertreten werden! Jeder Pilz dient einer Reihe von Tieren als Nahrung und steht meist auch in einer wichtigen Wechselbeziehung zu den ihn umgebenden Pflanzen. Auch die Zerstörung von Giftpilzen ist daher ein absolut unerlaubter Eingriff in die Natur; abgesehen davon, daß auch Giftpilze wunderschöne Geschöpfe sind, deren Anblick durchaus Auge und Herz erfreuen sollte.

Regel 12

Hingegen sollte man nur solche Pilze sammeln, die man ganz sicher als eßbar erkannt hat. Will man aber unbekannte und daher möglicherweise giftige Pilze nach Hause nehmen, um sie genauer untersuchen zu können, muß man sie in einem separaten Behälter, niemals aber gemeinsam mit eßbaren Pilzen transportieren. Teile der Giftpilze könnten nämlich während des Transports an den Speisepilzen kleben bleiben und dann entsprechende Vergiftungserscheinungen hervorrufen.

Regel 13

Man reinige Pilze stets gleich an Ort und Stelle, schabe die Erdteilchen vom Stielende ab und entferne Laubreste, Tannennadeln und Schnecken. Ist der Pilz von Würmern angefallen, sollte man die wurmigen Stellen sofort ausschneiden. Im Zweifelsfall zerschneide man den Pilz der Länge nach. Zei-

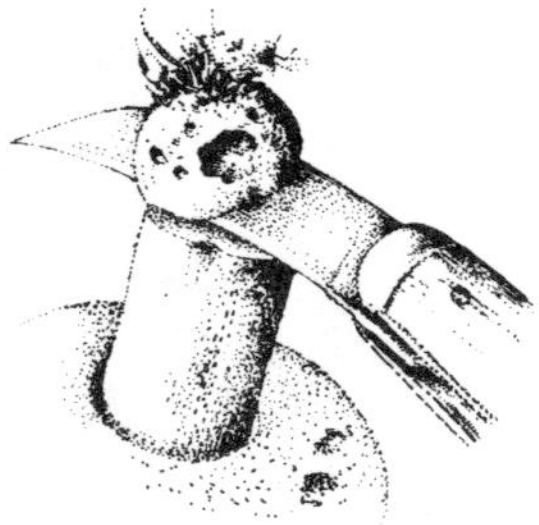

gen sich an den Schnittflächen kleine Löcher, so sitzen in diesem Pilz Würmer. Viele Pilzsucher stört das nicht, sie meinen, daß sich solche Pilze immer noch zum Trocknen eignen. Denn ist der Pilz einmal in kleine Scheiben geschnitten, wandern die Würmer aus. Das ist zwar richtig, aber sie wandern nicht weit, sondern trocknen gleich neben der Pilzscheibe selbst ein, werden dann oft mit den getrockneten Pilzstücken eingesammelt und später in Suppe oder Soße mit den Pilzen wieder zu ihrer früheren Größe aufgekocht. Der Anblick behagt nicht jedem. Obwohl etwa die Chinesen keinen Unterschied zwischen einem gekochten Wurm und einem gekochten Huhn sehen können.

Regel 14

Daheim angekommen, nehme man die Pilze sofort aus dem Korb. Wenn möglich, sollte man sie noch am gleichen Tag verarbeiten. Ist man dazu schon zu müde, so schneide man sie wenigstens auf, entweder in zwei Hälften oder in vier Viertel. Solcherart lassen sie sich im Kühlschrank durchaus bis zum nächsten Tag aufheben. Läßt man sie jedoch im Ganzen, riskiert man, daß im Pilz eventuell vorhandene Würmer ihren Fraß sogar im Kühlschrank fortsetzen. Der Schnitt durch den Pilz und die damit erfolgende Kaltluftzufuhr stoppt den Wurmfraß.

Regel 15

Man kann Pilze, die noch etwas verunreinigt sind und sich mit dem Messer nicht gut säubern lassen, durchaus kurz im warmen Wasser waschen, soll sie aber nicht längere Zeit im Wasser liegen lassen. Zum Trocknen bestimmte Pilze darf man nicht waschen, da sie sich mit Wasser ansaugen und dann statt zu trocknen verfaulen.

Regel 16

Es gibt einzelne Pilzarten, die im rohen Zustand giftig sind, aber beim Abkochen ihr Gift in das Kochwasser abgeben, und andere, deren Gift durch die Hitze sogar völlig zerstört wird. Schüttet man das Kochwasser weg, läßt sich der abgekochte Pilz durchaus essen. Wir haben Pilze dieser Art in unser Suchbuch sicherheitshalber nicht aufgenommen. Es gibt jedoch einzelne Menschen, die auf manche Arten von Pilzen empfindlich reagieren, auch wenn diese nicht giftig sind. Solche Menschen sollten sicherheitshalber alle Pilze abkochen und das Wasser wegschütten. Wo immer derartige Erfahrungswerte vorliegen, haben wir dies in den Texten festgehalten – etwa beim Hallimasch.

Regel 17

Es gibt einzelne Pilzarten, die sich nicht gut mit Alkoholgenuß vertragen. Sie sind jedoch so köstlich, wie etwa der netzstielige Hexenröhrling, daß wir auf ihre Vorstellung nicht verzichtet haben. Dennoch bitten wir, den Vermerk: »Niemals mit Alkohol!« bei der Beschreibung dieser Pilze ernstzunehmen, da es ansonsten zu schweren Vergiftungen kommen kann.

Regel 18

Auch die besten Speisepilze können, so wie Erdbeeren, Eier oder Käse, bei manchen Leuten Allergien hervorrufen oder werden von ihnen einfach nicht gut vertragen. Man beachte jedoch: Sollten solche Erscheinungen bei allen auftreten, die das Pilzgericht verzehrt haben, handelt es sich höchstwahrscheinlich nicht um eine Allergie, sondern um eine Vergiftung – sofort ins Spital oder zum Arzt! Für kleine Kinder und manche ältere Leute sind Pilzgerichte an sich zu schwer. Für ältere Leute, die dennoch gerne Pilze essen, zerkleinere man sie – etwa in einem Mixer –; sie werden dadurch leichter verdaulich.

Regel 19

Einmal gekochte Pilze lassen sich im Kühlschrank genausogut und so lange aufheben wie gekochtes Fleisch. Allerdings auch nicht länger! Das mehrmalige Aufwärmen tut den meisten Pilzarten nicht gut.

Regel 20

Das gleiche gilt übrigens für tiefgefrorene oder auch in der Natur durch Frost gefrorene Pilze: Einmaliges Frieren ist durchaus in Ordnung; auftauen und noch einmal frieren verdirbt jedoch den Pilz. Im eigenen Tiefkühlschrank läßt sich das kontrollieren, in der Natur nicht – wir wissen nicht, ob ein gefrorener Pilz noch im ersten Frost steckt und daher genießbar ist, oder ob er schon den zweiten oder dritten Frost hinter sich hat und daher nicht mehr gegessen werden sollte. Es gibt jedoch frostsichere Arten, das sind alle Pilze, die eben auch während des Winters wachsen – ihnen schadet der Frost nicht.

Das also sind die Grundregeln, die wir bei der Suche und bei der Behandlung von Pilzen unbedingt beachten sollten. Halten wir uns an jede einzelne von ihnen, so sollten nur gute, eßbare Pilze in unseren Kochtöpfen landen.

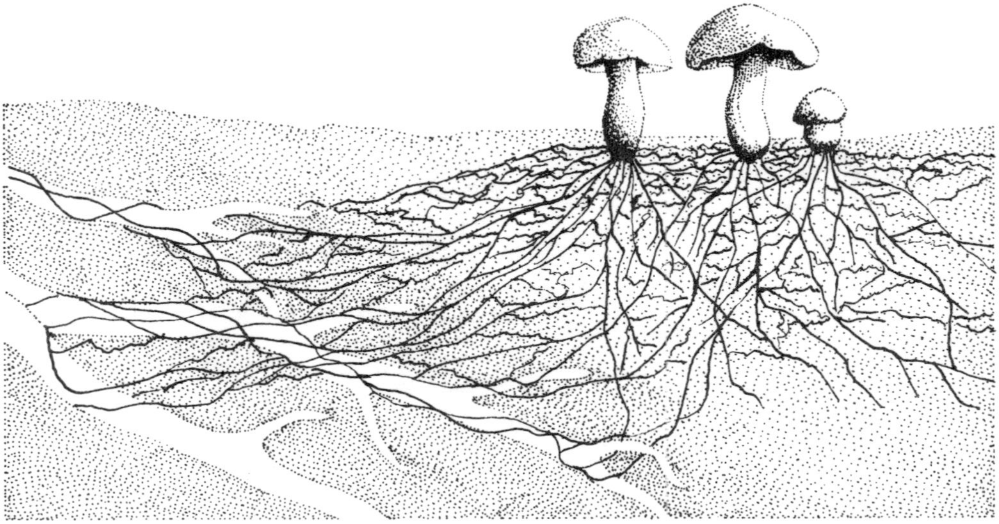

Die wichtigsten Kennzeichen der Pilze

Zum Kummer jedes Pilzfreundes wachsen die Pilze nicht immer, wann sie wachsen sollen. Es gibt ausgesprochene Pilzjahre; da kann man kaum durch den Wald gehen, ohne ständig auf irgendeinen Pilz zu stoßen. Und es gibt Jahre, in denen die Pilze – zumindest viele Arten von ihnen – völlig »auslassen«, in denen man stundenlang durch die Wälder streifen kann, ohne einen einzigen zu sehen; »nicht einmal einen giftigen!«, wie wir dann verzweifelt zu sagen pflegen.

Das liegt daran, daß Pilze, wie kaum ein anderes Gewächs, von Witterungseinflüssen abhängig sind. Temperatur und Feuchtigkeit müssen genau stimmen, damit sich die eigentliche Pilzpflanze – das Pilzmyzel, ein Geflecht, das unter der Erdoberfläche wächst – entsprechend ausbreiten kann. Dieses Myzel besteht aus feinen Fäden, die das Erdreich manchmal locker und manchmal ganz dicht durchziehen. Erst wenn sich das Myzel unter der Erde ausgebreitet hat und mit Nährstoffen gefüllt ist, bildet es an mehreren Stellen winzige Knoten, aus denen nun Pilze wachsen können. Um aber aus diesen Myzelknötchen einen im Verhältnis dazu riesenhaften Pilz hochschießen zu lassen, braucht das Myzel nun erst recht neue Wasservorräte und Nährstoffe. Enthält der Boden nicht genug Feuchtigkeit und wird das Wachstum nicht durch wärmere Temperaturen gefördert, können sich die Knoten auch nicht zu Pilzen entwikkeln. Das schadet zwar dem Myzel nicht; dieses stellt einfach das Wachstum ein und überdauert ein Jahr, um dann erneut zu versuchen, Fruchtkörper zu treiben; aber wir Pilzsucher gehen in diesem Jahr leer aus.

Die Myzelien leben viele Jahre im Boden, wobei manche ein sehr hohes Alter erreichen können. In den amerikanischen Rocky Mountains hat man Myzelien gefunden, von denen man annimmt, daß sie über 600 Jahre alt sind. Es gab sie also schon, noch ehe Kolumbus nach Amerika segelte. Manche Myzelien verbreiten sich gleichmäßig nach allen Seiten und setzen ihre Fruchtkörper am äußeren Rand des Myzelgeflechts an. Dann wachsen die Pilze in großen, geheimnisvollen Kreisen, die im Volksmund Hexenringe genannt werden.

Jeder Pilzsucher wird davon berichten, daß er bestimmte Plätze kennt, an denen er Jahr für Jahr Pilze findet. Solche Plätze gibt es tatsächlich, denn das Pilzmyzel bleibt meist über viele Jahre erhalten und kann unter günstigen Bedingungen auch Jahr für Jahr Fruchtkörper hervorbringen. Aber leider haben wir auch schon erlebt, daß solche Myzelien eines Tages absterben. Sei es, weil sie ihr natürliches Lebensende erreicht haben, sei es, weil sie durch Umwelteinflüsse zugrundegerichtet worden sind, etwa durch starke Trockenperioden oder durch Veränderungen im Forstbestand. Besonders durch das Anlegen von Wegen und Straßen im Walde.

Manche Pilzarten wachsen in enger Partnerschaft mit bestimmten Bäumen. Etwa die Birkenpilze mit den Birken, wobei zwischen Pilzen und diesen Bäumen ein intensiver Stoffaustausch stattfindet. Bei manchen Pilzarten wissen wir, mit welchen Pflanzen sie bevorzugt Lebensgemeinschaften eingehen. Und das ist dann ein wichtiger Hinweis für das Suchen. In solchen Fällen vermerken wir in unserem Kapitel »Die besten Speisepilze und ihre Doppelgänger« etwa: »wächst meist unter Birken« oder »bevorzugt unter Eichen«.

Es gibt zehntausende Pilzarten. Die meisten von ihnen sind winzig klein, oft nur unter dem Mikroskop erkennbar. Gerade unter den kleinsten Pilzen befinden sich viele Schädlinge, wie manche Schimmelpilze, die Rost- und Brandpilze, die Mehltaupilze, die unsere Nutzpflanzen befallen und ruinieren können. Anderseits gibt es winzigste Pilze, die schon vielen Menschen das Leben gerettet haben: aus ihnen wird das Penicillin und werden andere Antibiotika gewonnen.

Uns Pilzsucher aber interessieren vor allem jene Pilze, deren wunderbare Fruchtkörper wir in den Wäldern und auf den Wiesen finden können. Doch auch unter ihnen gibt es eine erstaunliche Vielzahl von Formen.

Wollen wir die Kennzeichen und Unterscheidungsmerkmale dieser Pilze erlernen, so müssen wir zunächst verstehen, was mit den verschiedenen Bezeichnungen gemeint ist, etwa wenn von *Blättern* oder *Röhren* an der Unterseite des Hutes, von *Ringen* und *Manschetten* am *Stiel* des Pilzes oder von *Knollen* und *Scheiden* an der *Stielbasis* die Rede ist. Auch kommt es bei den Merkmalen oft auf die Formen des *Pilzhutes* und immer auch auf dessen *Farbe* an.

Wenden wir uns diesen wichtigen Unterscheidungsmerkmalen nun zu.
Da gibt es zunächst Pilze, die an der Unterseite ihres Hutes Blätter (auch Lamellen genannt) tragen, also *Blätterpilze* sind; etwa der

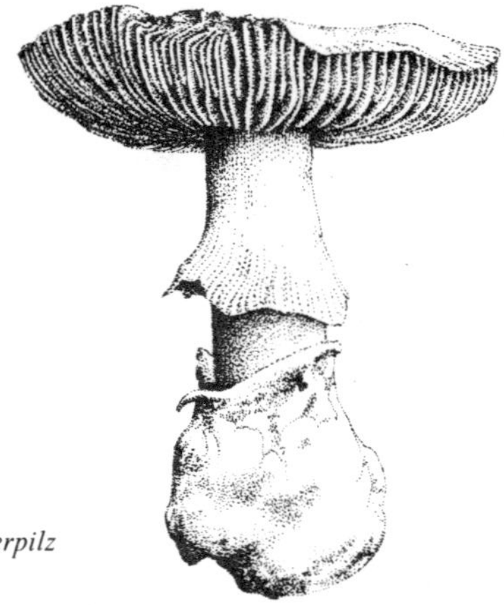

Blätterpilz

Champignon. Ferner gibt es Pilze, die an ihrer Hutunterseite mit dichtstehenden Röhren ausgestattet sind; man nennt sie *Röhrlinge,* und ihr bekanntester Vertreter ist der Herren- oder Steinpilz. Weiters gibt es Pilze, die an der

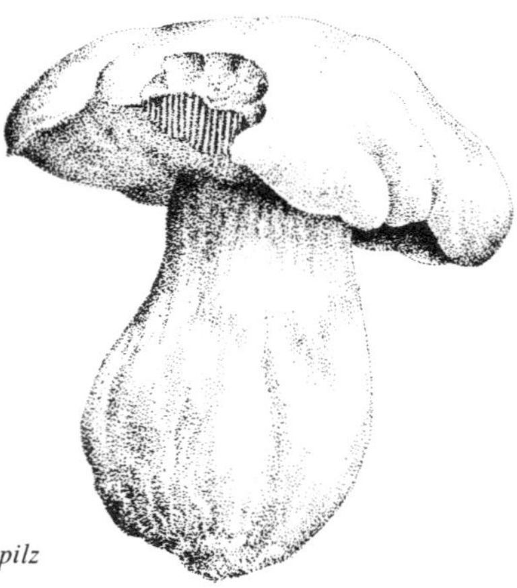

Röhrenpilz

Hutunterseite Stacheln tragen und *Stachelpilze* genannt werden; zu ihnen gehört der Habichtspilz.
Blätter, Röhren, Stacheln an der Hutunterseite sind also wichtige Kennzeichen. Aber bei den Morcheln etwa ist, wie Sie sehen werden, der Hut des Pilzes wabenartig gestaltet, bei der giftigen Lorchel gehirnartig gewulstet. Die seltsamen Korallenpilze gleichen tatsächlich Meereskorallen, wie etwa die phantastische Schöne Koralle. Eine andere Pilzgruppe, die Boviste, sieht aus wie kleinere bis ganz große Schneebälle; ihre Sporen – die »Samen« der Pilze – wachsen bei ihnen nicht an Lamellen oder in Röhren, sondern entstehen in ihrem Inneren.
Wenn die Sporen eines Pilzes reif sind, fallen sie aus den Lamellen oder aus den Röhren oder von den Stacheln ab oder werden durch das Zerreißen etwa der Hülle eines Bovistes freigesetzt. Der Wind erfaßt die Sporen und nimmt sie oft auf eine weite Reise mit, setzt sie ab, und wenn der Landeplatz dafür geeignet ist, wächst aus diesen Sporen ein neues Myzel.
Die Zahl der Sporen an einem Pilz kann in die Millionen gehen. Sie sind winzig klein, und nur unter dem Mikroskop lassen sich ihre Formen erkennen. Und wer sich da gut auskennt, dem bieten die Sporen wichtige zusätzliche Informationen zur Pilzbestimmung. Als Pilzsucher ohne Mikroskop und Spezialkenntnis müssen wir uns jedoch an andere, auch mit freiem Auge klar erkennbare Unterscheidungsmerkmale halten. Und dazu gehören nun einmal außer den Blättern, Röhren und Stacheln bei den meisten Pilzen auch die Form des Hutes und des Stiels.

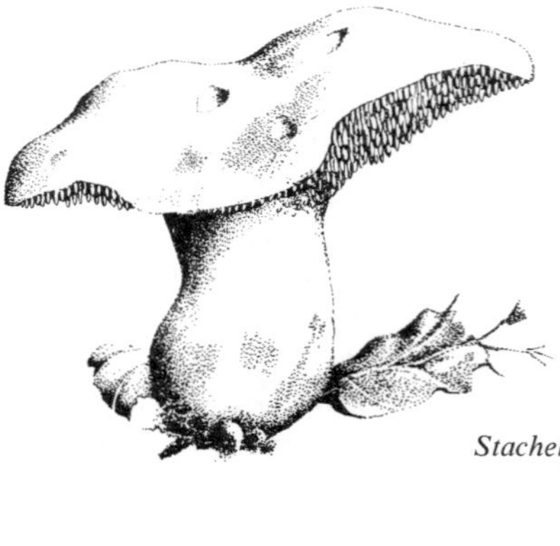

Stachelpilz

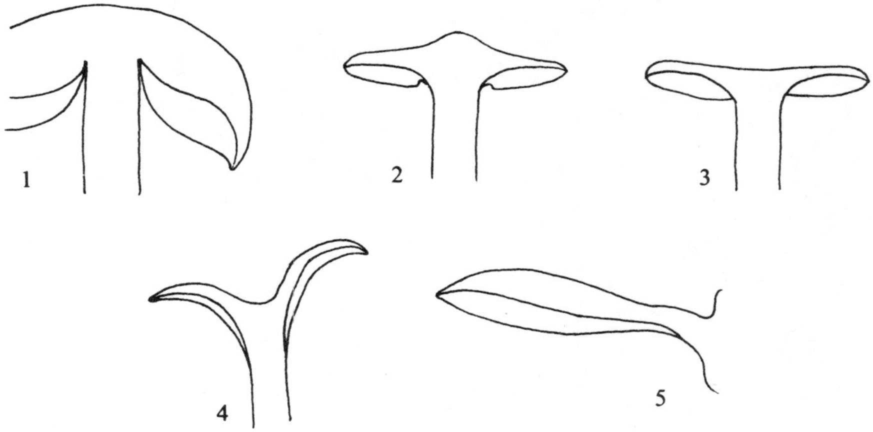

Die häufigsten Hutformen:
1. Der halbkugelige, gewölbte Hut – wir finden ihn beim Herrenpilz, beim Champignon und bei jungen Exemplaren vieler anderer Arten.

2. Der gebuckelte Hut – Buckel in der Mitte, gegen den Rand zu jedoch flach. Wir finden ihn beim Stockschwämmchen oder beim Schneeritterling.

3. Der ausgebreitete Hut, wenn auch manchmal uneben, so doch fast flach, ist typisch für ausgewachsene Täublinge und für viele ältere Exemplare verschiedener Pilzarten.

4. Der trichterförmige Hut, wie wir ihn etwa bei ausgewachsenen Pfifferlingen/Eierschwammerln und Trichterlingen feststellen können.

5. Der seitlich am Stiel angewachsene oder fast stiellose Hut, wie wir ihn beim Austernseitling oder beim Leberpilz finden.
Aber es ist nicht nur die Hutform zu beachten, sondern auch die Art, in der die Blätter oder die Röhren an der Hutunterseite wachsen. In den folgenden Illustrationen sind Querschnitte dargestellt, die die verschiedenen Wachstumsformen von Blättern wiedergeben.

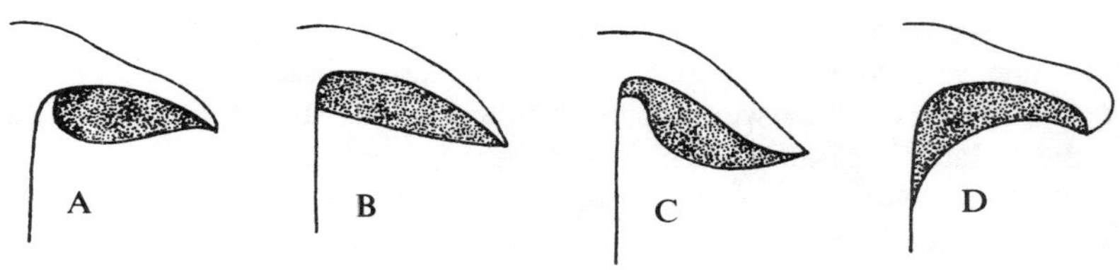

A) Frei angewachsen – die Blätter reichen vom Hutrand in einem hochgezogenen Bogen bis etwa zu der Stelle, wo der Stiel in den Hut übergeht. Sie berühren den Stiel selbst nicht. Blätter dieser Wachstumsform finden wir beim Champignon und beim Parasol.

B) Gerade angewachsen – die Blätter reichen vom Hutrand bis zum Stiel und sind am oberen Stielende ohne Bogen gerade angewachsen. Dies ist bei vielen Täublingsarten der Fall.

C) Ausgebuchtet angewachsen – bevor die Blätter den Stiel erreichen, gibt es eine deutliche Ausbuchtung, sozusagen einen Graben vor dem Stiel, wie wir ihn etwa beim Schneeritterling finden.

D) Herablaufend – die Blätter reichen vom Hutrand bis zum Stiel und laufen an diesem Stiel mehr oder weniger tief hinab. Etwas weniger tief beim Märzschneckling und sehr tief beim Austernseitling.

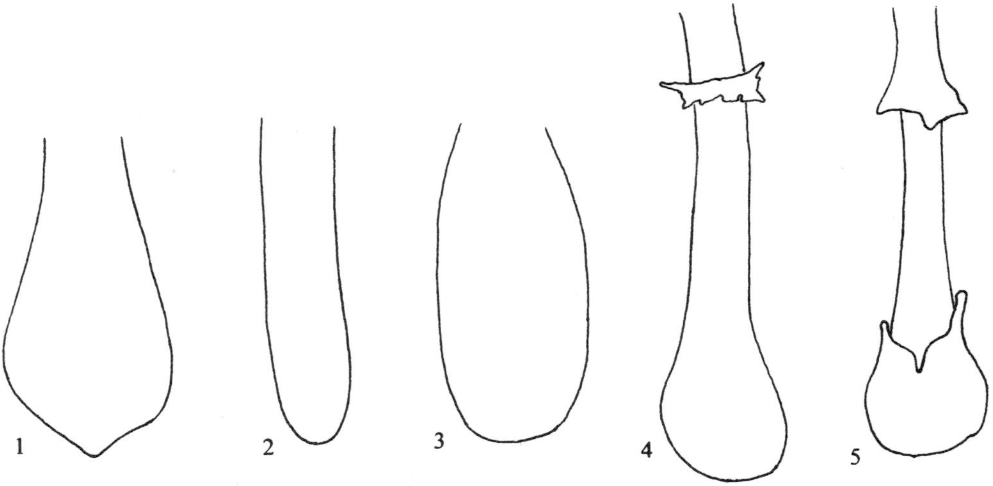

Verschiedene typische Stielformen:

1. Keulig, wie etwa beim Satanspilz.

2. Zylindrisch, wie bei den Täublingen und beim Schopftintling.

3. Bauchig, wie beim Stein- bzw. Herrenpilz.

4. Basis knollig erweitert und Stiel mit Ring, wie beim Parasol.

5. Knolle mit umgebender Scheide an der Stielbasis und mit häutiger angewachsener Manschette am Stiel selbst, wie bei den Knollenblätterpilzen.

Einige Pilzarten sind, wenn sie gerade erst aus der Erde hervorkommen, noch völlig von einer Hülle umgeben. Man nennt dies eine *Universalhülle.* Wenn der Pilz weiterwächst, zerreißt er diese Hülle, doch bleiben Teile der Hülle als Flocken auf der Huthaut kleben, und/oder bilden an der Stielbasis eine Scheide. Reste der Hülle können auch als Pusteln zurückbleiben. Bei manchen Pilzarten gibt es nur eine teilweise Hülle, *Partialhülle* genannt, die sich nur vom Hutrand zum Stiel spannt und anfangs die Blätter bzw. Röhren an der Hutunterseite schützt. Auch diese Hülle zerreißt, wenn der Pilz wächst, und bleibt dann meist als *Ring* oder *Manschette* am Stiel des Pilzes zurück. Manschetten am Stiel können ungerieft (glatt, ohne Rillen) oder gerieft (mit Längsrillen versehen) sein.

Bei manchen Pilzarten weist auch der Rand des Hutes Riefen (Rillen) auf. Auch sie dienen dann als besonderes Kennzeichen eines Pilzes. Flocken auf der Huthaut, Ringe und Manschetten am Stiel, Scheiden an der Stielbasis können jedoch teilweise oder gänzlich durch Witterungseinflüsse oder Tierfraß verschwinden, so daß sie niemals als einziges Bestimmungselement für einen Pilz gelten dürfen. Die Pilze, die wir Ihnen in diesem Buch vorstellen werden, haben Hut- und Stielformen sowie Wachstumsformen der Blätter oder Röhren, wie wir sie Ihnen hier schematisch vorgestellt haben. Sprechen wir also etwa von einem gewölbten oder gebuckelten Hut oder herablaufenden Blättern oder einem zylindrischen Stiel, so bitten wir Sie, diese angesprochenen Formen mit den hier wiedergegebe-

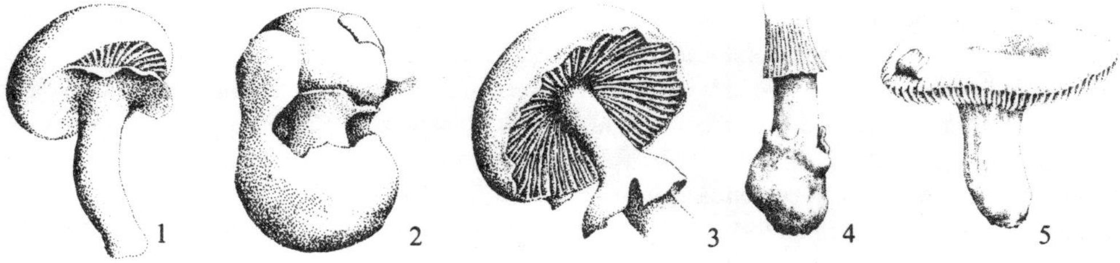

1. Partialhülle. 2. Universalhülle. 3. Ungeriefte Manschette. 4. Geriefte Manschette und Scheidenrest. 5. Geriefter Hutrand.

nen Zeichnungen zu vergleichen. Dies soll Ihnen helfen, die einzelnen Pilzarten leichter zu bestimmen. Wenn manche Formen bei manchen Pilzen nicht eindeutig ausgeprägt sind, werden wir dies besonders vermerken.

Noch etwas gilt es zu beachten: Alle Pilzarten sind abhängig von Witterung und Umwelt, die ihre Farbe verändern und auch die Wachstumsform beeinflussen können. Ein Steinpilz etwa, der unter einer jungen, dichten Fichte wächst, bleibt in deren Schatten gedrungen und sein Hut lange Zeit hell, ehe er dann seine braune Färbung annimmt. Ist diese Fichte mehrere Jahre später hochgewachsen und sind ihre unteren Äste vom Förster abgeschnitten worden, ist gar neben der Fichte auf Grund des erhöhten Lichteinfalls Gras gewachsen, so wird dasselbe Myzel nun einen Steinpilz hervorbringen, der hoch aufschießt, um sich mit seinem Hut über das Gras zu erheben, und er wird diesen Hut weit ausbreiten; die Hutfarbe wird im Sonnenlicht von Anfang an braun sein. Es handelt sich um das gleiche Myzel, um die gleiche Pilzart und doch um zwei Fruchtkörper, die in Form und Farbe sich weitgehend verschieden entwickelt haben.

Auf diese Möglichkeit der Variation auf Grund von Umwelteinflüssen muß stets geachtet werden. Um so mehr müssen alle Merkmale an jedem einzelnen Pilz stimmen, will man ihn mit Sicherheit erkennen.

Und gerade in diesem Zusammenhang wollen wir noch einmal dazu raten, daß besonders Anfänger sich diese manchmal so variablen Merkmale von erfahrenen Pilzsuchern an Hand eben verschiedener Exemplare erklären lassen sollten. Gerade dieses Lernen, so fanden wir, bringt ein zusätzliches Vergnügen: Denn es bereitet Freude, wenn man von Mal zu Mal eine weitere Pilzart mit Sicherheit zu erkennen vermag. Und so sollte man es auch halten: Langsam eine Pilzart nach der anderen, und nicht alle auf einmal genau kennenzulernen.

Nur Kenntnis schützt vor Gift

Das Pilzsuchen wird, wie gesagt, nur dann zu einem wirklichen Vergnügen, wenn wir die Gefahr einer Pilzvergiftung durch verläßliche Kenntnis aller Merkmale jeder einzelnen guten Speisepilzart mit Sicherheit auszuschließen vermögen. Es ist daher notwendig, daß wir ein Kapitel dieses Buches zur Gänze der Erläuterung der Giftpilze und der Pilzgifte widmen. Da der wissenschaftliche Betreuer dieses Buches, Mag. Dr. Uwe Passauer, ein Spezialist für diese Fragen ist, haben wir ihn gebeten, dieses Kapitel gleich selbst zu verfassen. Er also ist der Autor dieses nun folgenden Kapitels:

Eines Tages läutete es an unserer Tür. Meine Frau öffnete, und ein guter Bekannter stand mit einem Korb voll Pilzen und mit der Bitte da, ob sie ihm die schönen Parasole nicht panieren könne. Der Korb war voll von Grünen Knollenblätterpilzen, genug, um ein Dutzend Menschen sterben zu lassen.

Dieses Erlebnis und die jährlich immer wiederkehrenden Meldungen von Pilzvergiftungen unterstreichen mit Nachdruck, daß sich jeder Pilzsucher zunächst mit seinen potentiellen Feinden, den Giftpilzen, genauestens vertraut machen muß. Denn nur wer die Giftpilze ganz genau kennt, wird sie auch mit Sicherheit meiden können.

Damit Ihnen nun nicht gleich die Lust am Pilzsuchen verdorben wird, muß zunächst festgestellt werden, daß es unter den mehr als 3000 Hutpilzarten Mitteleuropas viele hunderte eßbare gibt, allerdings auch weit über hundert giftige, und ein rundes Dutzend davon tödlich giftige. »Giftig« allerdings ist immer nur in bezug auf den menschlichen Organismus zu verstehen. Denn viele Schnekken fressen tödlich giftige Pilzfruchtkörper, ohne den geringsten Schaden zu nehmen, und Schweine, denen man Grüne Knollenblätterpilze verfütterte, zeigten nur geringfügige Vergiftungserscheinungen.

Aus diesen Beobachtungen können wir zwei grundlegende Erkenntnisse gewinnen: Zunächst sind alle Pilze, auch die giftigen, im Haushalt der Natur Glieder von Nahrungsketten für verschiedene Tiere, wie Käfer, Fliegen, Schnecken, aber auch Hasen oder Großwild, und man soll daher Pilze, wenn man sie nicht selbst verwerten kann oder will, für andere Lebewesen stehenlassen. Einerlei, ob eßbar oder giftig, bilden diese Pilze auch Symbiosen mit den Wurzeln der Waldbäume, und es erfolgt ein für beide Teile wichtiger Stoffaustausch. Ein pilzreicher Wald ist ein guter, gesunder Wald.

Die zweite Erkenntnis betrifft uns direkter und steht im Zusammenhang mit irreführenden »Volksweisheiten« über die Eßbarkeit und Giftigkeit von Pilzen. Eine davon besagt, daß Pilze mit Fraßspuren von Tieren, z. B. von Schnecken oder Käfern, auch für den Menschen eßbar wären. Dies muß aber keineswegs so sein. Was Schnecken zuträglich ist, kann für Menschen tödlich giftig sein.

Von diesen falschen, oft tödlich gefährlichen Weisheiten gibt es noch viele. Wir nannten einige schon bei den 20 Grundregeln für das Pilzesuchen, doch müssen sie hier, der Vollständigkeit halber, nochmals erwähnt werden: Es läßt sich die Giftigkeit von Pilzen ganz gewiß auch nicht daran erkennen, ob ein Silberlöffel beim Kontakt mit Pilzen anläuft oder ob eine Knoblauchzehe oder eine Zwiebel, wenn man sie mit Pilzen kocht, sich blau oder schwarz verfärben. Schon gar nicht läßt sich Giftigkeit oder Eßbarkeit eines Pilzes daran erkennen, ob er an einer Schnitt- oder Druckstelle seine Farbe verändert. Solche Behauptungen und ähnlichen Unsinn gibt es noch in Mengen. Dazu läßt sich nur eines sagen: Bitte vergessen Sie alle diese »Weisheiten« ohne jede Ausnahme! Es gibt kein allgemeingültiges Erkennungsmerkmal für Giftpilze!

So verfärben sich die meisten tödlich giftigen Pilze nicht, wie etwa die Knollenblätterpilze, und sie werden durchaus auch von Schnecken und sogar Wildschweinen gefressen, die auf Grund ihres andersgearteten Verdauungssystems an vielen für den Menschen ungenießbaren Pilzen naschen.

Jährlich erfahren wir immer wieder von Mißgeschicken und sogar Katastrophen mit Giftpilzen. Kinder, ältere Personen und Kranke sind auf Grund ihrer schwächeren Konstitution mehr gefährdet, denn selbst schwach giftige Pilze haben bei solchen Personen schon schwere, auch tödliche Vergiftungsfälle herbeigeführt.

Auch sollte man, bevor man ein Pilzgericht zu sich nimmt, bedenken, daß – abgesehen von den zirka 90 Prozent Wasser im Pilz – der größere Teil seiner festen Substanz aus einem unverdaulichen Stoff besteht, nämlich dem

Chitin. Diese Substanz, die wir auch im Tierreich wiederfinden – so etwa besteht die Panzeroberfläche eines Käfers aus Chitin –, wird von unseren Verdauungssäften nicht verwertet und kann daher den Magen belasten, auch nach einem köstlichen Steinpilzgericht. Man sollte daher Pilze immer nur in mäßigen Mengen zu sich nehmen, dafür aber mit um so mehr Genuß.

Wie vielfältig die Pilzgifte und ihre Auswirkungen sein können, mögen einige Beispiele zeigen, und wir wählen sie aus der Reihe der Doppelgänger, die wir in diesem Buch den eßbaren Pilzen gegenüberstellen.

Da ist vor allem der Pantherpilz, der in unseren Breiten die meisten gefährlichen, wenn auch nicht unbedingt tödlichen Vergiftungen hervorruft. Der Pantherpilz wird oft mit dem Parasol, aber auch mit dem Perlpilz verwechselt. Seine Gifte wirken auf das Zentralnervensystem und sind denen des Fliegenpilzes ähnlich. Die Wirkung auf das Nervensystem erfolgt sehr rasch, etwa innerhalb einer halben Stunde und längstens vier Stunden, so daß bereits kurz nach dem Genuß Alarm geschlagen werden kann und ärztliche Gegenmaßnahmen, wie künstliche Magen- und Darmentleerung, durchgeführt werden können. Nach etwa 24 Stunden sind die Vergiftungserscheinungen meist abgeklungen.

Ähnlich wirkt, wie gesagt, das Gift des Roten Fliegenpilzes, doch ist es wesentlich schwächer. Seit altersher, und davon hat er ja auch seinen Namen, wurde dieser Pilz zur Bekämpfung der Fliegenplage eingesetzt. Unsere Urgroßmütter legten noch Stücke von Fliegenpilzen in ein Schälchen mit Milch, und die Fliegen, die davon naschten, wurden dadurch für längere Zeit flugunfähig, so daß man sie leicht erschlagen konnte. Verabsäumte man dies jedoch, so flogen die nur vorübergehend geschädigten Insekten bald wieder munter weg.

In Nordeuropa und Asien werden Fliegenpilze von vereinzelten Volksstämmen sogar zu festlichen Anlässen in wohldosierten Mengen und besonders zubereitet verzehrt, um dadurch eine vorübergehende Euphorie auszulösen, die jedoch meist in Berserkerwut übergeht und letztlich zu erheblichen Beschwerden und Vergiftungserscheinungen führt.

Das im Fliegenpilz in geringeren Mengen vorhandene Nervengift Muscarin finden wir in anderen Pilzgattungen schon in größeren Mengen, so etwa in dem im Herbst auf Wiesen wachsenden Rasen- oder Feld-Trichterling *(Clibocybe dealbata)* und im roten, brennend scharfen Speitäubling. Muscarin kommt auch in einigen Röhrlingen mit roten Röhrenmündungen vor, etwa im Satanspilz, und es ist auch im Ölbaumpilz zu finden, der mit dem Pfifferling/Eierschwamm verwechselt werden kann.

Die größte Menge von Muscarin findet man jedoch in den Rißpilzen (Ziegelroter Rißpilz, Kegeliger Rißpilz). Der im Frühjahr vorkommende Ziegelrote Rißpilz, der im jungen Zustand mit dem Maipilz (Mairasling, Georgsritterling) verwechselt werden könnte, enthält so große Muscarin-Dosen, daß er auch schon Todesfälle herbeigeführt hat. Muscarin-Vergiftungen können jedoch durch die Verabreichung des Giftes der Tollkirsche (Atropin), also eines Gegengifts, medizinisch unter Kontrolle gebracht werden.

Wesentlich gefährlicher sind Pilze, die Zellgifte enthalten. Dazu zählen der Grüne und der Weiße Knollenblätterpilz, die Frühjahrs-Lorchel und der Nadelholz-Häubling. Nach deren Genuß treten die ersten Vergiftungserscheinungen nicht vor sechs bis acht Stunden auf, doch kann es auch bis zu 40 Stunden dauern, ehe man erkennt, daß man einen giftigen Pilz verzehrt hat. In dieser langen Latenzzeit liegt die Gefährlichkeit der Vergiftung, da das Gift in dieser Zeit bereits vom Körper aufgenommen wird. Danach ist es schon sehr schwer, etwas dagegen zu unternehmen. Bis zu 50 Prozent der mit dem Grünen Knollenblätterpilz Vergifteten kommen nicht mit dem Leben davon, wobei bereits ein einziger Pilz die tödliche Giftdosis

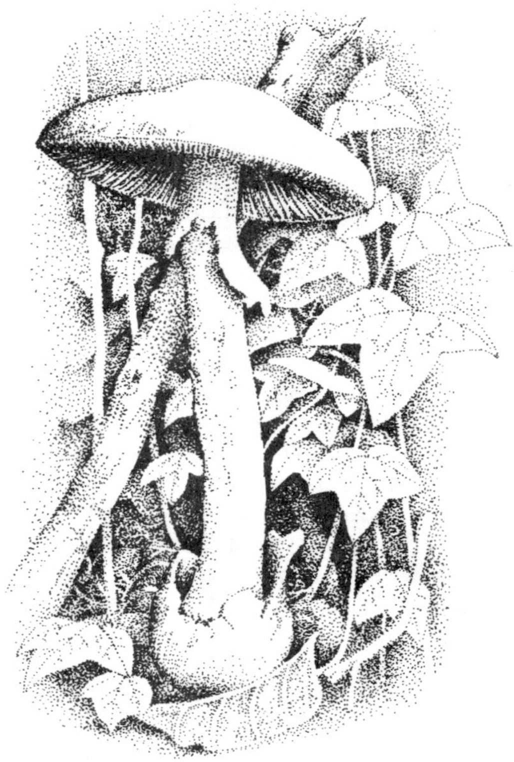

Knollenblätterpilz: tödlich giftig

für einen gesunden Menschen enthalten kann. In diesem Pilzbuch stellen wir den Grünen Knollenblätterpilz vor allem als einen möglichen giftigen Doppelgänger des Parasols und des Gefelderten Grüntäublings vor. Sowohl der Grüne als auch besonders der Weiße Knollenblätterpilz sind auch schon mit dem Champignon verwechselt worden. Insbesondere muß man sich vor jungen, geschlossenen Fruchtkörpern hüten, da ihre Merkmale noch kaum ausgebildet sind und daher leicht verwechselt werden können. Nur reife, gut erkennbare Pilze sollten gesammelt werden.

Ebenfalls als Zellgift wirkt das Gift der Frühjahrs-Lorchel, die wir nicht mit den zur gleichen Zeit wachsenden Morcheln verwechseln dürfen. Auch sollten wir uns nicht davon irritieren lassen, daß die Lorchel in manchen Ländern tonnenweise als Marktpilz angeboten und auch gegessen wird. Das Lorchel-Gift Gyromitrin wirkt nach dem »Alles-oder-nichts«-Prinzip. Wird eine bestimmte Giftmenge durch die Einnahme mehrerer Mahlzeiten überschritten, so kommt es in einer Anzahl von Fällen zu lebensgefährlichen Vergiftungen, ja sogar zum Tod. Eine Kuriosität am Rande: Der der Lorchel bereits um das Jahr 1800 gegebene lateinische Name Gyromitra esculenta bedeutet »die Eßbare«. Eßbar – für manche eben nur einmal.

Zu den Pilzen mit Zellgiften rechnet man heute auch einen bei uns nicht sehr häufigen Pilz, dessen Giftwirkung jedoch erst seit zirka 30 Jahren bekannt ist. Es handelt sich um den Orangefüchsigen Hautkopf *(Cordinarius orellanus Fr.)*, der auf Grund seiner langen Latenzzeit von drei bis 14 Tagen nicht als Verursacher von Vergiftungen erkannt worden ist. Erst durch eine Massenvergiftung in Polen im Jahre 1950 wurde die Giftwirkung dieses Pilzes bekannt. Die Vergiftungen verlaufen ähnlich wie bei den durch den Knollenblätterpilz verursachten, wobei Schädigungen von Leber und Nieren erfolgen und bei etwa 15 Prozent der Betroffenen der Tod eintritt. Es scheint auch hier ein ähnlicher Ansammlungseffekt wie bei der Frühjahrs-Lorchel vorzuliegen – erst wenn man durch den Genuß von Orangefüchsigen Hautköpfen in größeren Mengen eine gewisse Giftgrenze überschritten hat, zeigen sich die lebensbedrohlichen Symptome.

Einige Pilzarten vertragen sich nicht mit Alkohol, unter ihnen vor allem einige Tintlinge. In Verbindung mit Alkohol können sie schwere Vergiftungen hervorrufen. Einige Tintlingsarten enthalten Coprin, einen Stoff, der die Eigenschaft hat, den Alkoholabbau im Blut zu blockieren – es entsteht ein schädliches Zwischenprodukt, das Vergiftungserscheinungen hervorruft. An zwei Tintlingsarten ist dieses Phänomen wiederholt beobachtet worden: am Faltentintling und am Glimmer-Tintling *(Coprinus atramentarius)*. In der Medizin verabreicht man entwöhnungswilligen Alkoholikern eine Substanz, die als Antabus bezeichnet wird und die bei Alkoholkonsum während der Behandlungsperiode starke Übelkeit beim Patienten hervorruft. Um einen antabusähnlichen Stoff handelt es sich beim Coprin, das sich in einigen Tintlingsarten befindet. Da man auch in netzstieligen Hexenröhrlingen ähnlich wirkende Stoffe fand, ist auch bei ihnen vom Alkoholgenuß abzusehen.

In der für den Pilzsucher beliebtesten, weil ungefährlichsten Pilzfamilie, den Röhrlingen, zu denen auch der Herren- und Butterpilz, der Birkenpilz und der Maronenröhrling gehören, finden wir einige mit roten Farben an Stiel und/oder den Röhren, wie etwa den Satanspilz, den Schönfuß-Röhrling und den Netzstieligen Hexenröhrling.

Will man beim Sammeln von Pilzen aus der Röhrlingsfamilie völlig auf Nummer sicher gehen, so vermeide man einfach alle Röhrlinge, die rote Farben aufweisen. Erfahrenere Pilzsucher werden jedoch auf so gute Speisepilze wie das Rotfüßchen oder den Flockenstieligen Hexenpilz nicht verzichten wollen; man stelle jedoch sicher, daß man die Unterschiede ganz genau kennt. Denn gerät man als Anfänger an einen »falschen Röhrling«, so kann dies schon Vergiftungen in unterschiedlicher Stärke ergeben. Diese wirken sich hauptsächlich auf den Magen- und Darmtrakt aus und können wegen des hohen Wasserverlusts durch Erbrechen und Durchfall auch recht schwer sein, sind aber fast nie lebensgefährlich.

In diese Giftgruppe fallen von den in unserem Buch vorgestellten Doppelgängern nicht nur Satanspilz und Gallenröhrling, sondern auch Karbolegerling (Giftchampignon), Riesenrötling, Tigerritterling, Kartoffelbovist und andere.

Als Gift in Pilzen muß man leider seit einiger Zeit auch Schwermetalle berücksichtigen. Quecksilber, Blei, Kadmium und andere Gifte gelangen durch Umweltverschmutzung in die Natur und werden in unterschiedlicher Konzentration auch in manchen unserer guten Pilze gespeichert. Daher sind Pilze, die an den Rändern vielbefahrener Straßen wachsen, wegen ihres möglichen Bleigehalts, der aus Benzinrückständen stammt, zu meiden. Champignons (Egerlinge) neigen wieder dazu, Kadmium in sich zu speichern. Konnte man sich früher einmal noch darüber freuen, etwa mitten in der Stadt einen Stadtchampignon gefunden zu haben, so ist es heute nicht ratsam, ihn auch zu verzehren. Denn wo immer wir die Luft als stark verschmutzt empfinden, sollten wir nicht auf Pilzsuche gehen. Auch sollten wir bei der einfachen Vorsichtsmaßnahme bleiben: Pilzgerichte nicht in sehr großen Mengen zu verzehren.

Im übrigen zeigt die Tatsache, daß wir nun auch schon die Pilzsucher auf Gefahren dieser Art hinweisen müssen, wie dringend geboten der Umweltschutz ist. Er wird zur Frage des blanken Überlebens.

Pilze auf dem Fensterbrett – der Pilzanbau

Römische Kaiser und französische Könige haben, wie wir wissen, zu ihrer Zeit beklagt, daß Pilze nicht immer zur Hand waren, daß ihr Wachstum von der Laune der Natur abhängt. Und so war man schon seit frühen Zeiten bemüht, Pilze wenn möglich so züchten zu können, wie man Gemüse oder Obst anbaut. Das ist in Europa zunächst nur bei einer einzigen Pilzart gelungen – beim Champignon. Chinesen und Japaner waren erfolgreicher. Sie begriffen, daß vor allem Pilze, die auf Baumstümpfen wachsen, zur Zucht besonders geeignet sein müßten, und es gelang ihnen, den köstlichen Shii-take, das Judasohr und auch den Samtfuß-Rübling in großen Mengen zu züchten.

Vor einigen Jahren gelang es in Deutschland erstmals, eine in der freien Natur relativ seltene Pilzart auf künstlich angelegten Beeten zum Keimen zu bringen – den Riesenträuschling, einen köstlichen Speisepilz. Und kurz danach oder fast gleichzeitig wurden schließlich auch die in Europa heimischen, auf Baumstümpfen wachsenden Pilzarten in künstlich angelegten Kulturen gezüchtet – Samtfuß-Rüblinge, Stockschwämmchen und Austernseitlinge. Auch wurden die Myzelien des Shii-take und des Judasohrs aus dem Fernen Osten eingeführt. Und in letzter Zeit ist es schon gelungen, Parasole, Ritterlinge und selbst die Krause Glucke anzubauen. Der Tag ist also nicht fern, da sich auch viele andere Pilzarten bereits daheim züchten lassen werden.

Nun ist das Schöne am Pilzesuchen ja gerade das Suchen, das Durchstreifen der Wiesen und Wälder, das Glücksgefühl beim Finden. Dennoch gestehen wir, daß uns die Möglichkeit, Pilze im heimischen Garten anzubauen, auch gereizt hat. Heute sind die Myzelien verschiedener Pilze bereits in allen größeren Samenfachgeschäften zu erhalten, und seltenere Arten lassen sich aus speziellen Züchtereien vor allem in der Bundesrepublik Deutschland beziehen.

Als erstes bauten wir nun Riesenträuschlinge an, und zwar auf einem Strohbeet. Wie man das macht, dazu erhält man beim Erwerb des Myzels eine genaue Anbauanweisung. Im Prinzip jedoch muß man sich in einer Gärtnerei oder auf einem Bauernhof Stroh beschaffen, dieses zerkleinern, gut mit Wasser tränken und dann schichtweise aufeinander häufen – bis zu einer Dicke von etwa 30 cm. Das erworbene Pilzmyzel, das meist in dichten Klumpen in Plastiksäcken verkauft wird, wird nun in faustgroße Stücke zerlegt und in regelmäßigen Abständen in dieses feuchte Strohbeet eingebettet. Das Beet wird dann mit einer dünnen Erdschichte zugedeckt, die regelmäßig feucht zu halten ist. Bei verhältnismäßig warmer Witterung, also in unseren Breiten wohl erst zwischen Ende Mai und August, soll das Myzel nun innerhalb von sechs bis acht Wochen die ersten Pilze treiben. Wir hielten uns genau an die Anbauvorschriften, und die Riesenträuschlinge kamen auch pünktlich nach sechs Wochen zum Vorschein. Das Beet trieb bis zum Einbruch der kälteren Jahreszeit insgesamt vier Generationen Riesenträuschlinge. Es war eine helle Freude, sie zu ernten, eine ebenso große, sie zu essen. Was in den Anbauvorschriften nicht stand und woran wir einfach nicht glaubten, war, daß dieses in der freien Natur künstlich angelegte Beet auch noch den Winter überstehen würde. Und so beseitigten wir es im Frühjahr und ersetzten es durch ein neues. Das alte Stroh benützten wir als Dünger im Garten. Wie groß war unsere Überraschung, als ein Jahr darauf an allen Ecken und Enden des Gartens Riesenträuschlinge wuchsen. Nun müssen wir aber hier hinzufügen, daß es sich um einen besonders milden Winter handelte und wir daher nicht mit Sicherheit sagen können, ob das Myzel auch einen strengen Winter überdauern würde. Jedenfalls wiederholte sich das Wunder nicht noch einmal – im dritten Jahr gab es keine Träuschlinge mehr im Garten.

Aus einer Holzhandlung holten wir uns auch einige Äste verschiedener Baumsorten, hauptsächlich aber von Pappeln und Buchen. Wir präparierten sie mit dem Myzel von Stockschwämmchen, Samtfuß-Rüblingen, Austernseitlingen und Shii-take. Irgend etwas aber hatten wir offenbar falsch gemacht, denn die Stockschwämmchen und Samtfuß-Rüblinge kamen trotz mehrerer Versuche nicht zum Vorschein. Hingegen aber gab es reiche Ernte an Austernseitlingen und an dem besonders köstlichen Shii-take.

Obwohl wir also soeben bedauert haben, daß mit der Zucht der Pilze eines Tages das Vergnügen des Pilzesuchens ruiniert werden könnte, müssen wir eingestehen, daß es uns auch große Freude bereitet hat, die selbst angebauten Pilze herauskommen und wachsen zu sehen.

Jüngst zu Weihnachten schenkten uns Freunde einen mächtigen, bereits mit dem Myzel von Austernseitlingen präparierten Baumstumpf. Wir wollten ihn auf dem klei-

nen Balkon unserer Stadtwohnung aufstellen. Doch es gab gerade einen starken Kälteeinbruch, und so ließen wir den Baumstumpf noch im Kofferraum des Wagens. Als wir ihn Mitte Januar herausholten, war er bereits über und über mit Pilzbrut bedeckt.
Es ist also keine große Kunst mehr, Pilze selbst zu züchten. Und Sie brauchen auch keinen Stoßseufzer zu tun: Ja, wenn ich einen Garten hätte! Ein kleiner Keller (für Champignons), ein Balkon, selbst ein Fensterbrett oder auch nur der Raum zwischen zwei Fenstern genügen bereits, um Pilze mit Erfolg züchten zu können. Natürlich kann man es bei Fensterbrettzüchtungen nicht zu riesigen Ernten bringen, aber immerhin, für ein paar köstliche Mahlzeiten reicht es.
Als Experiment haben wir Pilze sogar schon in einem Gurkenglas angebaut, das wir zunächst mit Sägespänen füllten, mit Myzel versahen und dieses danach mäßig feucht hielten: Wir brachten es in diesem Gurkenglas auf sieben Stück Austernseitlinge.

Im folgenden noch einige Ratschläge für den Eigenbau:
Das Myzel verschiedener Pilzsorten läßt sich, wie gesagt, heute bereits bei den meisten größeren Samenhandlungen erwerben oder zumindest bestellen. Bei einigen Arten muß man mit einer längeren Lieferzeit rechnen, und es ist daher ratsam, die Bestellungen bereits ab März vorzunehmen, so daß man zur Anbauzeit – April bis Juni – das Myzel mit Sicherheit bereit hat. Je nach Pilzart erhält man mit der Packung auch eine genaue Anleitung zum Anbau, die peinlichst genau befolgt werden sollte, wenn man Erfolge erzielen will.
Folgende Pilze lassen sich auch auf kleinen Balkonen, am Fensterbrett oder zwischen den Fenstern züchten:
Samtfuß-Rüblinge – in Schalen oder Gurkengläsern.
Austernseitlinge – in Schalen, offenen Kistchen oder in Gurkengläsern.
Shii-take – auf Holzscheiben.

Austernseitling

Rauchblättriger Schwefelkopf – in Schalen oder Gurkengläsern.
Stockschwämmchen – in Gurkengläsern.
Das Pilzmyzel wird meist mit dem notwendigen Substrat geliefert, das heißt mit dem Nährboden, den das Myzel braucht, um sich entwickeln zu können. Im Wald besteht das Substrat aus dem entsprechenden Holz oder aus dem Humus, der sich aus verrottetem Laub und Tannennadeln gebildet hat.
Nach japanischem Muster kann man nun das Substrat auch selbst herstellen, und zwar aus 70% Sägespänen und 30% Reiskleie. Man kann es aber auch mit kleingeschnittenem, gehäckseltem Stroh, Sägemehl und Gerstenspreu versuchen. Wichtig ist, daß man dieses Substrat zirka zwei Stunden lang in einem großen Gefäß unter starkem Wasserzusatz kochen läßt, um es steril zu machen. Versäumt man das, kann es passieren, daß die Sporen anderer, nicht eßbarer und daher unerwünschter Pilze in diesem Substrat zu keimen beginnen und das Myzel der angebauten Speisepilze überwuchern. Das sterilisierte Substrat läßt man auskühlen, vermengt es dann mit dem erworbenen Myzel und füllt es in Schalen oder Gurkengläser ein. Diese werden an einem warmen Platz (möglichst bei einer Temperatur von rund 25 Grad Celsius)

aufgestellt, bis das Substrat von den Myzelfäden durchsponnen ist.
Danach sollte das Gefäß luftig bei zirka 15 Grad Celsius Durchschnittstemperatur aufgestellt werden, also durchaus auf einer Loggia oder auf dem Fensterbrett. Zwischen den Fenstern könnte es zu heiß werden, in diesem Fall müßte man die Pilzschalen zumindest zeitweise in den Schatten stellen.
In diesen Kleinkulturen werden die Pilze oft schon nach drei Wochen sichtbar und lassen sich kurz danach ernten. Um mehr Spaß an dieser Kleinzucht zu haben, sollte man verschiedene Pilzsorten zur gleichen Zeit anbauen, was eine größere Variationsbreite ergibt und eine mögliche Mißernte bei der einen oder anderen Art leichter verschmerzen läßt.
Abgesehen davon, daß es Spaß macht, die Pilze wachsen zu sehen, und auch abgesehen von ihrem kulinarischen Wert, soll man den dekorativen Effekt einer solchen Pilzschale nicht unterschätzen. Denn wenn die Pilze zu sprießen beginnen, bieten sie einen wunderbaren Anblick, und wer es über sich bringt, sie »zu opfern« und etwa an Stelle eines Blumenstraußes als Gastgeschenk mitzubringen, kann eines überwältigenden Erfolges sicher sein.
Will man Shii-take züchten, muß man sich zunächst Holzscheiben in einer Stärke von etwa 15 cm besorgen; am besten eignen sich in Scheiben geschnittene mittlere Eichen-, Weißbuchen-, Birken-, Edelkastanien- oder Pappelstämme.
Die Holzscheiben werden in lauwarmem Wasser etwa eine Stunde eingewässert. Daneben wird Sägemehl durch etwa zweistündiges Kochen sterilisiert und nach dem Auskühlen mit der Pilzbrut des Shii-take vermischt. Nun wird je eine Holzscheibe mit dieser Mischung aus Sägemehl und Brut einige Millimeter dick bestrichen, mit einer zweiten Holzscheibe zugedeckt und die beiden Holzscheiben dann mit einem Nagel zusammengenagelt.
Diese Scheibenpaare mit ihrer Brutschicht dazwischen werden in einen Plastikbeutel gelegt und im Keller oder sonst an einem kühlen dunklen Ort aufbewahrt. Jeden dritten oder vierten Tag müssen sie – am besten mit einer Sprühflasche – befeuchtet werden, bis sie vom Myzel durchwachsen sind. Man erkennt dies an dem weißen Belag, der sich außen an der Rinde des Holzes bildet. Nun werden die Holzstücke herausgenommen und auf dem Fensterbrett oder auf dem Balkon auf einen flachen Untersatz gestellt, dessen Boden immer feucht gehalten werden muß. Daher ist vor allem darauf zu achten, daß die Holzstücke nicht durch zu starke Sonnenbestrahlung austrocknen. In etwa zwei, drei Wochen sprießen aus den Holzstücken die ersten Shii-take-Pilze. Ihre Zahl ist bei dieser Anbauform natürlich nicht sehr groß; ist man aber bereit, immer wieder neue Holzscheiben zu präparieren, kann man den ganzen Sommer und Herbst über Shii-take-Pilze ernten.
Der Shii-take ist ein wäßriger und in frischer Form anscheinend nicht besonders aromatischer Pilz. Trocknet man ihn jedoch, und er läßt sich auch im Ganzen relativ einfach rasch trocknen, so nimmt er ein äußerst intensives und gar köstliches Aroma an. Daher wird der Shii-take möglichst als Trockenpilz verwendet, wobei er sich jederzeit wieder zu seiner ganzen ursprünglichen Größe aufkochen läßt, ohne dabei an dem neugewonnenen intensiven Aroma zu verlieren. Wer Shii-take-Pilze züchtet, sollte sich eine Pilzdarre zulegen, die es ermöglicht, die Pilze sehr rasch zu trocknen. Mehr darüber im letzten Teil dieses Buches.
Die Idee, Pilze künstlich anzubauen, hatte allerdings eine Reihe von Termitenarten schon lange vor den Menschen. Diese Termiten geben Pilzmyzel von Generation zu Generation als kostbarstes Erbgut weiter.
In Zentralafrika gibt es eine Termitenart, die ihre Königinnen, bevor sie ihren Hochzeitsflug antreten, mit Pilzmyzel ausstatten, das sie als Mitgift mitnehmen, wenn sie als Stammutter neue Termitenvölker gründen. Wissen-

schafter haben festgestellt, daß diese Königinnen, wenn sie an einem ungeeigneten, kargen Ort landen, eher selbst verhungern, als daß sie das mitgebrachte Pilzmyzel auffressen. Haben sie aber einmal Eier gelegt und sind genügend Arbeitertermiten geboren, wird das Myzel von ihnen zerstückelt und im Termitenbau in speziellen Pilzgärten angebaut.

Man würde meinen, es handle sich dabei um Zwergpilze. Doch keineswegs – diese Termiten züchten Riesenpilze, nur werden sie immer schon in dem Moment »geerntet«, das heißt abgefressen, wenn sie die Höhe der Termitengänge erreicht haben. Manchmal allerdings geschieht dies nicht rechtzeitig; dann bricht so ein Pilz plötzlich durch und wächst als Riese aus dem Termitenbau heraus. Das ist kein Pilzsucher-Latein, das haben wir in Sambia schon selbst gesehen. Wir werden nun bei der Vorstellung der einzelnen Pilzarten noch auf so manche Besonderheit unserer Pilze zu sprechen kommen.

Sollten Sie sich entschließen, es auch einmal mit dem Selbstanbau von Pilzen zu versuchen, so üben Sie sich bitte vor allem in Geduld. Nicht jeder Anbau gelingt bereits beim ersten Versuch. Schlägt das Experiment fehl, so frage man sich, was man wohl falsch gemacht hat und ob vor allem die notwendigen Temperaturen halbwegs gegeben waren und man das Substrat auch immer feucht (aber auch nicht zu feucht!) gehalten hat.

Beim Pilzesuchen wie beim Pilzanbau wünschen wir Ihnen nun viel Vergnügen.

In unserem Buch benützen wir für die Genießbarkeit oder Ungenießbarkeit jedes Pilzes folgende Symbole:

ESSBAR

UNGENIESSBAR,
ABER UNGIFTIG

GIFTIG,
ABER NICHT TÖDLICH

SEHR GIFTIG
BIS TÖDLICH GIFTIG

DIE BESTEN SPEISEPILZE UND IHRE DOPPELGÄNGER

Märzschneckling Frühjahrsellerling

Hygrophorus marzuolus (Fr.) Bres.

Der Märzschneckling ist einer der ersten Pilze des Jahres. Manchmal wächst er schon im Januar, seine »Hochsaison« ist jedoch Mitte März bis Ende Mai. Der Märzschneckling wächst in kleinen Gruppen, selten als Einzelpilz. Er gedeiht schon bei Temperaturen um Null Grad, schützt sich aber vor der Kälte, indem er längere Zeit unter Moos, Laub oder einer dünnen Erdschichte versteckt bleibt. Später durchstößt er diese Schicht.

Solange der Pilz mit Erde, Moos oder Laub bedeckt ist, bleibt die Farbe seines *Hutes* weißlich. Bricht er jedoch einmal durch und ist er dem Licht ausgesetzt, nimmt der Hut rasch Farbe an und wird in verschiedenen Schattierungen grau bis schwärzlich.

Der Hut des Märzschnecklings kann einen Durchmesser von 4 bis sogar 12 cm erreichen. Der Rand des Hutes ist im jungen Zustand zunächst eingerollt und breitet sich erst später aus. Er ist wellenartig gebuckelt, kräftig und dickfleischig. Die Oberfläche des Hutes ist matt. Die Haut läßt sich nur am Rand etwas abziehen.

Der Märzschneckling ist ein Blätterpilz. Diese *Blätter* befinden sich an der Unterseite des Hutes; sie sind dick, stehen in größeren Abständen voneinander und gabeln sich teilweise. Sie sind weiß und werden in zunehmendem Alter schmutziggrau. Obwohl sie kräftig aussehen, sind die Blätter spröde und bei Berührung leicht zerbrechlich. Sie laufen den Stiel ein wenig herab.

Dieser *Stiel* ist zunächst ebenfalls weiß, seidenfasrig, an der Spitze etwas schuppig. In zunehmendem Alter wird er hellgrau; er ist kurz, gedrungen, dick und oft verkrümmt. Er wird höchstens 6 cm lang, erreicht hingegen einen Durchmesser zwischen 1,5 und 4 cm. Gegen die Basis zu wird er schmäler. Der Stiel des Märzschnecklings ist fest und voll. Sein *Fleisch* jedoch ist fasrig.

Man findet den Märzschneckling vorwiegend in Nadelwäldern, manchmal auch in Mischwäldern, von Januar bis Mai. Er ist ein ausgezeichneter Speisepilz. Er sollte kaum mit anderen, giftigen Pilzen verwechselt werden können, aber sicherheitshalber stellen wir ihm zwei Giftpilze gegenüber, die unter außerordentlichen Umständen Ähnlichkeiten mit dem Märzschneckling aufweisen können.

Riesenrötling

Entoloma sinuatum (Bull. ex Fr.) Kummer

Der Riesenrötling ist ein giftiger Pilz, der von Mai bis September wächst, also später als der Märzschneckling. Dennoch sind Überschneidungen in der Wachstumszeit möglich.

Die *Hüte* junger Exemplare des Riesenrötlings sind wie beim Märzschneckling zunächst weiß. Die Hüte älterer Exemplare werden grau bis ockerfärbig und bisweilen auch bräunlich. Riesenrötlinge sind an sich größere Pilze als Märzschnecklinge. Sie werden zwischen 6 und 12 cm hoch, der Durchmesser ihrer Hüte beträgt zwischen 8 und 15 cm. Aber es kann unter jungen Pilzen gedrungenere Exemplare geben. Wichtiger hingegen ist zu beachten: Hut und Stiel des Riesenrötlings glänzen seidig, die des Märzschnecklings sind ohne Glanz. Weiters: Die Haut am Hut des Riesenrötlings läßt sich zur Gänze abziehen, die Haut des Märzschnecklings läßt sich nur am Hutrand lösen.

Die *Blätter* des Riesenrötlings sind nur in der Jugend weißlich, werden bald gelblich und danach rötlich, denn die Sporen sind, wie sein Name besagt, rötlich und färben im Alter die Blätter rot.

Weitere Unterscheidungsmerkmale: Die Blätter des Riesenrötlings laufen den Stiel nicht hinab, sondern sind gerade angewachsen und können sogar rund um den Stiel grabenartig ausgebuchtet sein. Der *Stiel* des Riesenröt-

MÄRZSCHNECKLING. *Blätter nicht gleich lang. Die längeren wachsen den Stiel ein Stück herab. Der Stiel ist gedrungen, kurz, plump, aber fest, nicht hohl.*

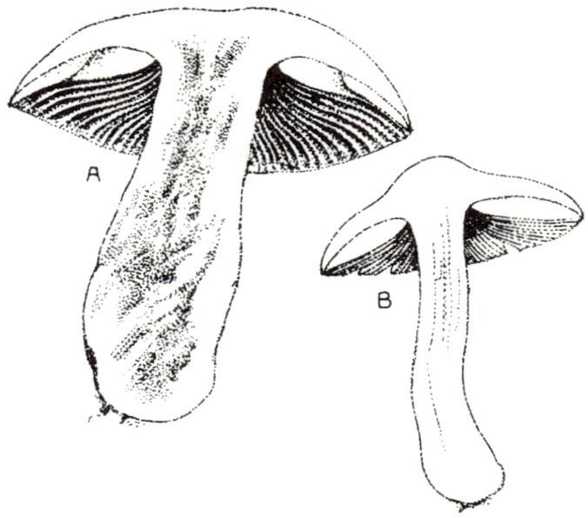

A. RIESENRÖTLING *und* B. ZIEGELROTER RISSPILZ. *Die Blätter wachsen nicht ganz bis zum Stiel. Der Stiel des Riesenrötlings ist ziemlich lang, jung mit Mark gefüllt, danach hohl. Die Stiele sind an der Basis breiter.*

lings ist schlank und rund und wird zur Basis hin dicker, während der Stiel des Märzschnecklings plump ist und sich zur Basis hin zuspitzt. Der Stiel des Riesenrötlings ist bei jungen Exemplaren mit einem schwammigen Mark gefüllt, doch wird er bei älteren Exemplaren hohl. Der Riesenrötling riecht stark nach frischem Mehl und »Apotheke«.

Er kommt vorwiegend in Laubwäldern vor, der Märzschneckling hingegen bevorzugt Nadelwälder.

Der Riesenrötling kann schwere Vergiftungen hervorrufen.

Ziegelroter Rißpilz

Inocybe patouillardi Bres.

Noch unwahrscheinlicher wäre eine Verwechslung des Märzschnecklings mit dem Ziegelroten Rißpilz, da die beiden in Farbe und Wuchs weitgehend verschieden sind. Dennoch: Auch der Ziegelrote Rißpilz beginnt im Mai zu wachsen, also zu einer Zeit, da es noch Märzschnecklinge geben kann.

Auch er kommt zunächst weiß aus der Erde. Der Ziegelrote Rißpilz färbt sich allerdings sehr bald gelb und kurz darauf zinnoberrot, nimmt also völlig andere Farben an als der Märzschneckling. Dabei läßt sich auch gleich das wichtigste Unterscheidungsmerkmal feststellen: Bei Druck auf Stiel und Blätter färben sich beim Ziegelroten Rißpilz diese Druckstellen rötlich, und zwar auch schon bei jungen, noch weißen Exemplaren. Eine solche Verfärbung von Druckstellen gibt es beim Märzschneckling nicht.

Ältere Exemplare des Ziegelroten Rißpilzes lassen auf dem *Hut* auch eine deutliche Radialfaserung zum Hutrand zu erkennen. Der Hutrand ist oft eingerissen; daher auch der Name Rißpilz. Der Hut des Rißpilzes wird zwischen 3 und 9 cm im Durchmesser, der *Stiel* etwa 6 cm hoch und 1 cm dick.

Auch der Stiel wird im Alter rosa bis ziegelrot. Er verdickt sich zur Basis hin knollenartig.

Der Ziegelrote Rißpilz wächst vorwiegend in Laubwäldern, sogar in Parks, meist in größeren Gruppen. Er erscheint frühestens im Mai, wächst aber bis in den Juli hinein. Der Pilz ist sehr – bis tödlich – giftig; das Gift löst starke Koliken und schwere Krämpfe aus.

DIE FALSCHEN . . .

ZIEGELROTER RISSPILZ ††

Nur junge Exemplare weiß, aber Stiel und Lamellen verfärben sich an Druckstellen rötlich. Ältere Exemplare gelb bis ziegelrot. Stielbasis verdickt. Hut mit Radialfaserung, am Rand oft eingerissen.

RIESENRÖTLING ††

Huthaut zur Gänze abziehbar, Hut und Stiel glänzen, Stielbasis verdickt, Stiel im Alter hohl, Lamellen am Stiel ausgebuchtet, laufen also den Stiel nicht herab.

. . . UND DER ECHTE

MÄRZSCHNECKLING

Jung weiß, später grau bis schwarz gefleckt, Hutrand nur am Rand abziehbar, nicht glänzend, Blätter kurz am Stiel herablaufend, Stiel fest, fasrig, nicht hohl, nach unten verschmälert.

Samtfuß-Rübling
Winterpilz

Flammulina velutipes (Curt. ex Fr.) Sing.

Ein guter Speisepilz mit dem großen Vorteil, das ganze Jahr hindurch zu wachsen, vor allem zwischen Oktober und April; daher wird er auch oft Winterpilz genannt. Der Samtfuß-Rübling wächst in dichten Büscheln an Baumstümpfen, meist an Laubhölzern, vor allem an alten Weiden.

Die *Hüte* des Samtfuß-Rüblings sind eher klein, 2 bis 5 cm im Durchmesser, nur in Ausnahmefällen bis zu 10 cm. Die Grundfarbe der Hüte ist gelblichbraun, wobei der Hutrand auffallend heller ist, eher ockergelb, während die Farbe gegen die Hutmitte immer dunkler (brauner) wird. Bei jungen Exemplaren ist der Hut noch halbkugelig und am Rand eingerollt. Später breitet sich der Hut aus und wird abgeflacht, in seiner Mitte jedoch bleibt immer ein kleiner Buckel stehen.

Die Hüte sind dünn und gegen den Rand zu fast durchsichtig, so daß man die an der Hutunterseite stehenden Blätter durch den Rand erkennen kann. Der Rand scheint solcherart gerieft zu sein. In der Nässe werden die Hüte auffallend glitschig. Die *Blätter* an der Unterseite des Hutes sind in jungem Zustand weißlich, bald aber gelbockerfarben. Sie sind ziemlich dick, unregelmäßig lang und stehen auch nicht ganz dicht beisammen. Am oberen Ende des Stiels sind sie angewachsen, laufen jedoch am Stiel nicht herab. Das *Fleisch* des Samtfuß-Rüblings ist blaßgelblich. Das wichtigste Kennzeichen dieses Pilzes aber ist, wie sein Name besagt, sein *Stiel:* Dieser ist dünn, aber mit dunklen Härchen dicht besetzt, so, als wäre er mit Samt überzogen. Dieses Samtkleid ist an der Stielbasis dunkler. Das oberste Stück des Stiels ist ohne Samtkleid und weist eine ockergelbe Farbe auf. Der Stiel ist bei jungen Exemplaren voll, im ausgereiften Zustand jedoch hohl.

Die Hüte des Samtfuß-Rüblings sind besonders schmackhaft, die Stiele jedoch zäh.

Grünblättriger Schwefelkopf

Hypholoma fasciculare (Huds. ex Fr.) Kummer

An alten Baumstümpfen wachsen viele Arten von Pilzen. Wir werden in diesem Buch noch eine Reihe von ihnen kennenlernen, das Stockschwämmchen, das Judasohr, den Austernseitling, den Hallimasch und den Leberpilz. Eine Verwechslung mit ihnen wäre kein Unglück, da sie alle gute Speisepilze sind. Hingegen gäbe es schwere Verdauungsstörungen, würde man den Samtfuß-Rübling mit dem ebenfalls auf Baumstrünken gedeihenden Grünblättrigen Schwefelkopf verwechseln. Dieser sieht aus, wie er heißt: Sein *Hut,* etwa 3 bis 7 cm im Durchmesser, ist dem Rand zu schwefelgelb und wird gegen die Mitte hin dunkler. Die Hüte sind erst halbkugelig gewölbt, dann ausgebreitet und dünnfleischig. Der Rand des Hutes ist nicht gerieft, und das ist schon ein deutliches Unterscheidungsmerkmal zum Samtfuß-Rübling.

Die *Blätter* an der Unterseite des Hutes sind bei ganz jungen Exemplaren noch gelblich, werden aber bald hellgrün. Bei alten, ausgereiften Exemplaren färben die ausfallenden Sporen diese Blätter schließlich schwärzlich ein. Die Blätter sind dünn, stehen dicht beisammen und machen daher einen regelmäßigen und geordneten Eindruck – ein weiterer Unterschied zum Samtfuß-Rübling. Der wesentlichste Unterschied aber zeigt sich am *Stiel:* Dem Schwefelkopf-Stiel fehlt das Samtkleid, er ist nicht dunkel behaart, sondern gelb, gegen die Basis zu braunrötlich. Der Stiel ist hohl und meist verbogen. Bei ganz jungen Exemplaren des Schwefelkopfs ist vom Stiel zum Hutrand ein Schleier gespannt, der bald zerreißt, doch bleiben kleine Teile des Schleiers manchmal am Hutrand hängen, und Schleierspuren sind auch an der oberen Hälfte

SAMTFUSS-RÜBLING. *Die Blätter scheinen am Hutrand durch und sind unregelmäßig und nicht gedrängt. Die untere Hälfte des Stiels ist samtartig von dunklen Härchen überzogen. Die Stielbasis ist etwas zugespitzt.*

GRÜNBLÄTTRIGER SCHWEFELKOPF. *Der Hutrand ist nicht durchscheinend, auch nicht gerieft. Die Blätter sind regelmäßig und sehr gedrängt. Der Stiel ist ohne Samtkleid, die Stielbasis nicht zugespitzt, eher abgerundet.*

des Stiels zu finden. Das *Fleisch* des Schwefelpilzes ist schwefelgelb.

Ein letztes *wichtiges Unterscheidungsmerkmal:* Kaut man ein kleines Stückchen vom Grünblättrigen Schwefelkopf, dann spuckt man es sicher rasch aus, denn der Pilz ist sehr bitter, während der Samtfuß-Rübling von mildem Geschmack ist.

Beide Pilze, der Samtfuß-Rübling und der Grünblättrige Schwefelkopf, wachsen das gesamte Jahr hindurch, sind also Zeitgenossen. Es gibt übrigens auch einen eßbaren Schwefelkopf mit grauen Blättern, den Rauchblättrigen oder Milden Schwefelkopf *(Hypholoma capnoides Fr. Kast.).* Wie schon sein Name besagt, unterscheiden ihn vor allem die *Blätter* von seinen unmittelbaren giftigen Verwandten, denn diese sind nicht grün, sondern hellgrau bis dunkelgrau und nicht sehr dicht. Wir haben diesen Pilz nicht in dieses Buch aufgenommen, da er allzu leicht mit dem giftigen Grünblättrigen Schwefelkopf verwechselt werden kann.

Der Samtfuß-Rübling könnte auch noch mit dem Nadelholz-Häubling *(Galerina marginata Fr. Kühn)* verwechselt werden. Eine Zeichnung des Nadelholz-Häublings finden Sie dem Stockschwämmchen gegenübergestellt (s. S. 63 f.). Wir haben den Nadelholz-Häubling nicht als möglichen Doppelgänger des Samtfuß-Rüblings angeführt, weil dieser sich sowohl durch seine Größe als auch durch seinen besamteten Stiel sehr deutlich vom Nadelholz-Häubling unterscheiden sollte. Denn der *Hut* des Nadelholz-Häublings ist meist nur einen Zentimeter im Durchmesser, maximal aber drei, und er hat einen ganz dünnen *Stiel* ohne jegliche Samthärchen oder Schuppen. Der Nadelholz-Häubling ist sehr giftig, und deshalb wollen wir schon hier auf seine Existenz verwiesen haben.

Der Samtfuß-Rübling ist einer jener baumbewohnenden Pilze, die sich bereits seit längerer Zeit auch in Heimkulturen züchten lassen. Näheres lesen Sie bitte in unserem Kapitel über Pilzzucht nach (s. S. 27).

DER FALSCHE . . .

GRÜNBLÄTTRIGER SCHWEFELKOPF †

Büschelig auf alten Baumstümpfen, gelber Hut, Hutrand nicht gerieft, Blätter regelmäßig und dicht, jung gelblich, dann grün, schließlich schwärzlich. Reste eines Schleiers manchmal an Hutrand und Stiel. Stiel gelb bis rostfarben, ohne Samtkleid. Geschmack widerlich bitter. Ganzjährig, giftig.

. . . UND DER ECHTE

SAMTFUSS-RÜBLING

Büschelig auf alten Baumstümpfen und lebenden Bäumen, Hutrand ockergelb, durchscheinend gerieft, Hutmitte dunkler, Blätter ungleich lang, jung weiß, später gelb, untere Hälfte des Stiels von dunklen Härchen überzogen. Ganzjährig, guter Speisepilz.

Austernseitling

Pleurotus ostreatus (Jacq. ex Fr.) Kummer

Der Austernseitling ist heute nach dem Champignon wahrscheinlich der am häufigsten angebotene Marktpilz. Vor wenigen Jahren noch gab es den Austernseitling nur in der freien Natur zu finden, bis – nach dem Champignon – nun auch die Zucht dieses Pilzes in großem Umfang möglich geworden ist.

Da die gezüchteten Austernseitlinge sich von ihren in der freien Natur wachsenden Brüdern durch nichts unterscheiden, könnten wir also ihr Aussehen an einigen auf dem Markt gekauften Exemplaren genau studieren, und wer sich auf die Suche nach Austernpilzen machen will, sollte dies zunächst auch tun.

Hier muß man allerdings schon darauf aufmerksam machen, daß Austernseitlinge sowohl als Zuchtpilz als auch in freier Natur in mehreren Farbschattierungen vorkommen, im wesentlichen in zwei großen Farbgruppen – die eine im graubläulichvioletten Bereich, die andere im hellbraunen bis graubraunen. Auch er ist ein Holzbewohner und vor allem an alten, abgestorbenen Baumstrünken zu finden, bevorzugt auf Rotbuchen, aber auch auf anderen Laubbäumen. Manchmal, doch sehr selten, befällt er auch lebende durch Krankheiten geschwächte Bäume.

Der Austernseitling ist ein sehr robuster Pilz und ist das ganze Jahr über zu finden, besonders, wenn Winter und Vorfrühling nicht allzu niedrige Temperaturen aufweisen. Er gehört solcherart zu jenen wenigen Pilzarten, nach denen sich auch in der pilzarmen Winterszeit Ausschau halten läßt.

Der Austernseitling hat eine besondere Form, denn er besitzt nur einen ganz kurzen *Stiel;* dieser befindet sich nicht in der Mitte unter dem Hut, sondern am Rand des Pilzes, so daß der Hut wie ein kleines Vordach auf dem Stiel aufsitzt. Da die Austernseitlinge an den Baumstümpfen meist auch noch übereinander wachsen, bilden ihre Hüte oft vielschichtige Dächer. Wie schon erwähnt, kann der Austernseitling in verschiedenen Farben vorkommen; in der graublauen Gruppe zeigt die Huthaut graue, bläuliche, manchmal sogar violettgrünliche bis nahezu schwarze Tönungen, im Gesamteindruck aber überwiegt das Graublau. Die bräunliche Gruppe kann vom lichten Ockergelb über graubraune Töne bis zum Schwarzbraun ebenfalls viele Nuancen aufweisen.

An der Unterseite seines Hutes besitzt der Austernseitling *Blätter.* Diese wachsen vom Hutrand ohne Übergang weit den Stiel hinunter, so daß es aussieht, als bestünde der gesamte Pilz nur aus Hut und hätte gar keinen Stiel. Nur Exemplare, die innerhalb eines dichten Büschels wachsen, entwickeln einen etwas längeren Stiel. Fährt man mit dem Finger quer über die Blätter dieses Pilzes, so fühlen sich diese etwas gummiartig (gallertartig) an.

Seitlinge werden die Pilze dieser Gattung genannt, weil ihre Stiele eben seitlich und nicht zentrisch wachsen.

Die *Blätter* des Austernseitlings sind zunächst weiß, später cremefarbig. Wo der Pilz in dichten Büscheln vorkommt, sind die Stiele an der Basis oft miteinander verwachsen.

Das Fleisch des Austernseitlings ist weich, wird aber im Alter zäh. Der kurze Stiel hingegen ist fast immer zäh und sollte bei der Verwendung des Pilzes entfernt werden.

Geruch und Geschmack des Austernseitlings sind sehr angenehm, und in vielen Ländern wird der Austernseitling in Geschmack und Güte einem zarten Fleischgericht (»Kalbfleischpilz«) gleichgesetzt. Er ist in der Küche vielfältig verwertbar.

Machen wir uns auf die Suche nach Austernseitlingen, tun wir gut daran, zunächst die Auen oder lichten Laubwälder nach alten Baumstümpfen oder nach ganzen Baumstämmen abzusuchen, die schon vor mehreren Jahren gefällt worden sind und liegengelassen wurden.

Der Durchmesser des *Hutes* eines Austernseitlings wird meist zwischen 5 und 10 cm betragen, doch gibt es immer wieder Einzelexemplare, die sehr groß, bis zu 20 cm im Durchmesser, werden. Der *Stiel* ist jedoch meist nur 2 cm lang, in Ausnahmefällen bis zu 4 cm.
Die Gattung der Seitlinge ist ziemlich groß, doch die meisten von ihnen sind eher kleine Pilze und haben so wenig Substanz, daß sie als Speisepilze kaum erwähnenswert scheinen. Keiner der Seitlinge ist giftig, doch gelten viele von ihnen als unbedeutend und wertlos.

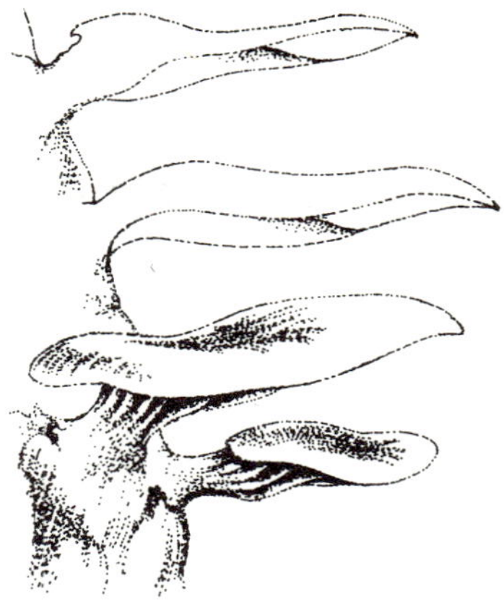

AUSTERNSEITLING. *Sehr kurzer, angewachsener Stiel, die Hüte wachsen wie Dachziegel übereinander. Die Blätter laufen vom Hutrand bis zur Stielbasis hinab. Der ungenießbare Muschelkrempling hat eine sehr ähnliche Gestalt, ist aber von einer ganz anderen Farbe (siehe Farbbild!).*

Muschelkrempling

Paxillus panuoides Fr.

Und doch hat auch der Austernseitling einen möglichen Doppelgänger, den Muschelkrempling. Auch er wächst – das ganze Jahr hindurch – an alten Baumstümpfen, und zwar ebenfalls oft in dichten Büscheln dachziegelartig übereinander. Der Muschelkrempling ist kleiner als der Austernseitling; er wird 2 bis 8 cm breit und besitzt meist gar keinen *Stiel* oder sitzt mit einem ganz kurzen, fast nicht mehr wahrnehmbaren Stiel am Baume auf.
Im jungen Zustand ist der Pilz weißlich. Bald jedoch wird die Hutoberfläche gelblich, okkerfarben und im Alter gelbbräunlich. Während die Oberfläche des Austernseitlings völlig glatt und kahl ist, ist die des Muschelkremplings wie mit einem feinen Filz bedeckt.
Die *Blätter* bei jungen Exemplaren des Muschelkremplings sind weiß, werden aber ebenfalls bald gelb und dunkeln im Alter nach. Während die Blätter des Austernseitlings gummiartig elastisch sind, lassen sich die Blätter des Muschelkremplings leicht vom Hut trennen, wenn man kräftig mit dem Finger gegen sie drückt.
Das *Fleisch* des Muschelkremplings ist cremefarbig bzw. weiß und schwammigweich.
Während der Austernseitling vorwiegend an den Stümpfen abgestorbener Laubbäume wächst, findet man den Muschelkrempling in erster Linie an den Stümpfen von Nadelbäumen. Auch das kann als wichtiges Unterscheidungsmerkmal gelten. Wobei eine Verwechslung des Muschelkremplings mit dem Austernseitling auch kein allzugroßes Malheur darstellen würde, denn auch der Muschelkrempling ist nicht giftig, sondern nur ungenießbar, weil sein Fleisch zäh und geschmacklos ist. Spätestens beim Essen würde man also den Unterschied merken.
So ist der Austernseitling im Grunde genommen ein Pilz, den man ohne große Gefahren suchen kann. Er läßt sich, wie gesagt, auch anbauen, und sein Myzel ist in allen größeren Samenhandlungen erhältlich oder zumindest zu bestellen. Bei den gezüchteten Austernseitlingen unterscheidet man zwischen Winter-Austernseitlingen und Sommer-Austernseitlingen, wobei die einen der graublauen und die anderen der bräunlichen Gruppierung angehören. Wer sich für die Zucht von Austernseitlingen interessiert, möge Näheres in unserem Kapitel über die Heimzucht von Pilzen nachlesen (s. S. 27).

DER FALSCHE ...

MUSCHELKREMPLING ●

Meist an Stümpfen abgestorbener Nadelbäume. Farbe des Hutes gelb bis ocker. Die Blätter nur bei jungen Exemplaren weiß, danach gelb bis dunkelgelb und zimtfarben. Sie sind nicht elastisch und leicht vom Hut löslich. In den meisten Fällen sitzt der Pilz ohne Stiel direkt auf der Baumrinde auf. Wächst ebenfalls ganzjährig.

. . UND DER ECHTE

AUSTERNSEITLING (Ⅱ)

Wächst meist muschelförmig an Stümpfen toter, aber auch lebender Laubbäume das ganze Jahr hindurch. Sehr kurzer, seitlich angewachsener Stiel, hauptsächlich in zwei Farbschattierungen: grau bis violett-schwarz und hellbraun bis dunkelgrau-braun. Die Blätter der horizontal geschichteten Fruchtkörper sind weißlich, elastisch, vom Hutrand bis zur Stielbasis verlaufend.

Judasohr, Wolkenohr, Holunderschwamm

Hirneola auricula-judae (Bull. ex St. Amans) Berk.

Das Judasohr, auch Wolkenohr oder Holunderschwamm genannt, ist ein Gewächs, das wir nicht gleich als Pilz erkennen würden, denn es hat kaum einen Stiel und zumindest keinen Hut, wie wir ihn gewöhnlich bei Pilzen erwarten.

Auch das Judasohr ist ein Holzbewohner und gehört zu den wenigen Pilzen, die das ganze Jahr hindurch gedeihen.

Es wächst auch zu einer Zeit, die viele Pilzsucher für unfruchtbar halten. Um jedoch das Judasohr zu finden, muß man nach alten, vor allem abgestorbenen Holunderstauden Ausschau halten, denn an den toten Ästen des Holunders wachsen die Judasohren am liebsten, und zwar nur selten einzeln, meist in Gruppen.

Die dominierende *Farbe* des Judasohrs ist braun, aber bei genauerer Betrachtung bemerkt man meist einen Stich ins Violette und Graue, besonders dann, wenn die Sporen dieses Pilzes reif sind und die gesamte Außenseite mit einer lichtgrauen Schicht bedecken.

Das *wesentliche Kennzeichen* dieses Pilzes: Er sieht im ausgereiften Zustand, wenn er etwa 5 bis 10 cm breit geworden ist, tatsächlich wie ein Ohr aus. Die Oberseite formt sich zu einer Ohrmuschel, in der beim gereiften Pilz auch deutlich Adern zu erkennen sind. Junge Exemplare sprießen als kleine, ovale, nach oben geöffnete Muscheln aus den Ästen.

Die Pilze haben einen ganz kurzen, oft kaum wahrnehmbaren *Stiel*, so daß es aussieht, als wären sie stiellos an den Ästen angewachsen. Pflückt man die Pilze und nimmt sie in die Hand, merkt man, daß sie aus einer gallertigen, knorpeligen Masse bestehen, die bei Feuchtigkeit sehr glitschig wird. Im trockenen Zustand hingegen fühlt sich das Judasohr etwas samtig an.

Der Pilz ist in China, Japan und anderen asiatischen Ländern ein beliebter Speisepilz.

Das Judasohr eignet sich besonders gut zum Trocknen und gewinnt dabei stark an Aroma. Getrocknet wird der Pilz jedoch steif, hornartig und nimmt erst nach dem Einweichen in Wasser wieder seine gallertartige Konsistenz an. Das Judasohr wird in Asien schon seit langer Zeit kommerziell angebaut.

Es gibt mehrere Baumpilze, die aus den Ästen sprießen und mit dem Judasohr verwechselt werden könnten. Etwa einige schwarze Drüslinge, die aber in zusammengeballten Klumpen becherförmig wachsen.

Keine dieser Drüslingarten ist giftig. Sie sind nur einfach zu knorpelig, um eßbar zu sein. Auf Grund ihrer Farben, ihres Aussehens und ihrer Art, klumpenartig beisammenzuwachsen, wird man sie auch kaum mit dem Judasohr verwechseln.

Gezonter Ohrlappenpilz

Auricularia mesenterica (Dicks. ex S. F. Gray) Pers.

Hingegen hat das Judasohr einen ungenießbaren Verwandten, mit dem eine Verwechslung möglich wäre – den Gezonten Ohrlappenpilz. Auch dieser ist nicht giftig, jedoch schwer verdaulich.

Der Gezonte Ohrlappenpilz wächst direkt aus dem Stamm lebender Laubhölzer verschiedener Art, steht aber nicht wie das Judasohr entweder als junge Muschel oder als erwachsenes Ohr aufrecht vom Stamm weg, sondern hängt im reifen Zustand lappenartig herunter.

Wichtiges Unterscheidungsmerkmal: Der Gezonte Ohrlappenpilz ist nicht einfärbig, sondern weist auf seiner Oberseite gegen den Rand hin graue bis olivgrüne striegelig-haarige Zonen auf, die, wie die Jahresringe eines Baumes, rund um den Pilzrand gegliedert sind.

JUDASOHR. *Die leicht muschelförmigen Öhrchen wachsen auch oft dachziegelförmig an Holunderstauden und sind mit mehr oder weniger feinen Adern auf der Unterseite durchzogen, seine Oberfläche ist weichfilzig.*

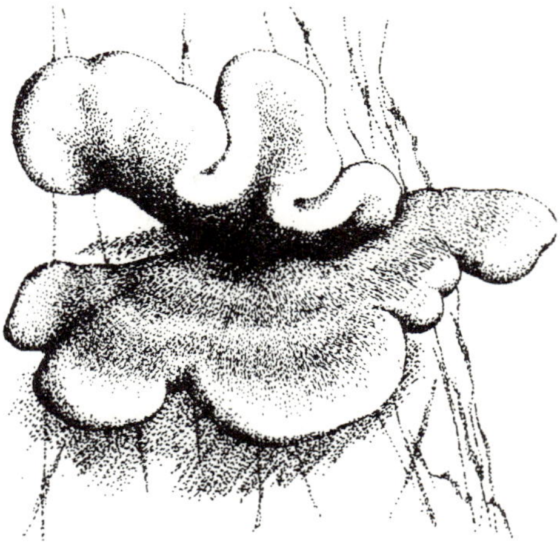

OHRLAPPENPILZ. *Striegelig, haarig mit konzentrischen Zonen auf der Oberseite, als wären es die Jahresringe eines Baumes, dicklappiger als das Judasohr.*

Die *Unterseite des Pilzes* ist braun, gegen den Rand hin graugrün, während sich vom Stielansatz zum Hutrand zahlreiche Runzeln ziehen, die zwar verästelt sind, aber generell stets in diese eine Richtung verlaufen.

Die *Adern* des Judasohrs sind im Vergleich dazu zart, viel weniger dicht, verlaufen nie in eine Richtung, sondern passen sich der Rundung der Muschel an. Da weder der Gezonte Ohrlappenpilz noch die anderen, ähnlich wachsenden Pilze giftig sind, sondern lediglich unbrauchbar, ist die Suche nach dem Judasohr an sich risikolos und für leidenschaftliche Pilzsammler besonders vergnüglich, weil man das Judasohr sogar in der Winterlandschaft finden kann.

Wir haben im Rahmen der zwanzig Grundregeln für die Suche und Behandlung von Pilzen zu Beginn dieses Buches darauf verwiesen, daß Pilze, die nur ein einziges Mal gefroren sind, durchaus genießbar bleiben, daß man sich jedoch davor hüten muß, Pilze zu essen, die bereits mehrmals aufgetaut und wieder gefroren sind. Die Ausnahme dieser Regel: Pilzen, die während des Winters wachsen, schadet Frost nicht, und sie lassen sich auch nach mehrmaligem Tauen und Wiederfrieren ohne Gefahr verzehren. Das Judasohr gehört dazu.

Im übrigen gehört das Judasohr zu jenen Pilzen, die man schon im Altertum und im Mittelalter gut kannte und die sich schon damals großer Wertschätzung erfreuten. Dabei mag sein kulinarischer Wert vielleicht nicht so sehr ins Gewicht gefallen sein, aber dem Pilz wurde eine beträchtliche Heilkraft bei der Behandlung von Augenleiden und Halskrankheiten zugeschrieben. Ein aus der mittelalterlichen Medizin stammendes Sprichwort gibt darüber Auskunft: »Ein Holunderschwamm aufs Aug gelegt, hat jeden Schmerz hinweggefegt«. Modernere medizinische Mittel haben uns auf diese nützliche Seite des Holunderschwamms inzwischen verzichten lassen.

Mit der zunehmenden Verbreitung fernöstlicher Rezepte auch bei uns in Europa könnte das Judasohr wieder zu größeren Ehren kommen. Da es in Asien im großen Stil kommerziell angebaut wird, ließe sich wohl auch in Europa jederzeit eine Zucht von Judasohren anlegen.

DER FALSCHE . . .

GEZONTER OHRLAPPENPILZ ●

Gallertartig, Oberfläche striegelig haarig mit konzentrischen graugrünen Zonen, als wären es Jahresringe eines Baumes. Unterseite stark runzelig. Ungenießbar, aber nicht giftig.

. . . UND DER ECHTE

JUDASOHR

Im reifen Zustand ohrförmig, braun, manchmal mit violettem und grauem Anflug, gallertartig, wie ein Ohr mit Adern durchzogen, wächst an alten Ästen, vorwiegend von Holunderstauden. Oberfläche glatt.

Speisemorchel

Morchella esculenta Pers. ex St. Amans

Morcheln zählen zu den besten Speisepilzen und gelten schon seit Jahrhunderten in vielen Ländern als Delikatesse. In Frankreich findet man sie auf allen Märkten, und im getrockneten Zustand fehlen Morcheln dort in keiner Küche. In unseren Breiten werden Morcheln bislang nur von wenigen Kennern gesucht, von diesen dafür aber um so mehr geschätzt. Morcheln gehören übrigens zu den ersten Frühjahrspilzen und sollten für den Pilzsucher, der die pilzarmen Wintermonate gerade ungeduldig hinter sich gebracht hat, schon deshalb ein hochwillkommenes Suchziel sein.

Es gibt mehrere Arten von Morcheln, die alle gute Speisepilze sind. Wir wollen uns auf die beiden bekanntesten Arten, auf die Speisemorchel und die Spitzmorchel, konzentrieren. Der Unterschied liegt vor allem in ihren *Hutformen.* Die Speisemorchel besitzt einen runden, gedrungeneren Hut, während der Hut der Spitzmorchel länglich und zugespitzt ist. Morcheln sind sehr seltsame Gewächse. Ihre Hutoberfläche besteht aus wabenartigen Gruben, die durch wachsartige, dennoch brüchige Wände voneinander getrennt sind.

Die Speisemorchel hat einen meist gelblichbraunen bis gelblichgrauen Hut und kann eine Höhe bis zu 15 cm erreichen. Der Hut selbst kann bis zu 8 cm im Durchmesser breit werden. Der *Stiel* der Speisemorchel ist weiß bis hellgelb und völlig mit dem Hut verwachsen. Am besten bemerkt man dies, wenn man die Morchel der Länge nach in die Hälfte schneidet. Was dann vor einem liegt, ist ein völlig hohles Gebilde, wobei es aussieht, als würde der Hut lediglich aus einer Erweiterung des Stiels bestehen, wobei die grubenartigen Waben an der Außenseite dieser Erweiterung angesetzt sind. Tatsächlich sind diese Waben die Träger der Sporen, wären also gleichzusetzen mit den Blättern der Blätterpilze oder den Röhren der Röhrenpilze. Die seltsame Anatomie der Morchel macht sie zu einem außergewöhnlichen Pilz, der unser zusätzliches Interesse verdient. Das *Fleisch* der Morchel ist sehr zart, sehr brüchig, von angenehmem Aroma.

Die Speisemorchel wächst in warmen Frühlingstagen bereits im April bis Anfang Juni, insbesondere in Hecken, unter Gebüschen, in Laubwäldern und Parkanlagen.

Spitzmorchel

Morchella conica Pers.

Die Spitzmorchel ist etwas kleiner als die Speisemorchel, durchschnittlich 8 bis 10 cm hoch, und ihr länglicher, zugespitzter *Hut* ist oft nur 2 bis 3 cm breit. Sie ist meist dunkler als die Speisemorchel, graubraun bis schwarzbraun. Die Wände zwischen den Waben am Hut laufen bei der Spitzmorchel ziemlich parallel von der Spitze zum Hutrand hinunter, wobei diese Längswände rippenartig stark ausgeprägt sind, während die Querwände deutlich zurücktreten. Sonst aber hat die Spitzmorchel genau die gleichen Qualitäten wie die Speisemorchel. Auch sie wächst von April bis Anfang Juni meist im Gebüsch der Hecken zwischen altem Laub, in Parkanlagen, aber auch in Laubwäldern und in den Auen.

Neben der Speise- und der Spitzmorchel gibt es noch andere, jedoch seltenere Morchelarten, wie die Hohe Morchel, die Käppchenmorchel, die Glockenmorchel und die böhmische Verpel, ebenfalls eine kleinere Morchelart. Sie alle haben prinzipiell den gleichen Aufbau und sehen einander auch sehr ähnlich. Alle sind eßbar.

Eine Ausnahme bildet die zu den Bauchpilzen gehörige Stinkmorchel. Wahrscheinlich sind Sie diesem penetrant nach Aas riechenden Pilz im Walde schon begegnet und haben sich angewidert von ihm weggewendet.

Frühjahrslorchel

Gyomitra esculenta (Pers.) Fr.

Die Morcheln haben einen gefährlichen Doppelgänger – die Frühjahrslorchel, auch Gift-

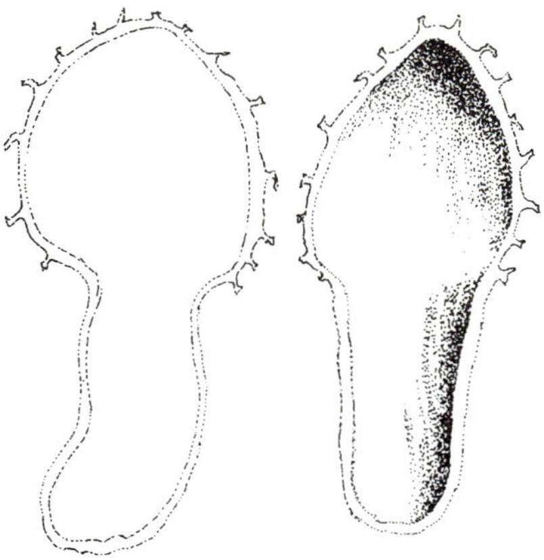

SPEISEMORCHEL. *Der Hut besteht aus wabenartigen Gruben mit dünnen, brüchigen Wänden. Der ganze Pilz ist hohl.*

SPITZMORCHEL. *Hut länglich, kegelig, oben zugespitzt. Der ganze Pilz ist hohl.*

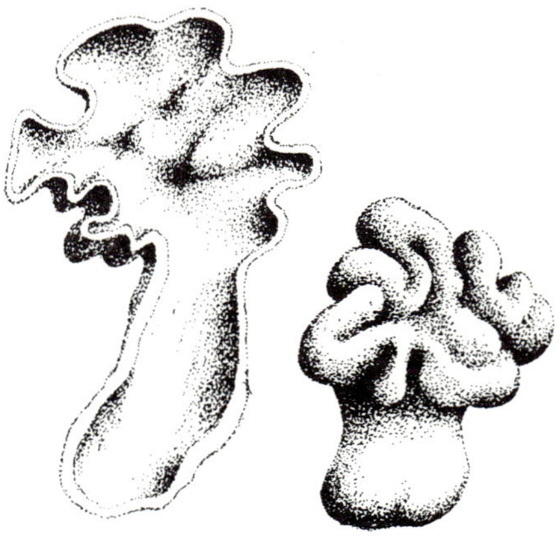

FRÜHJAHRSLORCHEL. *Hut besteht aus dicken Wülsten, oft über den Stiel hängend, gehirnartige Struktur. Der ganze Pilz ist hohl.*

lorchel genannt. Auf den ersten Blick, besonders wenn man keine Morchel zum Vergleich zur Verfügung hat, könnte man die beiden Pilzarten wegen ihres ähnlich bizarren Aussehens verwechseln. Daher bitte genau hinsehen! Der *Hut* der Frühjahrslorchel besteht aus Wülsten, nicht aus Gruben. Das heißt, während bei den Morcheln die Hohlräume dominieren, die durch dünne Zwischenwände getrennt sind, treten bei der Lorchel dicke Wülste hervor, zwischen denen sich faltenartige kleinere Zwischenräume befinden. Der Anblick erinnert an die Windungen eines Gehirns. Der Hut der Lorchel ist von dunkler Farbe, meist rotbraun bis schwarzbraun, kann aber in Ausnahmefällen auch heller braun sein. Der *Stiel* ist grauweiß bis gelblichweiß, und wie bei der Morchel sind Stiel und Hut ein gemeinsamer Körper und innen hohl. Daher ist das einzige verläßliche Unterscheidungsmerkmal die gehirnartige Form der Hutwülste, im Gegensatz zu den wabenartigen Gruben der Morchel.

Die Frühjahrslorchel wird zwischen 5 und 15 cm hoch und zwischen 2 und 5 cm breit. Auch ihr *Fleisch* ist wachsartig, dünn, sehr spröde und von angenehmem Geruch. Sie wächst von Ende März bis Mai in Nadel-(vorwiegend Kiefern-)wäldern auf sandigem Boden, aber auch in Kahlschlägen und Jungwäldern.

Die Frühjahrslorchel kann in rohem Zustand oder ungenügend gekocht tödlich giftig sein. Dennoch werden Frühjahrslorcheln in einigen Ländern sogar auf den Märkten angeboten. Da immer wieder Vergiftungsfälle mit tödlichem Ausgang gemeldet werden, raten wir jedenfalls vom Genuß der Frühjahrslorchel ab, auch wenn es in der Literatur heißt, die Frühjahrslorchel sei, sobald man sie abgekocht und das Kochwasser weggeschüttet habe, durchaus genießbar. Ebenso, wenn sie getrocknet werden. Es ist noch immer nicht ausreichend erforscht, unter welchen Umständen die Lorchel eßbar und wann sie giftig ist.

DER FALSCHE . . .

FRÜHJAHRSLORCHEL ††

Hut besteht aus dicken Wülsten mit schmalen Vertiefungen dazwischen. Gehirnartige Oberfläche. Rotbraun bis schwarzbraun, Stiel weißlich, hohl. Von März bis Mai. Giftig!

. . . UND DIE ECHTEN

SPEISEMORCHEL

Hut besteht aus wabenartigen Gruben mit wachsartigen, dünnen, brüchigen Wänden. Farbe gelblichbraun oder gelblichgrau, Stiel weißlich, hohl. Von April bis Juni. Sehr guter Speisepilz.

SPITZMORCHEL

Hut länglich, oben spitz, besteht aus wabenartigen Gruben. Längsrippen parallel verlaufend und dikker als die etwas zurücktretenden Querrippen. Braun bis schwarzbraun, Stiel weißlich, hohl. Von April bis Juni. Sehr guter Speisepilz.

Champignons

Von allen Pilzen sind die Champignonarten am besten bekannt, einige von ihnen werden seit langem in großen Kulturen gezüchtet und auf den Märkten angeboten. Wir glauben daher, ihr Aussehen gut zu kennen. Trotzdem sind tödliche Verwechslungen von Champignons mit giftigen Pilzen beim Pilzesuchen leider häufig.

Wiesenchampignon

Agaricus campester (L.) Fr.

Der *Hut* des jungen Wiesenchampignons ist kugelig. Vom Hutrand zum Stiel spannt sich eine Hülle. Später breitet sich der Hut aus, die Hülle reißt, und die Hüllenreste bilden am Stiel einen festen Ring. Der Hut des jungen Champignons ist weiß, kann jedoch mit zunehmendem Alter leicht bräunlich werden. Die Blätter des Wiesenchampignons sind in der Jugend hellrosa, werden später dunkler fleischrot, danach braun und schließlich sogar fast schwarz. Nie sind die Blätter des Wiesenchampignons rein weiß. Dieses Kennzeichen ist besonders zu beachten. Denn die weißen Knollenblätterpilze, die dem Champignon ähnlich sehen können, haben stets weiße Blätter.

Das *Fleisch* des Champignons ist weiß, verfärbt sich aber an der Luft rosa. Der *Stiel* ist mitsamt seinem Ring ebenfalls weiß, ziemlich gleichmäßig zylindrisch rund. An der Stielbasis befindet sich keine Knolle. Auch steht der Pilz nie in einer Scheide. Der Wiesenchampignon wird bis zu 10 cm hoch, und sein Hut kann einen Durchmesser von 15 cm erreichen. Der Wiesenchampignon wächst zwischen April und Oktober, meist auf Wiesen, auf Äckern, oft am Rand von Feldwegen. Er ist ein hervorragender Speisepilz.

Anisegerling

Agaricus arvensis Schff. ex. Fr.

Der Anisegerling ist ebenfalls ein hervorragender Speisepilz und dem Wiesenchampignon in der *Hutform* sehr ähnlich. Wie dieser wächst er von April bis Oktober. Auch er ist in der Jugend mit einer Haut zwischen Hut und Stiel ausgestattet, deren Reste später am Stiel jedoch nicht als Ring, sondern als ziemlich kräftige *Manschette* herabhängen. Der Hut des Anisegerlings wird später etwas gelblich, an Druck- und Schnittstellen verfärbt sich der Pilz gelb. Die *Blätter* des Anisegerlings sind zunächst schmutzig-gelblichweiß mit einem Stich ins Graue, sie sind nie rein weiß. Später dunkeln die Blätter nach, werden schokoladebraun bis schwärzlich. Der Pilz riecht angenehm nach Anis.

Weißer Knollenblätterpilz

Amanita verna (Bull. ex. Fr.) Pers. ex Vitt.

Die beiden Champignonarten könnten mit dem tödlich giftigen Weißen Knollenblätterpilz verwechselt werden. Der Weiße Knollenblätterpilz hat im jungen Zustand eine ähnlich kugelige Hutform wie die Champignons, aber stets weiße Blätter. Man sollte sich bei der Bestimmung immer an ausgewachsene Exemplare halten, denn nur bei diesen ist die Färbung der Blätter deutlich zu erkennen.

Der Weiße Knollenblätterpilz trägt wie der Anisegerling eine Manschette an der oberen Stielhälfte. Seine *Stielbasis* ist zu einer Knolle verdickt, doch der Pilz steht zusätzlich in einer weißen Scheide, die die knollige Basis umgibt. Diese Scheide ist ein deutliches Unterscheidungsmerkmal gegenüber den Champignonarten, doch kann es vorkommen, daß sie durch Witterungseinflüsse oder Schneckenfraß nur noch schwer erkennbar ist. Man

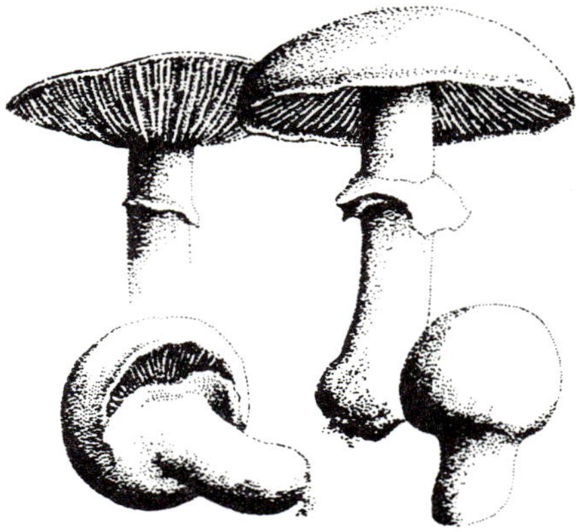

DER WIESENCHAMPIGNON *zeigt keine Verdickung an der Stielbasis. Vor allem keine Scheide. Seine Blätter sind rosa bis braunschwarz.*

DER ANISEGERLING *besitzt zwar eine etwas verdickte Stielbasis, jedoch auch keine Scheide. Seine Blätter sind schmutzigweiß bis schokoladebraun.*

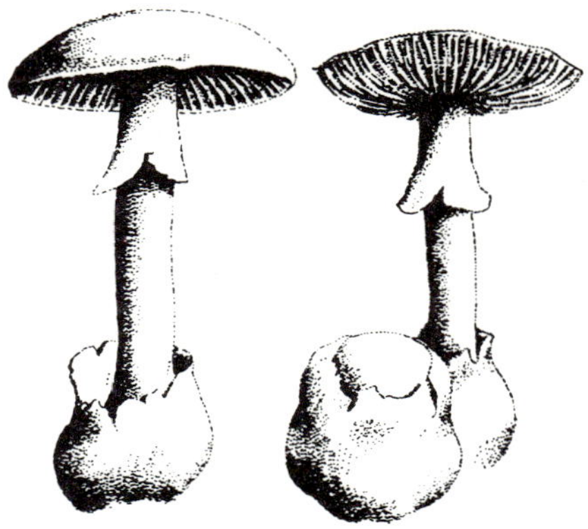

DER WEISSE KNOLLENBLÄTTERPILZ *zeigt eine knollige Verdickung seines Stieles, der außerdem in einer Scheide steckt. Seine Blätter und sein Fleisch sind stets weiß.*

achte daher unbedingt auf die weiße Farbe der Blätter bei ausgewachsenen Knollenblätterpilzen. Der weiße Knollenblätterpilz wächst von Mai bis Oktober und ist tödlich giftig.

Riesenrötling

Entoloma sinuatum (Bull. ex Fr.) Kummer

Der Riesenrötling ist der zweite giftige Doppelgänger der Champignons. Wie diese wird er bis zu 12 cm hoch, der *Hut* bis zu 15 cm im Durchmesser. Die Hutfarbe ist bei jungen Exemplaren weiß, später grau bis hell ockerfarbig, bisweilen etwas bräunlich, stets glänzend – mit den Farben der Champignons also verwechselbar. Die *Blätter* des Riesenrötlings sind in der Jugend weißlich, doch später färben die reifen Sporen die Blätter rötlich, so daß gegenüber den Blättern des jungen Champignons wenig Unterschied besteht. Im Gegensatz zu Wiesenchampignon und Anisegerling besitzt der Riesenrötling keinen Ring am Stiel! Er wächst von Mai bis Juli und ist sehr giftig.

Karbolegerling

Agaricus xanthoderma Gen.

Ein Champignon ist der dritte Doppelgänger, nämlich der Karbolegerling. Er sieht dem Anisegerling zum Verwechseln ähnlich: gleiche Größe, gleiche Hutform, gleicher Ring am Stiel, grauweiße Blätter, die später braun bis schwärzlich werden, verdickter Stiel an der Basis. Wie der Anisegerling verfärbt sich auch der Karbolegerling bei Druck oder Anschnitt gelb, jedoch viel stärker und schneller als der Anisegerling, besonders in der Knolle. Das starke Gelb verblaßt bald, kann jedoch durch erneutes Schaben sofort wieder hervorgerufen werden. Ein weiteres Unterscheidungsmerkmal: Der Karbolegerling riecht, wie der Name schon sagt, nach Karbol. Man muß ein Stück des Pilzhutes zwischen den Fingern zerreiben, um den Geruch feststellen zu können. Der Pilz ist nicht tödlich giftig, kann jedoch starke Verdauungsbeschwerden hervorrufen.

DIE FALSCHEN . . .

KARBOLEGERLING †

Hut weißlich bis gelblich, aber manchmal mit bräunlich bis schwärzlichen Schuppen dicht besetzt, verfärbt sich bei Anschnitt stark chromgelb, ebenso der Stiel, am stärksten die Stielbasis. Blätter rosa, im Alter schokoladebraun, mit Ring am Stiel, knollige Stielbasis, jedoch keine Scheide! Geruch nach Tinte und Karbol. Giftig!

RIESENRÖTLING ††

Hut dickfleischig, weißlich bis bräunlich-lila. Hut und Stiel glänzen, kein Ring am Stiel! Stielbasis etwas verdickt, jedoch keine Scheide! Blätter anfangs weißlich, später durch Sporen rosa gefärbt. Riecht nach Mehl, oft auch drogenartig. Sehr giftig!

WEISSER KNOLLENBLÄTTERPILZ ††

Hut, Blätter, Stiel und die Scheide an der Basis sind weiß, ebenso das Fleisch. Der Stiel hat eine Manschette. Der Stiel ist zwischen Manschette und Hut etwas gerieft. Die Stielbasis ist zu einer Knolle erweitert und steckt in einer meist anliegenden Scheide! Sie kann aber auch verwittert oder weggefressen sein! Geruch unangenehm süßlich! Tödlich giftig!

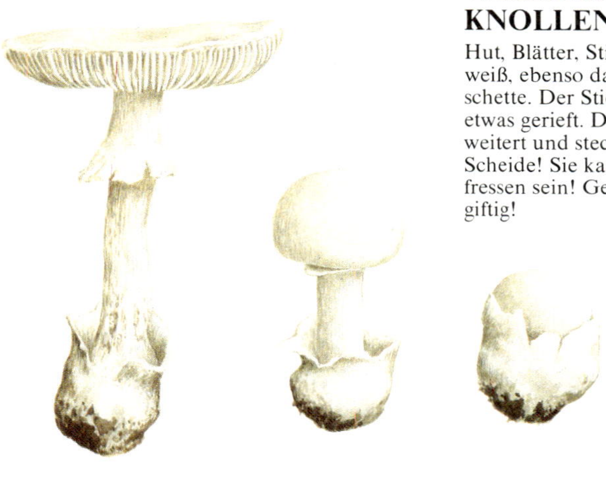

. . . UND DIE ECHTEN

ANISEGERLING

Hutoberfläche und Stiel gilbend, Stiel mit kräftigem Ring, Geruch nach Anis, Fleisch unter der Huthaut leicht gilbend, Blätter zuerst weißgrau bis blaßgelb, später rosagrau bis schokoladebraun, Stielbasis etwas knollig, jedoch keine Scheide! Bei Druck oder Anschnitt gelb verfärbend. Guter Speisepilz.

WIESENCHAMPIGNON

Hutoberfläche nicht gilbend, weiß, hängender, jedoch leicht vergänglicher Ring, Geruch angenehm, Blätter hellrosa bis fleischrosa, im Alter fast schwarz, Stiel zylindrisch, gleich dick, Fleisch bei Anschnitt schwach rötend. Keine Knolle! Keine Scheide! Guter Speisepilz.

Maipilz, Mairitterling

Calocybe gambosa (Fr.) Donk

Der Maipilz, einer der ersten Frühjahrspilze, wird von vielen Pilzfreunden meist schon sehnsüchtig erwartet. Der Maipilz wächst inmitten der saftigen grünen Frühjahrswiesen, an Waldrändern und auch in Parklandschaften. Fast immer erscheint er in größeren Gruppen.

Der Maipilz ist ein kräftiger, gedrungener Pilz mit fleischigem Hut und dickem Stiel. Junge Exemplare sind weißlich-cremefarbig, doch kann sich der Hut mit zunehmendem Alter hell ockerlich färben. Dieser *Hut* ist zunächst halbkugelig gewölbt, mit eingerolltem Rand, breitet sich aber im Alter aus, wird unregelmäßig wellig, meist mit einem niedrigen kleinen Buckel in der Mitte. Der Hut erreicht einen Durchmesser von 6 bis 8 cm, in Ausnahmefällen bis zu 15 cm. Der *Stiel* ist verhältnismäßig niedrig, etwa 5 cm, höchstens 8 cm lang, aber bis zu 3 cm dick. Die *Blätter* an der Unterseite des Pilzes sind weiß bis cremefärbig und stehen dicht gedrängt. Sie sind am Stiel ausgebuchtet angewachsen, oft mit kurzem Zähnchen an diesem herablaufend. Das *Fleisch* des Maipilzes ist weich, weißlich bis leicht gelblich. Bricht man ein Stück des Pilzes ab, riecht er intensiv nach frischem Mehl.

Der Maipilz ist ein reiner Frühjahrspilz und nur in den Monaten Mai und Juni zu finden. Er ist ein ausgezeichneter Speisepilz; wer jedoch seinen leichten mehlartigen Beigeschmack nicht schätzt, sollte ihn vor Verwendung kurz abkochen und das Kochwasser wegschütten.

Leider besitzt der Maipilz drei giftige Doppelgänger, die noch dazu ziemlich leicht mit ihm verwechselt werden können – den Riesenrötling, den Ziegelroten Rißpilz (Mairißpilz) und den Weißen Knollenblätterpilz.

Riesenrötling

Entoloma sinuatum (Bull. & Fr.) Kummer

Junge Exemplare des Riesenrötlings könnten mit dem Maipilz verwechselt werden – noch dazu, da jener ebenfalls im Mai gedeiht. Denn junge Riesenrötlinge sind zunächst auch weiß, ihre *Hüte* sind gewölbt, der Hutrand ist leicht eingerollt. Solcherart können sie den jungen Maipilzen ähnlich schauen, und nur jemand, der die beiden Pilzarten durch viele Vergleiche auseinanderzuhalten versteht, wird beim jungen Riesenrötling einen leichten Silberglanz auf der Huthaut feststellen, während der Maipilz glanzlos ist.

Bei älteren Exemplaren allerdings sind die Unterscheidungsmerkmale schon stärker ausgeprägt. Vor allem wird der Riesenrötling bedeutend größer als der Maipilz, nämlich bis zu 12 cm hoch, während der Durchmesser seines Hutes zwischen 8 und 20 cm betragen kann. Ältere Exemplare werden grauweißlich bis ockerfarbig, bisweilen leicht bräunlich, während sich der silberne Glanz auf dem Hut verstärkt. Die Blätter wachsen in größerem Abstand als beim Maipilz, sind zunächst auch weißgelblich, doch werden sie von den ausfallenden Sporen nach und nach rötlich eingefärbt. Diese rosa Farbe an den Blättern und die Größe des Pilzes sind letztlich die wichtigsten Unterscheidungsmerkmale gegenüber dem Maipilz. Bei älteren Exemplaren kommt hinzu, daß der Stiel des Riesenrötlings im Laufe der Zeit hohl wird. Erschwerend ist hingegen: auch der Riesenrötling riecht nach Mehl, allerdings vermischt mit einem Geruch, der an Apotheke oder Arznei erinnert.

Ziegelroter Rißpilz, Mairißpilz

Inocybe patouillardi, Bres.

Ebenfalls ein gefährlich giftiger Pilz, dessen junge Exemplare zunächst auch weiß aus der Erde kommen, mit halbkugeligem bis etwas kegeligem Hut, ähnlich dem Maipilz. Der

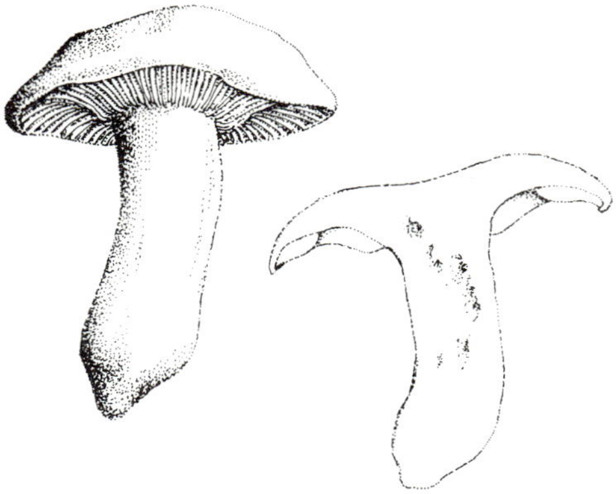

MAIPILZ. *Hut anfangs halbkugelig, oft etwas buckelig, mit eingerolltem Rand in der Jugend, später verflacht und wellig verbogen, Stiel fest und gedrungen.*

DER WEISSE KNOLLENBLÄTTERPILZ. *Siehe Zeichnung auf Seite 55.*

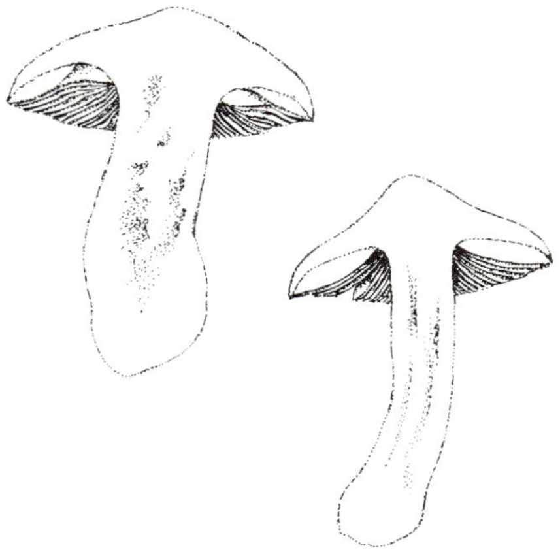

RIESENRÖTLING. *Sehr großer Pilz, Hut anfangs etwas glockig, mit eingebogenem Hutrand, dann etwas wellig, Stiel faserig, gerillt, hohl.*

ZIEGELROTER MAIRISSPILZ. *Hut kegelig mit eingerolltem Rand, später glockig, oft eingerissen, Stiel schlank, nach unten etwas verdickt (rechts).*

radialfaserige *Hut* des Rißpilzes wird bis zu 9 cm im Durchmesser, sein *Stiel* bis zu 7 cm hoch, allerdings – und das ist ein Unterscheidungsmerkmal – ist dieser dünn, meist nur zwischen 0,5 und 1 cm im Durchmesser.

Es gibt weitere Unterscheidungsmerkmale: Der Rißpilz läuft an Druckstellen rötlich an. Auch schon junge Exemplare zeigen diese Rotfärbung bei Verletzung. Der Rißpilz riecht nicht nach Mehl, sondern eher leicht nach Spiritus. Ältere Exemplare nehmen eine ziegelrote Farbe an, an Hut wie am Stiel; der anfangs eingerollte Hutrand breitet sich aus, der Hut wird glockig und ist oft eingerissen.

Dennoch ist größte Vorsicht geboten, denn der Ziegelrote Rißpilz ist tödlich giftig, wächst just zu genau der gleichen Zeit wie der Maipilz, im Mai und Juni auf den gleichen Wiesen, am Waldrand und in Parkanlagen.

Weißer Knollenblätterpilz

Amanita verna (Bull. ex. Fr.) Pers. ex Vitt.

Schlimm wäre auch eine Verwechslung des Maipilzes mit dem Weißen Knollenblätterpilz; auch er ist tödlich giftig. Der Weiße Knollenblätterpilz ist zunächst wie ein Ei von einer Schutzhaut umgeben. Wird diese gesprengt, so bleibt der Rest dieser Hülle als Scheide an der Stielbasis zurück. Die *Stielbasis* ist zu einer starken Knolle verdickt. *Hut, Blätter* und *Stiel* dieses Knollenblätterpilzes sind einfärbig weiß, während der Maipilz cremefarbig ist und hell ockerfarben wird. Zwischen Hutrand und Stiel befindet sich beim jungen Knollenblätterpilz eine Schutzhaut, die später als *Manschette* am Stiel zurückbleibt. Auch diese Manschette ist ein Unterscheidungsmerkmal. Der Hut hat zwar nur einen Durchmesser von 3 bis 7 cm, doch wird sein Stiel bis zu 10 cm lang.

Der weiße Knollenblätterpilz wächst meist in Nadelwäldern, fast nie auf offenen Wiesen und sollte eigentlich erst im Hochsommer vorkommen, wenn es längst keine Maipilze mehr gibt. Wir haben ihn aber auch schon bei warmer Witterung im Juni angetroffen.

DIE FALSCHEN . . .

RIESENRÖTLING ††

Großer, kräftiger Pilz, jung weiß, später ocker bis graubräunlich silbrig-glänzend, Hutrand eingebogen, später wellig. Huthaut abziehbar. Blätter weißgelblich, später rötlich. Stiel weißlich-glänzend, innen jung schwammig, später hohl. Geruch nach Mehl und Apotheke. Von Juli bis September. Sehr giftig.

ZIEGELROTER RISSPILZ, MAIRISSPILZ ††

Hut bei jungen Exemplaren weiß, dann gelblich, schließlich stark rötend, kegelig, später glockig, faserig, am Rand oft eingerissen. Hutrand jung eingerollt. Blätter anfangs weißlich, später rötlich bis olivbraun. An allen Druckstellen stark rötend. Mai bis August. Tödlich giftig.

WEISSER KNOLLENBLÄTTERPILZ ††

Wächst aus einer eiförmigen Hülle, die als Scheide stehenbleibt. Stielbasis deutlich zur Knolle verdickt. Hut, Blätter und Stiel rein weiß. Hutrand und Stiel bei jungen Exemplaren durch Haut verbunden, die später als Manschette am Stiel zurückbleibt. Tödlich giftig.

. . . UND DER ECHTE

MAIPILZ, MAIRITTERLING (essbar)

Hut halbkugelig mit eingerolltem Rand, im Alter wellig flach verbogen, weiß bis cremefarbig, später hell ocker. Blätter cremefarbig, sehr dicht. Stiel gedrungen, dick, weißlich, an der Basis gelblich. Fleisch weiß, riecht nach frischem Mehl. Ende April bis Juni. Sehr guter Speisepilz.

Stockschwämmchen

Kuehneromyces mutabilis (Schff. ex Fr.) Sing. & Smith

Wieder ein Pilz, der nicht auf dem Boden wächst, sondern auf alten Baumstümpfen, meist an morschen Laubhölzern, seltener auf Nadelholz. Stockschwämmchen beginnen schon im April zu wachsen und halten bis in den Dezember durch. Sie sind gute Speisepilze, aus ihnen lassen sich herrliche Suppen und Soßen, aber auch viele andere Pilzgerichte zubereiten.

Das Stockschwämmchen hat eine Reihe von Merkmalen, die es von anderen, ähnlichen Pilzen unterscheiden, von denen zwei giftig sind: der Grünblättrige Schwefelkopf und der Nadelholz-Häubling.

Zunächst: Ein junges Stockschwämmchen trägt einen fast halbkugeligen *Hut*, und vom Hutrand zum Stiel spannt sich in diesem zarten Alter eine dünne Haut, ein Velum. Wächst das Schwämmchen, so breitet sich der Hut aus, das Velum zerreißt, und lediglich dort, wo es am Stiel angewachsen war, verbleibt ein Ring. Der Hut selbst wird flacher, behält aber in seiner Mitte einen deutlichen kleinen Buckel. Die Mitte des Hutes ist im trockenen Zustand ockergelb, im nassen Zustand zimtbraun. Da der Hut vom Zentrum aus trocknet, finden wir diesen Pilz oft typisch zweifärbig, mit hellbrauner Mitte und dunklerem, noch durchfeuchtetem Rand.

Der Hutrand ist gerieft. Die *Blätter* selbst sind dunkelocker bis rostbraun, dünn, dicht gedrängt, und – was wichtig ist – sie reichen bis zum Stiel und laufen an diesem sogar ein Stückchen herab.

Der *Stiel* selbst hat auch seine besonderen Kennzeichen: Dort, wo das Velum am Stiel angewachsen war, bleibt ein kleiner Ring, der zwei unterschiedlich aussehende Teile voneinander trennt. Oberhalb ist der Stiel blaßbräunlich, kahl, fasrig; unterhalb dunkler und deutlich mit kleinen sparrigen Schuppen bewachsen. Beides ist ein deutliches Erkennungszeichen: die Schuppenlosigkeit oberhalb des »Ringes« und die deutlichen Schuppen unterhalb. Zerdrückt man ein Stockschwämmchen, so riecht es nach frisch gesägtem Holz.

Der Stiel des Stockschwämmchens ist zunächst voll, später aber hohl und zäh. Die Stiele sind an der Basis oft miteinander büschelig verwachsen. Stockschwämmchen werden bis zu 7 cm hoch, ihre Hüte bis 10 cm, die Stiele jedoch sind dünn, etwa einen halben Zentimeter im Durchmesser.

Grünblättriger Schwefelkopf

Hypholoma fasciculare (Huds. ex Fr.) Kummer

Das Stockschwämmchen hat zwei giftige Doppelgänger. Einer der beiden ist der Grünblättrige Schwefelkopf. Wir lernten ihn schon als möglichen Doppelgänger des Samtfuß-Rüblings kennen. Auch er wächst in dichten Büscheln auf Baumstrünken, und zwar fast das ganze Jahr hindurch. Sein *Hut* ist im Randbereich schwefelgelb und wird im Unterschied zum Stockschwämmchen gegen die Mitte zu dunkler, bis fuchsig rot. Der Hutrand des Schwefelkopfs ist nicht gerieft.

Die *Blätter* an der Unterseite des Hutes sind bei ganz jungen Exemplaren gelblich, werden aber bald hellgrün, und bei ausgewachsenen Pilzen färben die reifen Sporen die Blätter dunkelbraun ein. Wichtiges Unterscheidungsmerkmal zum Stockschwämmchen: Die sehr dichten Blätter des Schwefelkopfs wachsen nicht am Stiel des Pilzes herab, sondern zwischen ihnen und dem Stiel gibt es eine Ausbuchtung.

Der *Stiel* des Schwefelkopfs ist zwar auch oft noch mit den Resten eines Velums behaftet, trägt also andeutungsweise einen Ring wie das Stockschwämmchen, doch ist der Stiel des Schwefelkopfs gelblich und erst an der Basis etwas dunkler, jedoch nie mit sparrigen Schuppen bewachsen. Die deutliche Zweiteilung im Aussehen des Stiels gibt es also beim Schwefelkopf nicht.

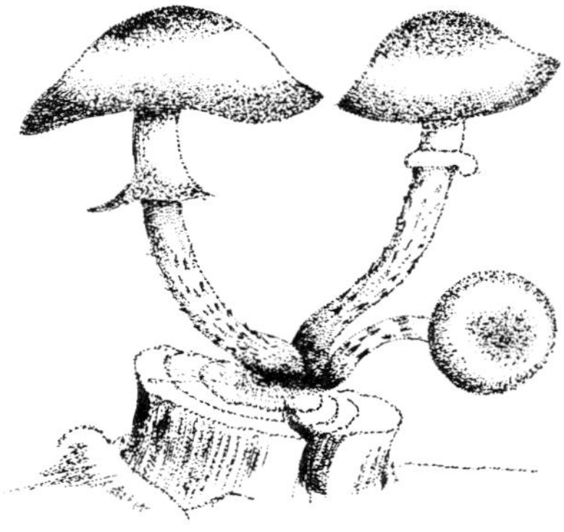

STOCKSCHWÄMMCHEN. *Zuerst gewölbt, dann flach mit gebuckelter Mitte. Man beachte die dunklere Zone rund um den Hutrand und vor allem die sparrigen Schuppen am Stiel unterhalb des kleinen Ringes, während der darüber befindliche Stielteil ohne Schuppen bleibt. Hutrand gerieft.*

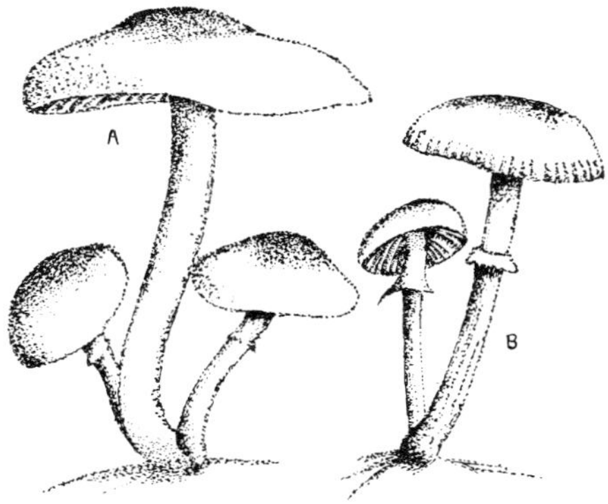

Links der GRÜNBLÄTTRIGE SCHWEFELKOPF. *(A): Die Zone entlang des Hutrandes ist lichter als die Hutmitte, der Stiel ist ohne Schuppen. – Rechts der* NADELHOLZHÄUBLING. *(B): Auch sein Stiel ist ohne Schuppen. Bei Feuchtigkeit ist die Randzone des Hutes dunkler und gerieft, aber nicht so ausgeprägt wie beim Stockschwämmchen.*

Obwohl giftig, kann man ein kleines Stück des Schwefelkopfes in rohem Zustand kosten; sein Geschmack verrät ihn sofort, er ist sehr bitter. Das Stockschwämmchen hingegen schmeckt angenehm. Nach dem Kosten spucke man das Probestück bitte aus.

Der Nadelholz-Häubling

Galerina marginata (Fr.) Kühn.

Das Stockschwämmchen könnte noch mit einem weiteren Holzbewohner verwechselt werden, dem Nadelholz-Häubling. Dieser Pilz wächst zwischen August und Oktober, es gibt ihn also im Frühjahr und im Frühsommer noch nicht. Aber er ist giftig, und wer etwa im Spätsommer und Herbst nach Stockschwämmchen Ausschau hält, sollte daher auch diesen Doppelgänger gut kennen.
Der Nadelholz-Häubling wächst, wie schon sein Name sagt, vor allem auf Nadelholzstümpfen oder dort, wo Nadelhölzer vermodert sind, also scheinbar auch aus der Erde. Der Nadelholz-Häubling ist ein kleinerer Pilz als das Stockschwämmchen, der *Hut* meist nur zwischen 1 und 3 cm breit und oft unregelmäßig in seiner Form. Im trockenen Zustand zeigt sich auf diesem Hut keine dunklere Randzone; ist der Hut jedoch naß, läßt sich eine geriefte Randzone ausmachen, doch ist sie nicht so ausgeprägt wie beim Stockschwämmchen. Die Huthaut des Nadelholz-Häublings ist abziehbar.
Zwei Merkmale unterscheiden den Nadelholz-Häubling deutlich vom Stockschwämmchen: Die *Blätter* des Nadelholz-Häublings wachsen am Stiel nicht herab, sondern sind von diesem deutlich abgesetzt. Der *Stiel* trägt zwar auch ringartig die Reste eines Velums und ist unter diesem Ring etwas dunkler, aber er hat keine Schuppen. Zerdrückt man den Pilz zwischen Daumen und Zeigefinger, so riecht er nach Mehl oder ein wenig nach Rettich, nicht aber nach frischgesägtem Holz.
Der Nadelholz-Häubling enthält eines der Gifte des Knollenblätterpilzes.

DIE FALSCHEN . . .

GRÜNBLÄTTRIGER SCHWEFELKOPF †

Hut gelb, jedoch in der Mitte dunkel und gegen den Rand zu heller. Hutrand nicht gerieft. Blätter jung gelblich, dann grün, schließlich schwärzlich. Blätter wachsen den Stiel nicht hinab. Der Stiel selbst ist gelb bis rostfarben, jedoch ohne Schuppen. Geschmack widerlich bitter. Wächst ganzjährig. Giftig!

NADELHOLZHÄUBLING ††

Hut unregelmäßig gewölbt, später ausgebreitet, hellbraun bis braun, Randzone nur bei Feuchtigkeit etwas dunkler. Hutrand durchscheinend gerieft, Huthaut abziehbar. Die Blätter wachsen den Stiel nicht hinab. Der Stiel ist gelbbraun bis braun, nach unten zu dunkler, hat aber keine Schuppen. Wächst von August bis Oktober. Giftig!

... UND DER ECHTE

STOCKSCHWÄMMCHEN

Hut zuerst gewölbt, dann abgeflacht, stets jedoch mit kleinerem Buckel in der Mitte. Hutmitte ist ocker, eine Zone entlang des Hutrands ist dunkler, besonders wenn sie feucht ist. Blätter am Hutrand durchscheinend (Riefung), wachsen ein wenig den Stiel hinab. Stiel oberhalb des kleinen Ringes kahl, darunter mit kleinen sparrigen Schuppen besetzt. Wächst von April bis Dezember. Guter Speisepilz.

Schopftintling

Coprinus comatus (Müll. ex Fr.) S. F. Gray

Es gibt kaum einen lieblicheren Anblick als den einer Gruppe von Schopftintlingen. Schopftintlinge stehen meist im Gras am Rand der Wälder, am Rand von Wegen und auf offenen Wiesen und Äckern. Im jungen Zustand sehen sie aus, als wären sie aus Porzellan – und lange Zeit wurden sie auch Porzellantintlinge genannt. Sie treten in Gruppen auf und können bis zu 25 cm hoch werden.

Der *Hut* des Schopftintlings ist langgezogen, zylindrisch bzw. walzenförmig und reicht bis unter die Mitte des Stiels herab. Obwohl die Hüte aussehen, als ob sie rein weiß wären, bemerkt man bei genauerem Hinsehen, daß der Pilz oben, am Scheitel, bräunlich gefärbt ist, und auch die den gesamten Hut zierenden Schuppen haben meist einen Stich ins Bräunliche. Diese Schuppen sind ein besonderes Kennzeichen des Schopftintlings.

Ist der Pilz ganz jung, liegen die Schuppen noch eng an, ebenso ist auch der Hutrand dicht an den *Stiel* gepreßt und mit diesem durch eine Haut verbunden. Beim ausgewachsenen Pilz löst sich der Hut von diesem Ring, und der Ring selbst bleibt zwar am Stiel, ist aber an diesem nicht angewachsen, sondern läßt sich leicht verschieben.

Löst man den Hut vom Stiel, so bemerkt man, daß er an seiner Unterseite Blätter aufweist, die sich vom Hutrand bis in die Hutspitze ziehen, doch sind sie freistehend, das heißt: nicht am Stiel angewachsen. Diese Blätter sind bei jungen Exemplaren weiß, werden später vom Hutrand her rosa, schließlich bräunlich und endlich schwarz.

In zunehmendem Alter wird der Hutrand auch rissig und beginnt sich nach außen hin leicht aufzurollen. Wenn der Schopftintling seine volle Reife erreicht hat, beginnt er nicht, wie andere Pilzarten, zu vermodern, sondern er verdaut sich selbst. Seine festen Substanzen lösen sich auf, und zwar vom Rand des Hutes her, der in eine schwarze, tintenartige Flüssigkeit übergeht, bis schließlich der gesamte Pilz zerflossen ist.

Der *Stiel* des Schopftintlings ist weiß, schlank und langgestreckt, feinfaserig und in ausgereiftem Stadium hohl. Der Stiel ist an der Basis etwas knollig verdickt, daran befindet sich der schon erwähnte Ring. Der Schopftintling gehört zu den besten Speisepilzen, doch darf er nur in jungem, gesuvdem Zustand verzehrt werden. Beginnt sich sein Hut bereits aufzulösen, ist also der Hutrand bereits bräunlich oder gar schwarz, so ist der Pilz verdorben.

Grauer Faltentintling

Coprinus atramentarius (Bull. ex Fr.) Fr.

Auch der Schopftintling hat seine Doppelgänger, und das sind vor allem Tintlinge anderer Art. Wir glauben aber, daß er – wenn man seine Merkmale beachtet – kaum mit einem anderen Pilz verwechselt werden könnte, am ehesten noch mit dem Grauen Faltentintling. Auch dieser ist an sich nicht giftig, ja jung sogar eßbar; aber der Genuß des Grauen Faltentintlings kann zu schweren Vergiftungserscheinungen führen, wenn man zu dieser Pilzmahlzeit in irgendeiner Form Alkohol zu sich nimmt, sei es Bier, Wein, Schnaps usw. Und weil einem manchmal gar nicht so sehr bewußt ist, daß man gerade erst ein Glas Bier oder ein Schlückchen Wein getrunken hat, oder nach einer Mahlzeit einfach darauf vergißt, daß man keinen Alkohol zu sich nehmen dürfte, wollen wir hier überhaupt vor dem Grauen Faltentintling warnen.

Vergleicht man den Grauen Faltentintling mit dem Schopftintling, so gibt es einige deutliche Unterscheidungsmerkmale: Seine *Farbe* ist nicht weiß, sondern grau bis bräunlich. Der *Hut* ist nicht langgestreckt und zylindrisch, sondern in jungem Zustand eiförmig; danach

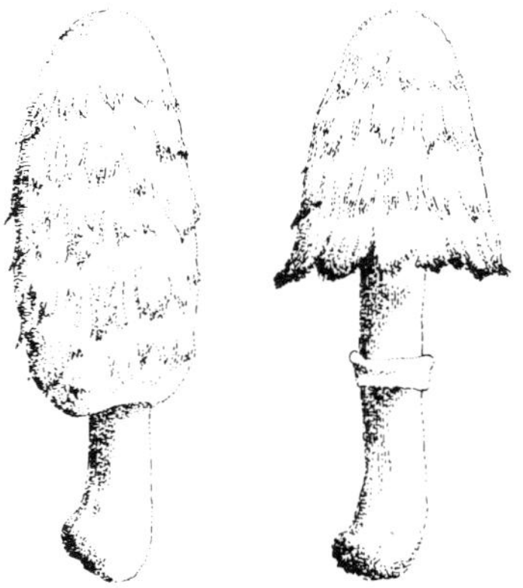

SCHOPFTINTLING. *Hut zylindrisch langgestreckt, mit sparrig abstehenden Schuppen. Am Stiel ein beweglicher Ring, die Stielbasis etwas knollig verdickt, nie jedoch von einer Scheide umgeben.*

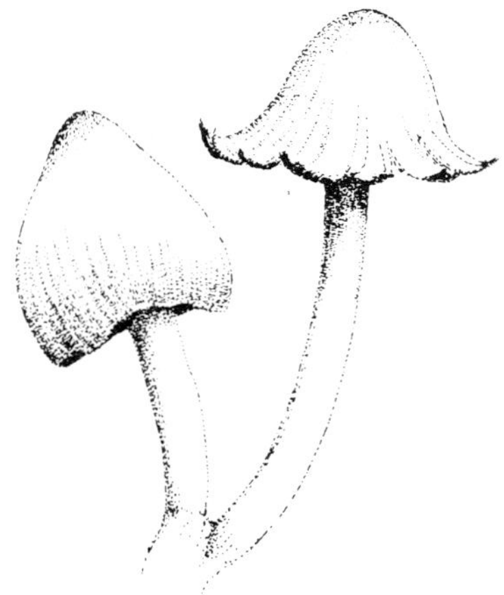

GRAUER FALTENTINTLING. *Hut zuerst eiförmig, dann wie eine Glocke ausgebreitet, kahl, kein Ring am Stiel, Stielbasis nicht verdickt. Mit Alkohol genossen giftig!*

aber beginnt er sich wie eine Glocke auszubreiten. Die Oberfläche des Hutes ist nicht mit groben, wegstehenden Schuppen bedeckt, sondern mit sehr dicht anliegenden, kleinen, bräunlichen Schüppchen, die sich übrigens auch leicht wegwischen lassen. Im reifen Zustand macht der Hut einen ganz kahlen Eindruck, lediglich der Hutscheitel trägt noch die feinen graubraunen Schüppchen. Der Hutrand zeigt viele Einrisse, macht also einen zerfransten Eindruck, rollt sich aber nicht auf. Die *Blätter* des Faltentintlings sind zunächst weißgrau, werden dann braun und schwarz, aber nie rosa.

Ein wichtiges Unterscheidungsmerkmal: Der Faltentintling besitzt am *Stiel* keinen Ring, kann jedoch dort, wo sich beim Schopftintling der bewegliche Ring befindet, eine leichte Verdickung am Stiel aufweisen. Die Stielbasis ist nicht knollig verdickt, sondern eher gleichförmig zylindrisch. Als Tintling beginnt sich auch der Faltentintling vom Hutrand her in Tinte aufzulösen.

Der Schopftintling wächst in der Zeit von April bis November, meist an Wald- und Wiesenrändern, oft auch am Straßenrand, wo er allerdings – wegen der möglichen Aufnahme von Blei und anderen Giftstoffen aus den Autoabgasen – nicht geerntet werden sollte. Oft findet man den Schopftintling auf gedüngten Äckern und selbst auf ländlichen Mistablagerungsplätzen. Sein Doppelgänger, der Graue Faltentintling, erscheint meist erst im Mai, aber hält dann auch bis zum November durch. Er bevorzugt den Umkreis von Baumstümpfen.

DER FALSCHE. . .

GRAUER FALTENTINTLING ✝

Jung eiförmiger, später glockiger Hut, grau, mit kleinen graubraunen Schuppen bedeckt, die abwischbar sind, zuletzt kahl, Hutrand rissig. Löst sich im Alter in tintenartige Flüssigkeit auf. Blätter zuerst weiß, später braun und schwarz, jedoch nie rosa. Kein Ring am Stiel, höchstens eine etwas dickliche Verwachsung. Stielbasis nicht verdickt. Achtung: Kann, zusammen mit Alkohol genossen, schwere Vergiftungserscheinungen hervorrufen! Wächst von Mai bis November.

. . . UND DER ECHTE

SCHOPFTINTLING

Weißer, langgestreckter, zylindrischer Hut mit bräunlichem Scheitel und ebenso gefärbten sparrig abstehenden Schuppen. Junge Blätter weiß, danach rosa, später schwarz. Hut rollt sich im Alter vom Rand her auf und zersetzt sich in tintenartige schwarze Flüssigkeit. Beweglicher Ring am Stiel, Stielbasis knollig verdickt, jedoch nie von einer Scheide umgeben. Wächst von April bis November. Vorzüglicher Speisepilz.

Maronen-Röhrling

Xerocomus badius (Fr.) Kühn. ex Gilb.

Hier stellen wir einen Pilz vor, der im Geschmack und in den Verwendungsmöglichkeiten – unserer Meinung nach – dem Herrenpilz völlig gleichwertig ist und der noch dazu den Vorteil hat, viel häufiger aufzutreten: den Maronen-Röhrling oder Maronenpilz. Sein *Hut* trägt ein sattes dunkles Braun, das nur geringfügige Schattierungen aufweist und dem Pilz seinen Namen gegeben hat – maronenbraun.

Junge Maronenpilze haben meist einen halbkugeligen festen Hut, der sich in zunehmendem Alter ausbreitet und wellig flach werden kann. Sein Durchmesser beträgt zwischen 6 und 12 cm, der Pilz wird bis zu 10 cm hoch. Bei Trockenheit ist der Hut matt samtig, bei Feuchtigkeit glänzend.

Der Maronenpilz ist ein Röhrenpilz, das heißt er hat an der Unterseite des Hutes keine Blätter, sondern dichtstehende Röhrchen, die besonders in jungem Zustand den Eindruck erwecken, als handle es sich um eine feste, geschlossene Fläche. Wenn der Pilz älter ist, kann man auch mit freiem Auge erkennen, daß sich in dieser Fläche viele kleine Öffnungen befinden, die Mündungen der Röhren, in denen die Sporen des Pilzes reifen. Die Röhren junger Maronenpilze sind hellgelb, werden in zunehmendem Alter zunächst hellgrün und zuletzt dunkel olivgrün. Drückt man die Röhren etwas, so färbt sich die Druckstelle sehr schnell blau. Schneidet man den Maronenpilz auf, so läuft auch sein Fleisch leicht blau an, doch vergeht diese Farbe nach einer Weile und wird graubräunlich.

Der *Stiel* kann bei jungen Exemplaren bauchig-dick sein, wird aber in zunehmendem Alter gleichmäßig zylindrisch und verjüngt sich etwas gegen die Stielbasis. Der Stiel ist bräunlich und faserig gestreift. Dies ist ein wichtiges Kennzeichen des Maronenpilzes – die Struktur des Stieles ist immer faserigstreifig, niemals netzartig, und die Färbung ist immer bräunlich und niemals rot. Das unterscheidet den Maronenpilz ganz wesentlich vom giftigen Satanspilz und dem ungenießbaren Schönfußröhrling.

Der Maronenpilz wächst von Juni bis Ende November, vorwiegend in Nadelwäldern, seltener in Mischwäldern. Er ist ein erstklassiger Speisepilz, der sich zur Verwendung in allen Pilzgerichten eignet. Man kann ihn auch trocknen, einlegen oder zu Pilzpulver verarbeiten. Seines kräftigen Aromas wegen ist er besonders zur Herstellung von Pilzsoßen und Pilzrisottos geeignet.

Satanspilz

Boletus satanas Lenz

Während der Hut des Maronenpilzes stets ein sattes, samtiges Maronenbraun aufweist, ist der *Hut* des Satanspilzes blaßgrau, silbergrau, manchmal mit einem Stich ins Olivgrün-Bräunliche. Auch der Satanspilz ist ein Röhrenpilz, die Mündungen dieser Röhren an der Unterseite des Hutes sind jedoch rot, und daher ist die ganze Unterseite des Hutes gleichmäßig rot gefärbt. Auf Druck und Schnitt reagiert auch der Satanspilz mit einer leichten Blaufärbung, ähnlich wie der Maronenpilz, so daß uns diese Verfärbung nicht als Unterscheidungsmerkmal dienen kann. Jedoch sind Form, Farbe und Zeichnung des Stiels beim Satanspilz deutlich von denen des Maronenpilzes verschieden.

Der *Stiel* des Satanspilzes ist immer dick und bauchig, sein Durchmesser kann bis zu 10 cm betragen, je nach Größe des Pilzes, der eine Höhe von 20 cm und dessen Hut einen Durchmesser von 25 cm erreichen kann. Der Stiel des Satanspilzes trägt eine deutliche netzartige Zeichnung in roter Farbe, die der Maronenpilz nicht aufweist. Obwohl es sich beim Satanspilz, wie der Name andeutet, um einen giftigen Pilz handelt, ruft er zwar schwere Verdauungsstörungen hervor, aber wir haben nirgendwo einen Hinweis darauf

MARONENPILZ. *Hut jung halbkugelig, später ausgebreitet und flach, Stiel jung bauchig, später zylindrisch und gegen die Stielbasis zu schmäler werdend, fasrig längsgestreift, nicht genetzt.*

SATANSPILZ. *Großer, wuchtiger Pilz, zuerst halbkugelig, später polsterförmig hochgewölbt, Stiel sehr derb, bauchig, mit Netzzeichnung.*

SCHÖNFUSSRÖHRLING. *Hut zuerst halbkugelig, später polsterförmig gewölbt, derber, bauchiger Stiel mit starker Netzzeichnung (rot, besonders im unteren Teil des Stiels), Hutrand hängt über die Röhren herab (rechts).*

gefunden, daß er je den Tod eines Menschen herbeigeführt hätte. Dennoch wäre eine Verwechslung schlimm genug, denn sie führt zu schweren Darmstörungen. Der Satanspilz ist meist erst im August zu finden und wächst bis Ende September fast ausschließlich in Laubwäldern.

Schönfußröhrling

Boletus calopus Fr.

Als zweiter möglicher Doppelgänger des Maronenpilzes kommt der Schönfußröhrling, auch Dickfußröhrling genannt, in Betracht. Auch sein *Hut* ist halbkugelig, sein Rand überhängend eingebogen. Die Färbung des Hutes ist graubraun, nie so dunkel wie beim Maronenpilz. Die Röhren des Schönfußröhrlings sind hellgelb bis olivgrün, also ähnlich dem Maronenpilz. Auch der Schönfußröhrling läuft bei Druck oder Schnitt blau an, und zwar intensiver als Maronenpilz oder Satanspilz, doch ist dieser Unterschied nur für den Kenner merkbar.

Der Schönfußröhrling besitzt jedoch ein eindeutiges Unterscheidungsmerkmal gegenüber dem Maronenpilz: Sein *Stiel* zeigt eine ausgeprägte Netzzeichnung, die an der unteren Stielhälfte intensiv rot gefärbt ist – daher auch der Name des Pilzes. Im übrigen ist der Schönfußröhrling größer und dicker als der Maronenpilz, wird er doch 10 bis 12 cm hoch – mit einem Durchmesser des Hutes bis zu 20 cm –, während der Stiel bis zu 5 cm breit werden kann.

Der Schönfußröhrling wächst von Juli bis Oktober, meist in Laubwäldern, doch kann er auch in Nadelwäldern vorkommen. Der Schönfußröhrling gilt als schwach giftig und kann Verdauungsstörungen verschiedenen Grades hervorrufen. Im übrigen ist er bitter und auch nach dem Abkochen nicht genießbar.

DIE FALSCHEN . . .

SATANSPILZ †

Hut hellgrau, silbrig, später dunklere Grautöne. Röhren an der Unterseite des Hutes leuchtend rot, auf Druck blau verfärbend. Der Stiel ist bauchig dick und auf gelbem Grund mit einer deutlichen roten Netzzeichnung überzogen. Von August bis Ende September. Giftig, besonders in rohem Zustand.

SCHÖNFUSS-RÖHRLING †

Hut graubraun, kugelig, der Hutrand meist überhängend und eingebogen. Die Röhren an der Unterseite des Hutes hellgelb, später grünlich, an Druckstellen grünblau verfärbend. Der Stiel an der oberen Hälfte gelb, an der unteren Hälfte intensiv rot und durchgehend mit einer Netzzeichnung versehen. Stiel bauchig dick. Von Juli bis Oktober. Roh giftig, ungenießbar.

. . . UND DER ECHTE

MARONENPILZ

Samtig-kastanienbrauner Hut, gelbe, später grünliche bis olivgrüne Röhren an der Hutunterseite, auf Druck blau verfärbend. Stiel nur jung bauchig, später zylindrisch und gegen die Stielbasis schmäler werdend. Stiel ist bräunlich fasrig gestreift, nie rot und genetzt. Geschmack auch im rohen Zustand angenehm. Von Juni bis November. Vorzüglicher Speisepilz.

Hexenröhrlinge

Hexenpilze zu suchen, ist keine Sache für Anfänger. Sie sind Pilze für Fortgeschrittene. Denn nicht nur gilt es, sie von ihren wichtigen Doppelgängern, dem Satanspilz und dem Schönfußröhrling, zu unterscheiden, was nicht einfach ist, auch gibt es mehrere Arten von Hexenröhrlingen, von denen wir den Flockenstieligen und den Netzstieligen, die auch nicht leicht auseinanderzuhalten sind, betrachten wollen. Es ist jedoch wichtig, die beiden zu unterscheiden, denn der Netzstielige Hexenpilz *darf niemals mit Alkohol genossen* werden, sonst kommt es zu Vergiftungserscheinungen. Wir wollen sicherheitshalber auch darauf hinweisen, daß manche Menschen auf beide Arten von Hexenpilzen mit Verdauungsstörungen reagieren. Wer diesbezüglich nicht anfällig ist und das Alkoholverbot beim Netzstieligen Hexenpilz beachtet, wird damit ausgezeichnete Speisepilze finden, die sich auch – ähnlich wie die Steinpilze – trocknen lassen und uns solcherart in der pilzarmen Zeit köstliche Gerichte bescheren.

Flockenstieliger Hexenröhrling, Schusterpilz

Boletus erythropus (Fr. ex Fr.) Pers.

Der *Hut* dieses Hexenpilzes ist dunkelbraun samtig, selten etwas heller braun, zunächst halbkugelig, dann ungleichmäßig gewölbt. Der Pilz wird bis zu 15 cm hoch, während der Durchmesser des Hutes 20 cm und mehr betragen kann. Die Unterseite des Hutes ist rot gefärbt, denn das ist die Farbe der Mündungen seiner Röhren. Schneidet man den Pilz jedoch auseinander, bemerkt man, daß die Röhren im Längsschnitt grünlichgelb sind. Dieser Anblick bietet sich jedoch nur sehr kurz. Denn wird der Hexenpilz durch Druck oder Schnitt verletzt, so verfärbt er sich sehr schnell blau, die Röhren sogar schwarzblau. Auch die rote Unterseite des Hutes verfärbt sich auf Druck dunkel. Das *Fleisch* des Hexenpilzes ist gelb, wird aber beim Durchschneiden ebenfalls sofort dunkelblau. Diese blitzartige Verfärbung hat so manchen Pilzesucher abgeschreckt, denn unwillkürlich meint man darin eine Warnfarbe, ein Anzeichen von Gift zu erkennen. Und zweifellos hat diese Eigenschaft dem Pilz auch seinen abschreckenden Namen eingebracht.

Der *Stiel* ist derb, wird zur Basis hin dicker, keulenförmig. Auf gelbem Untergrund trägt er karminrote, kleine flockige Schuppen, die an der Stielbasis auch gelblichbraun werden können. Der Stiel wird bis zu 5 cm dick.

Der flockenstielige Hexenpilz kann schon im Mai wachsen und gedeiht oft bis Ende November in Nadel- und Laubwäldern unter Eichen und Fichten.

Netzstieliger Hexenröhrling

Boletus luridus Schff. ex Fr.

Der *Hut* des Netzstieligen Hexenpilzes ist ebenfalls braun, aber meist etwas heller als der des Flockenstieligen Hexenpilzes. Ansonsten sind die beiden Pilze sehr ähnlich. Auch der Hut dieses Hexenpilzes ist zunächst halbkugelig, später polsterförmig gewölbt, vielleicht nicht ganz so samtig wie der Hut des Flockenstieligen Hexenpilzes. Die Unterseite des Hutes ist ebenfalls rot, da die Mündungen der Röhren rot gefärbt sind; im Längsschnitt sind sie gelblich. Das *Fleisch* ist blaßgelb, zur Stielbasis zu sogar rötlich.

Beim Durchschneiden färben sich die Röhren sofort dunkelblau, während das Fleisch des Pilzes erst langsamer blau anläuft. Diese Blaufärbungen blassen später wieder aus. Es gibt also kleine farbliche Unterschiede zwischen dem Netzstieligen und dem Flockenstieligen Hexenpilz.

Das stärkste Unterscheidungsmerkmal aber ist, wie ihre Namen schon sagen, in der Zeichnung an der Oberfläche ihrer Stiele zu finden. Während diese Zeichnung beim Flok-

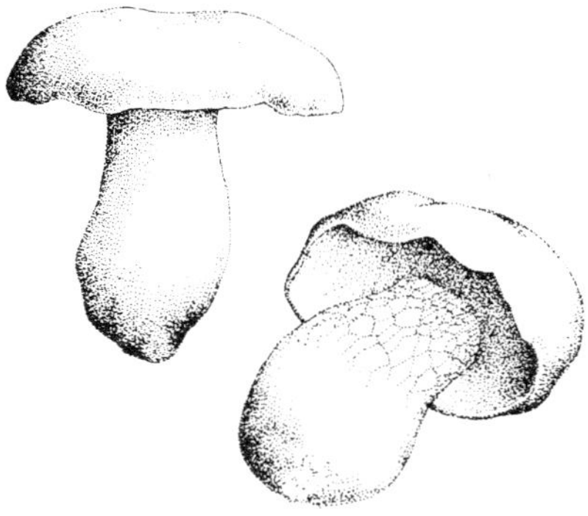

FLOCKENSTIELIGER HEXENPILZ. *Der keulige Stiel ist mit Flocken besetzt. Der Hut ist jung halbkugelig, später gewölbt polsterförmig.*

NETZSTIELIGER HEXENPILZ. *Der Hut ist zuerst halbkugelig, später abgeflacht, der Stiel ist mit einem erhabenen großmaschigen Netz verziert, bauchig bis keulig.*

SATANSPILZ. *Der Hut ist zuerst halbkugelig, dann polsterförmig gewölbt, feine Netzzeichnung am bauchigen Stiel.*

SCHÖNFUSSRÖHRLING. *Hut anfangs halbkugelig, später unregelmäßig gewölbt, Stiel sehr derb keulig, mit starker Netzzeichnung, zur Basis verjüngt (Bild siehe S. 71).*

kenstieligen Hexenpilz aus dichten roten Schüppchen besteht, zeigt der Netzstielige Hexenpilz ein weitmaschiges, rotbraunes Netz auf gelbem Untergrund. Sind die Hexenpilze sehr jung, so ist der Unterschied zwischen flockenstielig und netzstielig kaum feststellbar. Man sammle daher entweder nur reifere Exemplare, oder man vermeide auf jeden Fall Alkoholgenuß! Auch wegen der möglichen Verwechslung mit giftigen Doppelgängern, vor allem mit dem Satanspilz, sollte man nur reifere Hexenpilze heimbringen. Denn in jungem Zustand lassen sich die Hexenpilze auch vom Satanspilz nur schwer unterscheiden. Der Netzstielige Hexenpilz gedeiht von Juni bis Oktober im Laub- und Nadelwald.

Satanspilz

Boletus satanas Lenz

Der *Hut* des Satanspilzes ist blaßgrau bis silbergrau, mit einem Stich ins Olivgrün-Bräunliche. Dies unterscheidet ihn vom dunkelbraunen Hut des Flockenstieligen und selbst vom lichteren Hut des Netzstieligen Hexenpilzes. An der Hutunterseite ist auch der Satanspilz rot, doch laufen seine Röhren auf Druck grünblau an, während die Hexenpilze sich dunkelblau verfärben. Dieser Farbunterschied ist allerdings nur von versierten Pilzsuchern als Unterscheidungsmerkmal zu erkennen. Das *Fleisch* des Pilzes jedoch ist eher weißlich, nur unmittelbar über den Röhren schwach gelblich; beim Durchschneiden läuft er bläulichweiß an, im Stiel sogar etwas rötlich, an der Stielbasis gelblich. Der Satanspilz zeigt am Stiel eine rote netzartige Zeichnung, die der Netzzeichnung des Netzstieligen Hexenpilzes sehr ähnlich ist. So bleibt als einziges etwas verläßlicheres Unterscheidungsmerkmal nur der Farbunterschied der Hüte.

Der Satanspilz wird bis zu 15 cm hoch, und sein Hut erreicht einen Durchmesser bis zu 25 cm. Er wächst von August bis Ende September, vorwiegend in Laubwäldern. Er ist giftig, besonders im rohen Zustand.

DIE FALSCHEN . . .

SATANSPILZ †

Hellgrauer bis silbrig-grauer Hut, rote Röhrenmündungen an der Hutunterseite, Stiel mit blasser kaminroter Netzzeichnung auf gelbem Untergrund. Röhren verfärben sich auf Druck grün-blau. Fleisch weißlich (also nicht gelb!), auf Druck schwachblauend, im Stiel rötlich. Giftig, besonders roh.

SCHÖNFUSS-RÖHRLING †

Graubrauner Hut mit überlappendem Rand. An der Hutunterseite gelbe Röhrenmündungen, die auf Druck grünblau anlaufen. Stiel auf gelbem Untergrund mit rotem Netz überzogen. Die untere Hälfte des Stiels ist intensiver rot gefärbt. Fleisch weißlich bis hellgelb, bei Anschnitt grün-blau, jedoch bald verblassend, Geschmack sehr bitter. Roh schwach giftig, ansonsten ungenießbar.

... UND DIE ECHTEN

FLOCKENSTIELIGER HEXENPILZ

Meist dunkelbrauner Hut. Röhrenmündungen an der Hutunterseite dunkelrot, auf Druck blauschwarz verfärbend. Stiel auf gelbem Untergrund mit roten flockigen Schuppen bedeckt, Fleisch satt gelb, beim Anschnitt rasch blau anlaufend, doch geht das Blau bald in Blaßgrau über. Mai bis November in Laub- und Nadelwäldern. Guter Speisepilz.

NETZSTIELIGER HEXENPILZ

Mittel- bis hellbrauner Hut. Röhrenmündungen an der Hutunterseite dunkelrot, auf Druck blau anlaufend. Stiel auf gelbem bis orangerotem Untergrund, mit einem weitmaschigen roten Netz überzogen. Fleisch blaßgelb, bei Anschnitt langsam blau verfärbend, später graublau. Von Juni bis Oktober im Laub- und Nadelwald. Guter Speisepilz, jedoch Alkohol vermeiden!

Butterpilz, Lärchenröhrling Rotfüßchen

Hier stellen wir eine Reihe von Röhrlingen vor, die oft in großen Mengen vorkommen und gute Speisepilze sind. Auch sie könnten, wie etwa der Steinpilz oder der Maronenpilz, mit dem giftigen Satanspilz oder dem ungenießbaren Schönfußröhrling bzw. dem bitteren Gallenröhrling verwechselt werden. Wir bitten, das Aussehen und die Merkmale dieser drei giftigen bzw. ungenießbaren Pilze auf den vorhergehenden Seiten als Gegenstücke zum Steinpilz und zum Maronenpilz nachzusehen. Die hier angeführten Röhrlinge werden jedoch weniger mit diesen Doppelgängern verwechselt, als daß sie einander selbst sehr ähnlich sind und daher den ungeübten Pilzsucher manchmal verwirren. Daher halten wir es für angebracht, sie hier einander gegenüberzustellen und miteinander zu vergleichen, obwohl sie alle durchwegs gute Speisepilze sind.
Zunächst: sie haben alle ein gemeinsames Kennzeichen – sie sind durchwegs Röhrenpilze. Dann aber zeigt jeder einzelne von ihnen doch seine besonderen Kennzeichen.

Butterpilz

Suillus lutens (L. ex Fr.) S. F. Gray

Sein *Hut* ist gelblichbraun bis dunkelbraun, manchmal mit einem leichten Stich ins Rötliche oder ins Braunviolette. Die Huthaut ist schleimig, glänzend, und dieser Glanz bleibt dem Hut, sogar wenn er ganz trocken ist. Die Huthaut ist leicht abziehbar, und es ist ratsam, sie auch gleich am Fundort zu beseitigen, da sich sonst die Pilze im Korb miteinander verkleben.
Einige Röhrlinge besitzen eine Besonderheit, so auch der Butterpilz: Beim jungen Pilz spannt sich zwischen Hutrand und Stiel eine Haut, die die zarten Röhren schützen soll. Eine solche Schutzhaut kennen wir bei vielen Blätterpilzen, etwa beim Champignon. Wächst der Pilz, so reißt diese Haut, und ihre Reste bleiben als Ring am Stiel hängen. Die Röhren des Butterpilzes – also die Fläche an der Unterseite des Hutes – sind hell- bis buttergelb, im Alter olivgelb. Der *Stiel* ist gelblich, meist zylindrisch und nicht sehr hoch (zwischen 3 und 6 cm), und er trägt den oben beschriebenen häutigen weißlichen Ring, dessen Oberseite jedoch durch die ausfallenden Sporen violettbraun eingefärbt werden kann. Der Hut des Butterpilzes kann einen Durchmesser bis zu 10 cm annehmen. Schneidet man den Pilz auf, so ist sein *Fleisch* weißlich bis gelblich, sehr zart und saftig. Der Butterpilz ist besonders in den Alpengegenden sehr häufig und wächst von Juni bis Ende Oktober, bevorzugt in Kiefernwäldern, auch auf Waldlichtungen, zwischen Heidelbeerstauden und selbst noch unter Latschen. Er ist ein ausgezeichneter Speisepilz.

Goldgelber Lärchenröhrling

Suillus grevillei (Klotzsch) Sing.

Er ist dem Butterpilz sehr ähnlich, doch ist die Farbe seines *Hutes* viel heller, goldbraun bis eidottergelb. Dieser Hut ist bei jungen Pilzen halbkugelig, breitet sich dann aber aus und verflacht. Die Hutoberfläche ist schleimig wie beim Butterpilz und glänzend. Auch sie ist leicht abzuziehen, was ebenfalls anzuraten ist, bevor der Pilz mit anderen in den Sammelkorb kommt. Wie beim Butterpilz ist der Hutrand zunächst ebenfalls durch eine Schutzhaut mit dem Stiel verbunden, deren Reste beim älteren Pilz als schleimiger Ring am Stiel zurückbleiben. Die Röhren des Lärchenröhrlings sind mattgelb bis bräunlichgelb und verfärben sich auf Druck bräunlich. Das *Fleisch* ist auffallend hellgelb und sehr weich. Bei Anschnitt verfärbt es sich etwas bräunlich, manchmal auch rosa.

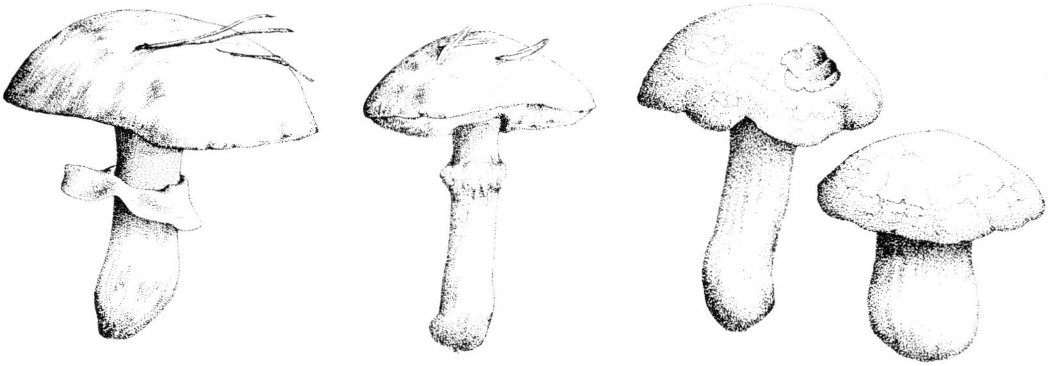

BUTTERPILZ. *Hut halbkugelig, später ausgebreitet, abziehbare Huthaut, Stiel zylindrisch, jung mittels einer Schutzhaut mit dem Hut verbunden, Ring am Stiel (links).*

LÄRCHENRÖHRLING. *Hut jung halbkugelig, später verflacht, Huthaut abziehbar, Stiel zylindrisch schlank, durch Hülle mit dem Hut verbunden, Ring am Stiel.*

ROTFÜSSCHEN, ROTFUSSRÖHRLING. *Hut zuerst halbkugelig, dann unregelmäßig gewölbt, rissig feldrig, Röhren mit eckigen Mündungen, Stiel schlank, oft verbogen, nach unten verjüngt.*

Der Pilz kann bis zu 10 cm hoch werden, der Durchmesser des Hutes beträgt ca. 10 cm.
Der Lärchenröhrling wächst von Anfang Juli bis Ende Oktober ausschließlich in der Nähe von Lärchen. Er hat ein sehr starkes harziges Aroma und ist ein ausgezeichneter Speisepilz.

Rotfüßchen

Xerocomus chrysenteron (Bull. ex St. Amans) Quét.

Das Rotfüßchen (auch Rotfußröhrling genannt) kann verschiedene Formen annehmen. Meist hat der Pilz einen dünnen *Stiel*, besonders im Verhältnis zu seinem recht großen *Hut*. Im Spätherbst trifft man vereinzelt auch auf Exemplare mit derberen Stielen. Die jüngeren Rotfüßchen sehen auf den ersten Blick den Maronenpilzen sehr ähnlich, da sie über samtige, sattbraune Hüte verfügen. Aber ihre Stiele sind, wie der Name besagt, auf gelber Grundierung deutlich rötlich gefärbt, insbesondere der Stielbasis zu. Dort, wo Schnecken den Pilzhut angefressen haben, zeigt er an den Fraßstellen ebenfalls eine deutliche Rotfärbung. Bricht man ein Stück des Hutes ab, läuft das Fleisch zunächst bläulich an, wird aber später an der Bruchstelle ebenfalls rot. Anfangs ist der Hut halbkugelig, breitet sich später jedoch aus, wird flach und reißt auf der Hutoberfläche besonders bei Trockenheit felderig auf. Zwischen den Feldern zeigt sich dann eine leichte Rotfärbung. Die Röhren sind gelblich, später grünlichgelb und verfärben sich auf Druck blaugrün bis dunkelblau. Die Mündungen der Röhren sind eckig. Der Stiel ist zur Basis hin verjüngt, innen aber fest und voll. Das *Fleisch* ist gelblichweiß bis gelb, unmittelbar unter der Huthaut rötlich. Der Pilz kann bis zu 10 cm hoch und bis 15 cm im Durchmesser werden.
Leider entwickelt das Rotfüßchen bei feuchtem Wetter einen Schimmelpilz besonders am Hut, der als weißliche, später gelbliche Flekken erkennbar wird und ein sicheres Zeichen dafür ist, daß man den Pilz nicht mehr verwerten darf; denn dieser Schimmelpilz ist giftig. Daher immer nur junge Exemplare sammeln! Das Rotfüßchen findet man von Juli bis November in Laub- und Nadelwäldern. Ein guter Speisepilz.

EIN ECHTER . . .

ROTFÜSSCHEN, ROTFUSSRÖHRLING

Hut graubraun mit rötlicher Grundierung, im Alter rissig feldrig, an Fraßstellen und in den Rissen rötlich. Röhren blaßgelb bis grünlich mit eckigen Mündungen. Stiel auf gelber Grundierung rötlich, an der Basis rot. Fleisch gelb, bei Anschnitt bläulich, danach rot verfärbend. Juli bis November in Nadel- und Mischwäldern. Guter Speisepilz.

. . . UND WEITERE ECHTE

GOLDGELBER LÄRCHENRÖHRLING

Hut goldbraun, eidottergelb, jung halbkugelig, später verflacht, Huthaut schleimig, glänzend, leicht abziehbar, Röhren mattgelb, verfärben sich bei Druck bräunlich. Stiel gelb, durch weißliche Hülle mit dem Hutrand verbunden, die später als gelblicher schleimiger Ring am Stiel zurückbleibt. Fleisch hellgelb, sehr weich. Juli bis Oktober unter Lärchen. Ausgezeichneter Speisepilz.

BUTTERPILZ

Hut halbkugelig, später ausgebreitet, gelblichbraun bis braun, schleimig glänzend, abziehbare Haut, Röhren buttergelb, dann olivgelb, jung durch eine weiße Hülle bedeckt, deren Reste am Stiel später einen weißlichen Ring bilden, Stiel gelblich, zylindrisch, Fleisch weißlich-gelb, saftig, verfärbt sich nicht. Juni bis Oktober, hauptsächlich in Kiefernwäldern. Ausgezeichneter Speisepilz.

Herrenpilz, Steinpilz

Boletus edulis Bull. ex Fr.

Der Herrenpilz oder Steinpilz ist der bei uns wohl bekannteste und beliebteste Pilz. Das liegt einerseits an seinem vorzüglichen Geschmack, anderseits wohl auch daran, daß er schwer zu verwechseln ist und daher viele meinen, ihn risikolos suchen zu können. Er ist daher auch der meistgesuchte Pilz, wird aber solcherart immer seltener.

Der Herrenpilz wächst manchmal sogar schon im Mai, in der Regel aber zwischen Juni und November, und zwar in allen Arten von Wäldern, gerne auch an Waldrändern, und dort sogar im dichten Gras oder zwischen Farnen. Obwohl der Herrenpilz von vielen für einen »ganz sicheren Pilz« gehalten wird, hat er auch seine Doppelgänger, wie z. B. den ungenießbaren Gallenröhrling, eventuell auch den giftigen Satanspilz und den Schönfußröhrling.

Doch betrachten wir zunächst den Herrenpilz. Generell könnte man sagen, daß sein *Hut* hell- bis dunkelbraun ist, zunächst halbkugelig rund, später ausgebreitet gewölbt. An der Hutunterseite trägt der Herrenpilz Röhren, die in jungem Zustand fast weiß sind, dann gelblich und schließlich olivgrün werden. Der *Stiel* ist zunächst sehr hell, fast grauweiß, wird später etwas bräunlich, ist meist dickbäuchig und hat ein zartes, helles Netz. Der Hut des Herrenpilzes kann bis zu 20 cm breit werden, der Stiel ist bis zu 15 cm hoch und bis zu 5 cm dick. Das *Fleisch* des Herrenpilzes ist immer weiß, auch wenn man den Pilz aufschneidet. Die Röhren reagieren zwar auf Druck, indem sie an der Druckstelle etwas nachdunkeln, aber sie färben sich nicht blau. Kostet man den Herrenpilz im rohen Zustand, hat er einen angenehmen Geschmack.

So etwa ist der Herrenpilz generell zu beschreiben. Aber er ist ein sehr variabler Pilz. Er ändert die Farbe seines Hutes je nach Alter, Standort und Umgebung, er ändert seinen Wuchs je nach Bodenbeschaffenheit und nach der Art der Pflanzen in seiner unmittelbaren Nähe, er reagiert in Wuchs und Farbschattierung auf Licht und Schatten. Mit anderen Worten: Keine generelle Beschreibung kann dem Herrenpilz wirklich gerecht werden. Wir haben daher auch in diesem Buch mehrere Formen des Herrenpilzes abgebildet, sowohl auf dem Buchumschlag als auch auf diesen Seiten.

Es muß noch hinzugefügt werden, daß eine ganze Reihe ähnlicher Pilzarten oft einfach als Herren- bzw. Steinpilze gesammelt werden, während die Wissenschaft diese Pilzarten sorgfältig auseinanderhält. Experten unterscheiden neben dem Herrenpilz den Eichen- oder Sommersteinpilz, den Bronzeröhrling oder Schwarzhütigen Steinpilz, den Rothütigen und Weinrothütigen, den Gelbfleischigen und den Ungenetzten Steinpilz. Die Unterschiede sind oft nur minimal und liegen eben in der Hutfarbe oder in der Netzzeichnung des Stiels oder im mikroskopischen Bereich. Alle sind sie jedoch von vorzüglicher Speisequalität.

Gallenröhrling

Tylopilus felleus (Bull. ex Fr.) P. Karst.

Der Herrenpilz hat einen Doppelgänger, der ihm zum Verwechseln ähnlich sieht, besonders jüngere Exemplare: den Gallenröhrling oder auch Bitterpilz. So mancher Pilzsucher hat sich schon freudig nach einem vermeintlichen Herrenpilz gebückt und erst nach genauerer Betrachtung enttäuscht den Fehlgriff festgestellt: Der *Hut* des Gallenröhrlings ist hell- bis dunkelbräunlich, erst kugelig, später ausgebreitet. Die Röhren an der Hutunterseite sind in jungem Zustand weiß und daher den Röhren des jungen Herrenpilzes sehr ähnlich. Erst die Röhren des reifen Gallenröhrlings zeigen einen rosa Anflug, sind also niemals grünlich oder olivgrün. Im reifen Zustand wölben sich diese Röhren wie ein Polster unter dem Hutrand. Die netzartige Zeichnung am Stiel des Gallenröhrlings, die bei jungen

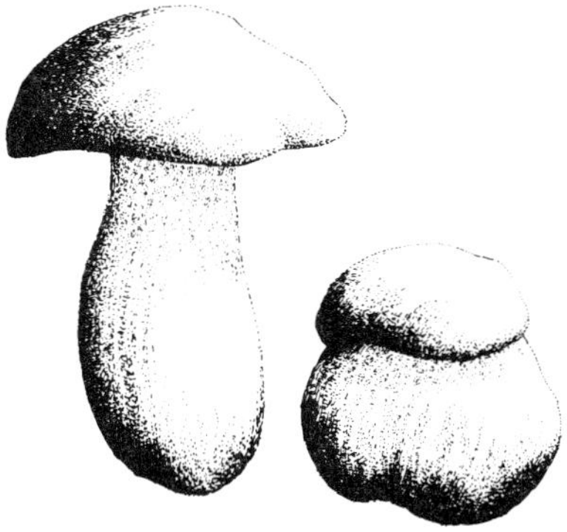

HERRENPILZ. *Hut jung halbkugelig, später ausgebreitet, feine Netzzeichnung am Stiel. Stiel kann bauchig aber auch zylindrisch sein, sehr variabel im Wuchs.*

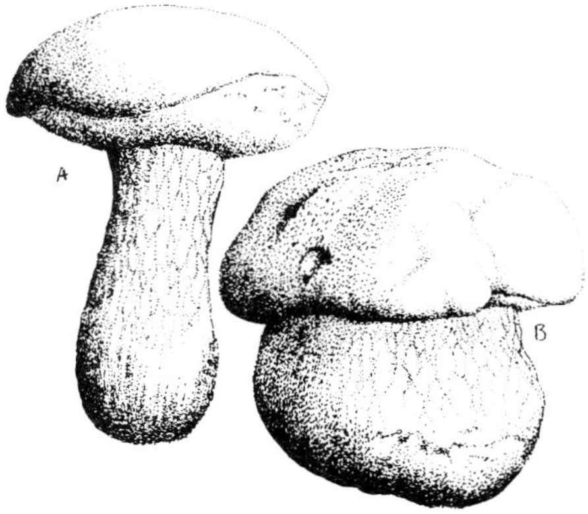

A. GALLENRÖHRLING. *Hut jung halbkugelig, später ausgebreitet, Röhren hängen polsterförmig unter dem Hutrand hervor. Grobe Netzzeichnung am Stiel, Stiel zylindrisch, manchmal an der Stielbasis etwas verdickt.*

B. SATANSPILZ. *Hut halbkugelig, hochgewölbt, Hutrand hängt über die Röhren herunter, Hutunterseite rot. Sehr dickbauchiger Stiel, Netzzeichnung am Stiel.*

Exemplaren ebenfalls leicht mit der Netzzeichnung der Herrenpilze verwechselt werden kann, ist beim reifen Gallenröhrling viel markanter als beim Herrenpilz.
Das sicherste Unterscheidungsmerkmal jedoch ist die Kostprobe: Der Herrenpilz schmeckt angenehm, der Gallenröhrling jedoch gallenbitter. Die Kostprobe ist gefahrlos, da der Gallenröhling nicht giftig, sondern nur bitter ist. Doch schon ein einziger Gallenröhrling kann mit seiner Bitterkeit ein Pilzgericht total verderben.

Satanspilz

Boletus satanas Lenz

Als möglicher giftiger Doppelgänger des Herrenpilzes ist der Satanspilz anzusehen. Allerdings unterscheidet er sich durch einige markante Merkmale deutlich vom Herrenpilz: der *Hut* des Satanspilzes ist grausilbrig bis bräunlich olivgrün-silbrig, also nicht braun. Die Unterseite des Hutes ist stets rot gefärbt. Die Netzzeichnung beim *Stiel* des Satanspilzes ist ebenfalls rot. Druckstellen an der Hutunterseite färben sich blau, ebenso lauft das *Fleisch* des Satanspilzes blau an, wenn man ihn auseinanderschneidet.
Beim Herrenpilz gibt es hingegen niemals irgendeine Rotfärbung, weder an der Hutunterseite noch am Stiel, und niemals verfärbt sich der Herrenpilz an irgendeiner Stelle blau.
Der Satanspilz wird bis zu 20 cm hoch, sein Hut erreicht einen Durchmesse bis zu 25 cm. Er wächst von August bis September in Laubwäldern, besonders unter Eichen und Rotbuchen. Er gilt als leicht giftig und ruft starke Darmstörungen hervor.
Der Herrenpilz könnte auch noch mit dem Schönfußröhrling verwechselt werden, doch auch dieser zeigt an der unteren Hälfte seines Stiels eine intensive rote Netzzeichnung. Bitte vergleichen Sie auch noch Seite 74 und Seite 70/71.

DIE FALSCHEN . . .

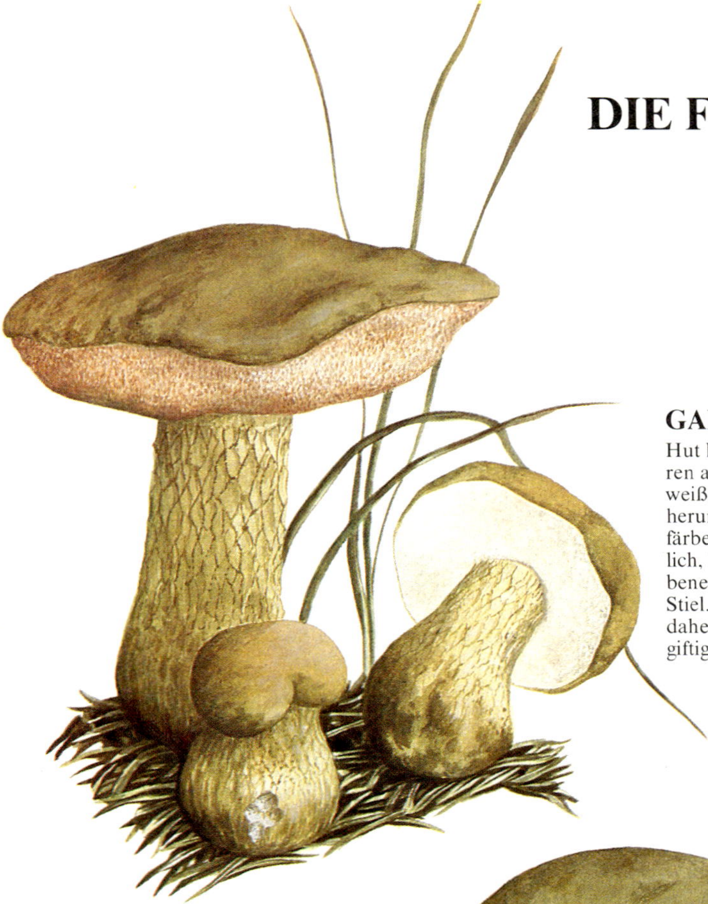

GALLENRÖHRLING

Hut hell- bis dunkelbraun, Röhren an der Hutunterseite jung weiß, später rosa, polsterartig herunterhängend. Auf Druck verfärben sich die Röhren rostig-rötlich, Fleisch bleibt weiß. Erhabene braune Netzzeichnung am Stiel. Sehr bitterer Geschmack, daher ungenießbar, aber nicht giftig. Juni bis Oktober.

SATANSPILZ †

Großer, wuchtiger Pilz mit grauem bis silbergrauem Hut. Hut zuerst halbkugelig, dann polsterförmig über die Röhren herabhängend, Röhren rot. Rote Netzzeichnung am Stiel auf gelblichem Untergrund. Stiel sehr dickbauchig. Von August bis September. Giftig!

. . . UND DER ECHTE

HERRENPILZ

Hut jung kugelig, weißlich bis bräunlich, später braun in vielen Schattierungen. Röhren jung weißlich, später gelblichgrün bis dunkelolivgrün. Röhren laufen auf Druck nie blau an, Fleisch bleibt immer weiß, feine Netzzeichnungen am Stiel, weiß bis bräunlich, nie aber rot. Von Juni bis November. Vorzüglicher Speisepilz.

Boviste – Stäublinge

Wer im Frühjahr und im Sommer über Wiesen wandert, hat gewiß schon jene merkwürdigen weißen Gebilde gesehen, die wie Schneebälle im Gras liegen. Er hat vielleicht auch bemerkt, daß diese »Bälle« im Laufe der Zeit braun werden, daß ihre Haut platzt und aus ihrem Inneren ein feiner brauner Staub entweicht. Bei den »weißen Bällen« handelt es sich um Boviste oder Stäublinge, also um Pilze, allerdings von besonderer Art. Denn die Bovistarten besitzen keinen Stiel, bzw. eben nur jenen mehr oder weniger länglichen flaschenartigen Fruchtkörper, in dessen Innerem, wie in einer Kammer, die Sporen heranreifen. Sind sie einmal reif, platzt entweder die inzwischen getrocknete Außenhaut des Bovistes und setzt die Sporen frei, oder sie entweichen durch eine Öffnung am Scheitel. Sie werden zu Millionen vom Wind vertragen, bis sie einen geeigneten Platz finden, wo sie ein neues Myzel entstehen lassen, das erneut Fruchtkörper hervorbringen kann. Einige dieser Boviste sind hervorragende Speisepilze. Sehen wir uns die beiden besten und am leichtesten erkennbaren an.

Riesenbovist

Langermannia gigantea (Pers.) Smarda

Der Riesenbovist ist der mit Abstand größte aller Boviste. Findet man ihn unvermittelt auf einer Wiese oder Waldlichtung, glaubt man anfangs gar nicht, daß es sich hier um etwas Naturhaftes handelt, sondern denkt eher an einen vergessenen Kinderspielball. Denn der Riesenbovist sieht einem großen, weißen, nur oben etwas abgeflachten Ball sehr ähnlich, doch kann er noch größer als ein Fußball werden. Im Apennin fanden wir Exemplare mit einem Durchmesser von einem halben Meter, und wir bereiteten mit einem derartigen Riesenbovist zwölf Personen ein reiches Mahl. Natürlich werden nicht alle Riesenboviste so groß; je nach Witterung und Standort kann der Durchmesser zwischen 10 und (wie in unserem Fall) 50 cm betragen.

Der Riesenbovist hat also *keinen Stiel,* hat die Gestalt einer abgeflachten Kugel, und seine Außenhaut ist im jungen Zustand zunächst strahlend weiß, ein Zustand, der auch noch beim voll ausgewachsenen Bovisten längere Zeit anhält. Erst wenn im Inneren des Pilzes die Sporen reifen, wird auch die Außenhaut langsam gelb, dann gelbbräunlich, schließlich braun und bricht auf, um die Sporen freizusetzen. Der junge Pilz ist auch innen durchgehend weiß, sein *Fleisch* ist recht fest. Man muß ihn in diesem Zustand ernten, denn nur solange das Fleisch eindeutig weiß und fest ist, ist der Riesenbovist köstlich und genießbar. Sobald sich das Innere des Pilzes gelb oder gar braun färbt, ist er nicht mehr schmackhaft und wird ungenießbar.

Der Riesenbovist ist sehr standorttreu, kommt alle Jahre wieder und wächst auf Wiesen und Waldwiesen zwischen Juni und November. Ein guter Speisepilz.

Kartoffelbovist

Scleroderma citrinum Pers. (Syn.: Scleroderma aurantium)

Der Kartoffelbovist ist ein weitverbreiteter Pilz, der mit den eßbaren Bovisten verwechselt werden kann. Er ist jedoch nicht weiß, sondern, auch schon solange er jung ist, bräunlich und mit braunen Schuppen und Warzen bedeckt; in Ausnahmefällen können diese jedoch auch fehlen. Immer aber sieht dieser Bovist einer Kartoffel sehr ähnlich. Er wird bis zu 10 cm im Durchmesser, zieht sich an der Basis faltig zusammen, besitzt aber *keinen Stiel.* Wesentlich ist, daß seine Innenmasse nie rein weiß ist, sondern schon im Jugendzustand gelblich und dann sehr bald braun, später violettschwarz, bis sie sich schließlich in olivbraunen Sporenstaub verwandelt. Das Innere des Pilzes riecht ekelerre-

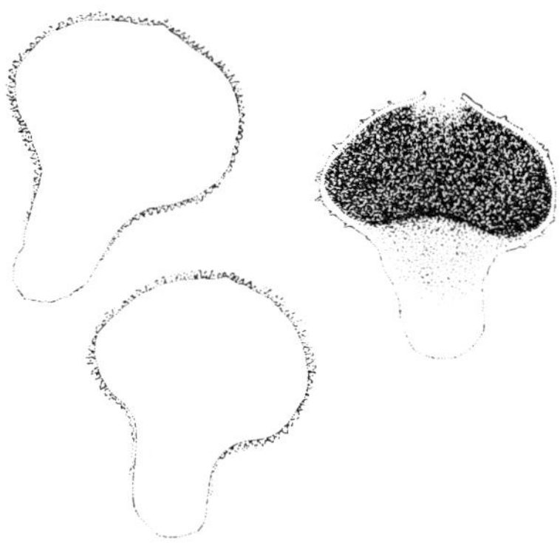

FLASCHENBOVIST. *Flaschenförmig, zur Basis verjüngt, am ganzen Oberteil mit kleinen Stacheln bedeckt. Im Inneren jung reinweiß, lt staubig, dunkelbraun.*

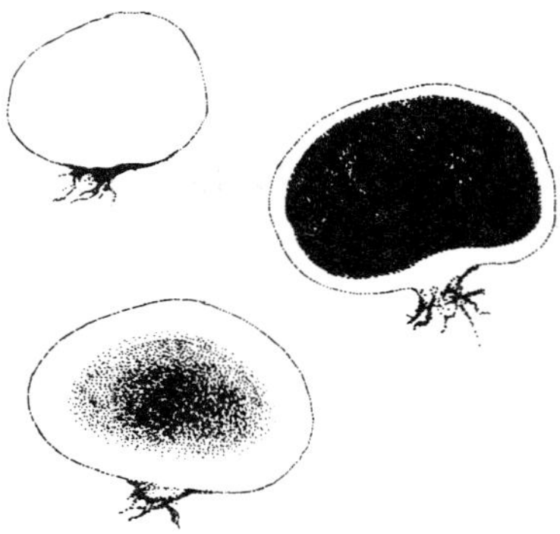

KARTOFFELBOVIST. *Kartoffelförmig, rundlich, feldrig warzig, stiellos am Boden angewachsen. Wesentlich kleiner als der Riesenbovist. Im Innern stets dunkel, nie reinweiß.*

gend. Schneidet man den Kartoffelbovist durch, merkt man sofort, daß er zu den nicht eßbaren, in diesem Fall sogar giftigen Arten der Boviste gehört.
Der Kartoffelbovist wächst von Juli bis November in Wäldern, auf Wiesen und auf Kahlschlägen oft in großen Gruppen. Der Pilz ist giftig, wenn auch nicht tödlich.

Flaschenbovist

Lycoperdon perlatum Pers. ex Pers.

Der Flaschenbovist ist kleiner und außerdem noch zur Basis hin verjüngt, besitzt also eine Art *Stiel,* was ihm mit einiger Phantasie das Aussehen einer umgedrehten Flasche verleiht. Der Flaschenbovist wird nur zwischen 3 und 8 cm hoch. Er ist zunächst auch weißlich, seine Außenhaut ist mit vielen kleinen, weichen, längeren Stacheln und kürzeren Warzen besetzt. Schneidet man ihn durch, ist sein Inneres in jungem Zustand ebenfalls weiß und fest. In diesem Zustand ist er eßbar. Im Oberteil des Pilzes entwickeln sich bei der Reife die Sporen, die zuerst hellbraun, dann breiig und dunkler und zuletzt trocken, pulvrig und olivbraun werden. Am Scheitel des Pilzes bildet sich eine rundliche Öffnung, durch die die Sporen entweichen können. Der Flaschenbovist wächst von Juli bis November in Wäldern, auf Wiesen, und zwar meist in größeren Gruppen. Solange er innen weiß und fest ist, ist auch er ein guter Speisepilz.
Es gibt eine Reihe weiterer eßbarer Boviste, etwa den Birnenbovist *(Lycoperdon pyriforme),* der auf morschem Holz wächst, in der Form dem Flaschenbovist sehr ähnlich sieht, jedoch eine ockerfarbene Außenhaut besitzt, innen aber ebenfalls im jungen Zustand strahlend weiß ist. Es gibt den etwas größeren Hasenbovist *(Calvatia utriformis),* außen weißlichgrau und gefeldert, innen im jungen Zustand ebenfalls weiß und fest. Und es gibt den Beutelstäubling *(Calvatia excipuliformis),* sehr ähnlich dem Flaschenbovist, jedoch außen bald ockergelb, innen – so lange er jung ist – ebenfalls weiß. Im Prinzip gilt, daß alle Boviste, deren Inneres eine eindeutig weiße Farbe und feste Substanz aufweist, eßbar sind. Ungenießbare oder giftige Boviste wie der Kartoffelbovist haben von vornherein eine gefärbte, also niemals weiße Innenmasse.

DER FALSCHE . . .

KARTOFFELBOVIST †

Kartoffelförmig, rundlich, mit groben bräunlichen Schuppen und Warzen bedeckt oder auch glatt. Innen anfangs bräunlich, später violettschwarz mit weißen Adern, nie reinweiß! Wächst von Juli bis November. Giftig!

. . . UND DIE ECHTEN

RIESENBOVIST

Sehr großer kugelförmiger Pilz, außen zunächst weiß, später bräunlich. Fleisch anfangs reinweiß, dann bräunlich, breiig, zuletzt dunkelbraun, pulvrig. Huthaut reißt dann auf. Kein Stiel, Pilz sitzt direkt auf der Erde auf. Im weißen Zustand ein hervorragender Speisepilz. Wächst von Juni bis November.

FLASCHENBOVIST

Flaschenförmig, mit kleinen, weichen zerbrechlichen Stacheln besetzt. Oberteil innen und außen zuerst weiß, später innen olivbräunlich, zuletzt dunkel, pulvrig. Sporen entweichen durch ein Loch am Scheitel. Hervorragender Speisepilz. Wächst von Juni bis November in Gruppen. Eßbar, solange innen weiß.

Kaiserling

Amanita caesarea (Scop. ex Fr.) Pers. ex Schw.

Der Kaiserling ist wahrscheinlich einer der schönsten und gleichzeitig auch schmackhaftesten Pilze; er trägt daher seinen Namen als »Kaiser« unter allen Pilzen zu Recht. Leider ist er nördlich der Alpen relativ selten; in Italien, Südfrankreich und Jugoslawien jedoch kommt er sogar in großen Mengen auf den Markt. Sein Fleisch ist so zart und schmackhaft, daß es feingeschnitten auch roh als Salat vortrefflich mundet.

Der Kaiserling kommt in einer weißen Hülle zur Welt, die in geschlossenem Zustand wie ein Ei aussieht. Bricht der junge Pilz aus dem Ei, so können Reste dieser Hülle auf seinem Hut kleben bleiben, meist in wenigen größeren Flocken.

Der *Hut* ist leuchtend orangerot, mit deutlich gerieftem Rand. Der Hut ist zunächst halbkugelig, später flach ausgebreitet und kann einen Durchmesser bis zu 20 cm erreichen. Seine Haut ist leicht abziehbar. Die *Blätter* an der Unterseite des Hutes sind in jungem Zustand hellgelb, später von einem satten Gelb; verschieden lang, an der Schneide etwas gezähnt, sind sie freistehend, reichen also nicht bis an den Stiel heran. Der *Stiel* selbst ist ebenfalls sattgelb, an der Basis etwas verdickt, nach oben hin dünner werdend. Er kann bis zu 15 cm lang sein. Der Stiel des jungen Pilzes ist mit Mark gefüllt; im Alter wird der Stiel hohl. Am Stiel trägt der Pilz eine nach unten hängende Manschette, ebenfalls sattgelb, deren Oberseite eine schwache Riefung aufweist. Die *Haut* der eiartigen Hülle, aus der der Pilz geschlüpft ist, bleibt meist als Scheide erhalten, die auch noch den erwachsenen Pilz an dessen Stielbasis umgibt.

Schneidet man den Kaiserling auf, so ist sein *Fleisch* von weißgelblicher Farbe, das Mark im Stiel und die Stielbasis selbst sind sogar reinweiß.

Der Kaiserling hat nur einen giftigen Doppelgänger: den Roten Fliegenpilz. Doch sollten die *Unterscheidungsmerkmale* zwischen den beiden Pilzen auch für den Anfänger klar zu erkennen sein. Blätter und Stiel des Kaiserlings sind von auffallend gelber Farbe, Blätter und Stiel des Fliegenpilzes sind weiß. Schwerer wird die Unterscheidung schon, wenn man die beiden Pilze in ihrem jüngsten, noch eiförmigen Zustand sammeln will. Denn die eiförmigen Hüllen der beiden Pilze sind weiß, wenn auch beim Kaiserling stets glatt, beim Fliegenpliz meist pustelartig gefeldert. Schneidet man diese eiartigen Gebilde der Länge nach auseinander, so zeigt sich im Ei des Kaiserlings bereits der Umriß des kleinen Pilzes mit breiten gelben Zonen im Hut und im Stiel. Das auseinandergeschnittene Ei des Fliegenpilzes läßt nur eine dünne rötlichgelbe Linie als Haut des künftigen Hutes erkennen, während das Innere des Hutes und des Stiels reinweiß sind. Dennoch sollte man Kaiserlinge in diesem jungen Zustand nur nehmen, wenn man in der Lage ist, dieses Unterscheidungsmerkmal bereits mit absoluter Sicherheit zu erkennen.

Der Kaiserling wächst als wärmeliebender Pilz von Juli bis November in lichten Eichenwäldern und unter Gebüschen, in der Mittelmeergegend auch oft unter Edelkastanien. Der Kaiserling ist in Deutschland im nördlichen Bayern und in der Pfalz beheimatet, in Österreich zum Beispiel im Rosaliengebirge des Burgenlandes; in der südlichen Schweiz wächst er bis zu einer Höhe von 1800 m. Er ist aber einer jener Pilze, die es auch in Osteuropa, in Vorderasien, in China und Japan, in Nordafrika und in den wärmeren Gegenden Nordamerikas gibt.

Roter Fliegenpilz

Amanita muscaria, (L. ex Fr.) Hooker

Die ganz jungen Exemplare des roten Fliegenpilzes stecken in einer dicken, pustelartig

KAISERLING. *Eihülle glatt, ohne Pusteln und Felder. Hutrand gerieft, Manschette ebenfalls leicht gerieft. Stielbasis erweitert, aber ohne Knolle. Dafür Scheide rund um die Basis.*

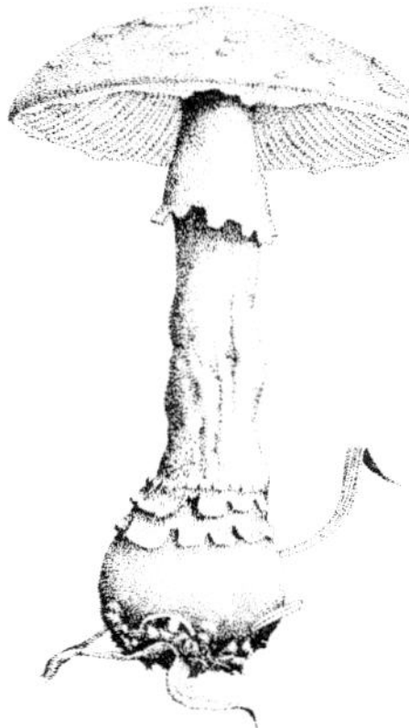

ROTER FLIEGENPILZ. *Eihülle schon bald pustelartig gefeldert. Pusteln bleiben als weiße Flocken auf der Huthaut kleben. Hutrand lange Zeit glatt, erst im Alter gerieft. Manschette glatt. Stielbasis zur kugeligen Knolle erweitert, mit Pustelringen besetzt. Keine Scheide.*

gefelderten weißen Hülle. Wächst der Pilz aus der Hülle heraus, so bleiben diese pustelartigen weißen Flocken auf der roten Huthaut hängen und bedecken diese in mehr oder weniger regelmäßigen Kreisen. Dadurch entsteht das wahrscheinlich allen sehr vertraute Bild des Fliegenpilzes – der rote *Hut* mit den weißen Flocken.

Die *Huthaut* ist von leuchtend roter Farbe. Zieht man die Huthaut ab, ist das Fleisch direkt unter der Haut gelblichorange gefärbt. Die weißen Flocken auf der Huthaut können vom Regen abgewaschen werden, so daß manche Fliegenpilze eine glatte rote Oberfläche zeigen. Der Rand des Hutes ist zunächst glatt, ohne Riefen, doch stellen sich in zunehmendem Alter auch beim Fliegenpilz am Hutrand Riefen ein. Die *Blätter* an der Unterseite des Hutes sind weiß, und weiß ist auch der Stiel des Fliegenpilzes, ebenso die am Stiel befindliche Manschette. Diese weiße Manschette hat keine Riefen, sondern ist glatt. Der Pilz wird bis zu 25 cm hoch und erreicht einen Durchmesser von 25, ja manchmal sogar 30 cm.

Die Stielbasis verdickt sich beim Fliegenpilz deutlich zu einer Knolle, doch besitzt der Pilz keine eigene ihn umgebende Scheide. Die Haut des Eis, aus dem der Fliegenpilz gewachsen ist, sitzt vielmehr in Form von dichten, pustelartigen Ringen auf der Knolle.

Wir haben ganz vereinzelt sehr alte Fliegenpilze gefunden, deren weiße Flocken vom Regen längst abgewaschen waren und deren rote Huthaut sich offenbar in der Sonne leicht gelblich gefärbt hat. Das Alter hat auch Blätter und Stiel mit einem gelblichen Stich versehen. Wer also nicht weiß, daß der Stiel und die Blätter des Kaiserlings ein sehr sattes leuchtendes Gelb aufweisen, könnte einen derart verwitterten Fliegenpilz mit dem Kaiserling verwechseln.

Der Fliegenpilz ist sehr giftig, obwohl immer wieder davon berichtet wird, daß er nach besonderer Verarbeitung von einzelnen Völkerschaften in Nordeuropa und Sibirien gegessen wird, weil seine Vergiftungserscheinungen Rauschzustände und Halluzinationen mit beinhalten. Da er ein gefährlicher, mitunter tödlich wirkender Giftpilz ist, muß vor jedem Experiment mit seinen Wirkungen dringend abgeraten werden. Der Fliegenpilz wächst von Juli bis November in Laub- und Nadelwäldern.

DER FALSCHE . . .

ROTER FLIEGENPILZ ††

Wächst aus eiartiger weißer Hülle, die jedoch pustelartig gefeldert ist. Die weißen Pusteln bleiben auf der Huthaut kleben. Farbe des Hutes leuchtend rot mit vielen weißen Flocken. Blätter, Stiel und Manschette am Stiel sind weiß. Hutrand nur im Alter gerieft, Manschette immer glatt. Stielbasis zu kugeliger Knolle erweitert, die dicht mit weißen Pusteln besetzt ist. Keine separate Scheide. Von Juli bis November. Sehr giftig.

. . . UND DER ECHTE

KAISERLING (edible symbol)

Wächst aus eiartiger, weißer Hülle, die manchmal teilweise in wenigen größeren Stücken auf der Huthaut kleben bleibt. Farbe des Hutes leuchtend orangerot, Farbe der Blätter, des Stiels und der Manschette am Stiel sattgelb. Fleisch weißlich-gelb. Hutrand gerieft, Manschette leicht gerieft. Verdickte Stielbasis, ist von weißer Scheide umgeben. Juli bis November. Vorzüglicher Speisepilz.

Perlpilz

Amanita rubescens (Pers. ex Fr.) Gray

Der Perlpilz ist einer der besten Speisepilze und kommt auch recht häufig vor. Diese Eigenschaften sollten ihn zu einem beliebten und vielgesuchten Pilz machen. Daß er es nicht ist, liegt wohl daran, daß er mit zwei sehr giftigen Pilzen verwechselt werden kann, mit dem Pantherpilz und dem Braunen Fliegenpilz. Wer daher den Perlpilz nicht ganz verläßlich kennt, darf ihn nicht sammeln! Wobei wir gerade beim Perlpilz in Erinnerung rufen wollen, daß man eine Pilzart nur durch einen geübten Lehrmeister absolut verläßlich kennenlernen kann. Jedoch: Der Perlpilz ist so köstlich, daß es sich lohnt, ihn eben genau und verläßlich kennenzulernen.

Sehen wir uns den Perlpilz nun näher an: Die jüngeren Exemplare haben einen kugeligen *Hut*, der sich im Alter ausbreitet, aber immer etwas gewölbt bleibt. Die Farbe des Hutes variiert nach Alter und Standort, ist jedoch generell bräunlich bis braun, gelblichbraun, wenn der Pilz jung ist, und kräftiger im Alter. Diese braune Hutfarbe ist meist mit einem rosa Farbton unterlegt, so, als hätte man den Hut erst mit rosa Farbe grundiert, ehe die braune Deckfarbe aufgetragen wurde. Auf der Oberfläche des Hutes trägt der Perlpilz Flokken, meist grauweißlich, manchmal auch rötlichgrau. Diese Flocken sitzen unregelmäßig und in verschiedener Dichte auf dem Hut und werden manchmal vom Regen abgewaschen.

Man beachte den *Hutrand* des Perlpilzes: Dieser ist nicht gerieft. Nur bei alten Perlpilzen kann der Hutrand manchmal etwas durchsichtig werden.

Die Huthaut des Perlpilzes läßt sich leicht abziehen. Man nehme ein Stück des Hutrandes zwischen Messerklinge und Daumen und hebe die Huthaut an; sie läßt sich bis zur Mitte des Pilzes abschälen. Das *Fleisch* unter der abgezogenen Huthaut ist entweder schon beim Abheben der Haut rosa bis rötlichbraun oder verfärbt sich nach mehreren Minuten rosa bis rötlichbraun. Die Haut des Perlpilzes sollte stets gleich am Fundort abgezogen werden, um die einsetzende Rosafärbung als Kennzeichen gleich festzustellen, aber auch, weil sie sich später schwer abziehen läßt, beim Kochen jedoch zäh wird.

Die *Blätter* des Perlpilzes sind weiß, doch wo immer sie verletzt werden, etwa durch Schneckenfraß, zeigt sich am Rand der Verletzung die typische rosa Färbung. Für Experten sei vermerkt, daß es auch Formen dieses Pilzes gibt, die sich nicht verfärben, doch sind diese sehr selten und sollten von Anfängern vorsichtshalber nicht gesammelt werden. Als Regel sollte gelten, daß sich ein Perlpilz zu verfärben hat, insbesondere im Stiel und in der Stielknolle, wenn diese von Maden durchlöchert sind, was beim Perlpilz sehr oft der Fall ist. Jedes dieser Madenlöcher zeigt sich als ein rötlichbrauner Punkt, wenn man den Stiel auseinanderschneidet.

Der *Stiel* des Perlpilzes trägt einen manschettenartigen Ring, dessen Oberseite gerieft ist. Er erweitert sich an seiner Basis zu einer kräftigen Knolle, die ein fester Bestandteil des Stiels ist; sie ist also nicht abgesetzt und trägt auch keinerlei Scheide. An der Außenseite ist die Knolle jedoch mit warzenartigen Pusteln besetzt.

Der Perlpilz kann bis zu 20 cm hoch und 15 cm breit werden. Er wächst von Juni bis Oktober in Laub- und Nadelwäldern und ist ein ausgezeichneter Speisepilz, sollte jedoch nicht roh gekostet werden, da er in diesem Zustand schwach giftig ist.

Pantherpilz

Amanita pantherina (DC ex Fr.) Secr.

Nun zu den Doppelgängern. Da ist zunächst der sehr giftige Pantherpilz. Sein Hut ist graubraun oder gelbbraun, nie jedoch zeigt er rötliche Töne. Auch der Pantherpilz trägt Flocken; sie sind weiß und bedecken den *Hut*

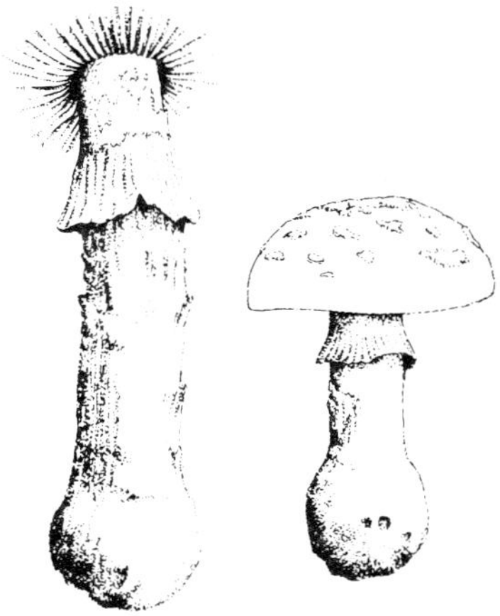

PERLPILZ. *Hutrand nicht gerieft, Manschette gerieft, Knolle nicht abgesetzt, Pusteln an der Knolle.*

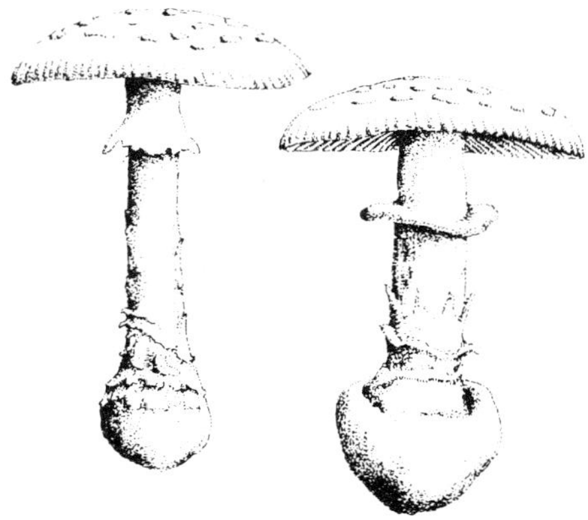

BRAUNER ODER KÖNIGSFLIEGENPILZ. *Hutrand nur im Alter gerieft, Manschette nicht gerieft, Knolle mit gürtelartigen Warzen, vom Stiel nicht abgesetzt (links).*

PANTHERPILZ. *Hutrand gerieft, Manschette nicht gerieft, Knolle mit stulpenartiger Scheide, vom Stiel abgesetzt (rechts).*

meist ziemlich regelmäßig, doch können auch sie vom Regen abgewaschen werden. Der Hutrand ist deutlich gerieft (gerillt). Die Huthaut ist abziehbar, aber das Fleisch unter der Haut bleibt weiß. Ebenso ist der *Stiel* innen und außen weiß. Der manschettenartige Ring am Stiel ist nicht gerieft. An der Stielbasis befindet sich eine Knolle, die sich jedoch deutlich vom Stiel absetzt, als wäre der Stiel in diese Knolle eingepfropft.
Der Pantherpilz wird bis zu 15 cm hoch und 10 cm breit, wächst von Juli bis Oktober in Laub- und Nadelwäldern und ist stark giftig.

Brauner Fliegenpilz Königsfliegenpilz

Amanita regalis Fr. (= A muscaria var. umbrina Fr.)

Der Braune Fliegenpilz ist der zweite giftige Doppelgänger des Perlpilzes. Sein *Hut* ist sattbraun mit weißen bis gelblichen, ziemlich regelmäßig verteilten Flocken. Der Rand des Hutes ist, besonders bei älteren Exemplaren, stark gerieft. *Blätter* und *Stiel* des Pilzes sind weiß bis gelblich. Zieht man die Huthaut ab, zeigt das *Fleisch* darunter eine braungelbe Färbung. Schneidet man den Pilz in die Hälfte, zeigt er unter der Oberfläche des Hutes ebenfalls diese gelblichbraune Färbung. Am Stiel des Fliegenpilzes befindet sich ein manschettenartiger Ring; er ist gelblich, am Rand sogar dunkelgelb, und nicht gerieft. Die Manschette ist jedoch rasch vergänglich und fehlt an manchen Exemplaren. Die Stielbasis geht in eine Knolle über, ist also vom Stiel nicht abgesetzt, an der Außenseite jedoch meist ringartig mit Pusteln besetzt.
Der Braune Fliegenpilz wird bis zu 20 cm hoch und 15 cm breit, wächst von Juli bis November meist in Nadelwäldern. Er ist sehr giftig.
Wer Perlpilze sammelt, achte daher ganz genau auf jedes einzelne Unterscheidungsmerkmal und stelle sicher, daß bei jedem Exemplar stets alle Kennzeichen deutlich vorhanden sind!

DIE FALSCHEN . . .

BRAUNER FLIEGENPILZ, KÖNIGSFLIEGENPILZ

Hut braun mit konzentrischen weißen Flocken. Hutrand jung ungerieft, im Alter stark gerieft. Fleisch unter der Huthaut gelbbraun. Blätter und Stiel weiß bis gelblich. Manschette mit gelbem Rand ist nicht gerieft, jedoch leicht vergänglich. Stielbasis zur Knolle erweitert, außen mit Warzenringen besetzt. Auseinandergeschnitten ist der Stiel weiß mit gelblicher Randzone. Der Pilz verfärbt sich bei Anschnitt nicht. Juli bis November. Tödlich giftig!

PANTHERPILZ

Hut braun bis gelblichbraun. Hutrand gerieft, Manschette am Stiel nicht gerieft. Fleisch unter der Huthaut weiß. Blätter und Stiel ebenfalls weiß, verfärben sich nicht. Knolle setzt sich mit einer Stulpe vom Stiel ab, ohne warzenartige Pusteln. Juli bis Oktober. Tödlich giftig!

. . . UND DER ECHTE

PERLPILZ

Hut bräunlich, meist mit rosa Grundierung. Hutrand nicht gerieft. Haut leicht abziehbar, das Fleisch darunter rosa anlaufend. Blätter weiß, an Schadstellen rosa bis rotbraun verfärbend. Manschette am Stiel gerieft. Stiel an der Basis zur Knolle verdickt, aber nicht abgesetzt. Fleisch weiß bis rötlich, verfärbt sich besonders bei Madenlöchern rotbraun. Juni bis Oktober. Roh giftig, gekocht ein ausgezeichneter Speisepilz.

Pfifferling/Eierschwamm Rehling

Cantharellus cibarius. Fr.

Neben dem Herrenpilz ist der Pfifferling oder Eierschwamm sicherlich der beliebteste und meistgesuchte Pilz in Mitteleuropa. Er ist vor allem ein Pilz der Alpenländer, obwohl er nicht nur im Gebirge vorkommt. Sowohl in Laub- wie in Nadelwäldern wächst er meist erst ab Juni, aber oft in großen Mengen.

Es gibt zwei etwas unterschiedliche Formen des Pfifferlings/Eierschwamms, obwohl beide zur selben Art gehören. Einer ist etwas kleiner, gedrungener und festfleischiger mit flachem, etwas eingerolltem Hut, der andere schlanker, höher, etwas trichterartig und besonders am Hutrand dünner. Beide haben das typische Eidottergelb, das so auffallend vom grünen Waldboden absticht. Der Pfifferling/Eierschwamm wächst gern im Moos und auf weichem Nadelboden, aber wir haben ihn auch schon in großen Mengen in Birken-, Eichen- und Buchenwäldern gefunden.

Man möchte meinen, daß der Pfifferling schon seiner Farbe wegen völlig unverwechselbar wäre, aber es gibt auch den nicht sehr bekömmlichen falschen Pfifferling oder falschen Eierschwamm, und ferner einen giftigen Pilz, den Ölbaumpilz, die mit dem Pfifferling verwechselt werden können.

Sehen wir uns nun den Pfifferling genau an: Der *Hut* ist trichterförmig und dottergelb, kann aber auch viel hellere Schattierungen haben, bis fast weißlich gelb. Anfangs ist der Hutrand etwas eingerollt, später ausgebreitet mit wellig-lappigem Rand. Bei dem gedrungenen kleineren Pfifferling bleibt der Hutrand eingerollt, auch im Alter.

Der Pfifferling/Eierschwamm ist kein echter Blätterpilz. Er hat Leisten statt der Blätter, die faltig und oft gegabelt sind und die den Stiel weit hinablaufen. Beim Pfifferling sind sie dottergelb wie der Hut und netzartig miteinander verbunden, oft verästelt, besonders gegen den Hutrand zu. Der *Stiel* ist bei den kleinen gedrungenen Formen fest und ziemlich gleich dick bis zur Stielbasis, während er sich bei schlankerem höherem Wuchs des Pilzes nach unten zu verjüngt. Nach oben geht der Stiel gleichmäßig gebogen in den Hut über. Das *Fleisch* ist weißlich gelb, der Stieloberfläche zu mehr gelblich, der Geschmack pfefferig, der Geruch obstartig.

Pfifferlinge/Eierschwämme sollte man gleich nach dem Einsammeln putzen, denn die kleinen Exemplare sind oft noch vom Waldboden erdig, was bei der Zubereitung sehr lästig werden kann. Der Pfifferling wächst vom Juni bis November.

Falscher Pfifferling Falscher Eierschwamm

Hygrophoropsis aurantiaca (Wulf. ex Fr.) Mre.

Der Pfifferling/Eierschwamm kann leicht mit dem Falschen Pfifferling bzw. Falschen Eierschwamm verwechselt werden.

Der Falsche Pfifferling ist ein echter Blätterpilz. Allerdings ist es für den Laien nicht einfach, den Unterschied zwischen den festen Leisten des Pfifferlings/Eierschwamms und den dünnen Blättern des Falschen Pfifferlings ohne weiteres zu erkennen. Nur wenn man Exemplare beider Arten unmittelbar nebeneinander hält und vergleicht, fällt auch dieser Unterschied zwischen Leisten und Blättern auf. Wichtig ist, daß die *Farbe* des Falschen Pfifferlings meist um einige Nuancen dunkler ist als die des Eierschwammes, fast orangefarben, und daß sein Hutrand immer deutlich eingerollt ist, und zwar meist gleichmäßig.

Die Hutoberfläche ist ein wenig samtig, und der *Hut* ist auch dünnfleischiger als der des echten Pfifferlings. Die *Blätter* des Falschen Pfifferlings wachsen nicht ganz so tief den Stiel herab wie die Leisten beim echten Pfifferling. Diese Blätter sind auch dünn, schmal und gedrängt, öfters gegabelt. Meist ist der

EIERSCHWAMM, PFIFFERLING. *Trichterförmiger Hut, Leisten statt Blätter, laufen am Stiel hinunter, Stiel nach unten verjüngt, Hutrand eingerollt oder wellig eingebuchtet.*

FALSCHER EIERSCHWAMM. *Trichterförmiger Hut, eingerollter Rand, Blätter, laufen etwas am Stiel hinunter, dünn, gegabelt (links).*

ÖLBAUMPILZ. *Hut trichterförmig, Hutrand anfangs eingerollt, später oft rissig, Blätter engstehend, laufen weit den Stiel hinunter, Stiel lang, gebogen. Wächst auf Baumstämmen oder Wurzeln.*

Hut zwar in der Mitte trichterförmig vertieft, aber nicht so stark wie beim echten Pfifferling. Der Falsche Pfifferling ist geringwertig, jedoch nicht giftig.

Ölbaumpilz

Omphalotus olearius (DC ex Fr.), Sing.

Die Verwechslung mit dem Ölbaumpilz hingegen ist viel unangenehmer, weil sein Genuß zu starken Verdauungsstörungen führen kann. Es gibt nur wenige deutliche Unterscheidungsmerkmale zwischen dem Ölbaumpilz und dem Pfifferling. Eines davon ist nur des Nachts zu erkennen: In der Nacht leuchten die Blätter des Ölbaumpilzes bläulich. Ein weiteres Kennzeichen: Beim Ölbaumpilz kann man mehr als ein Drittel seiner Huthaut leicht abschälen.

Fast immer wächst der Ölbaumpilz büschelig, liebt besonders mildes Klima und heißt Ölbaumpilz, weil er im Süden Europas oft an Olivenbäumen gefunden wird. Er ist jedoch auch in vielen Teilen Deutschlands und Frankreichs zu Hause, in Österreich aber nur in Wien und Umgebung, und da meist auf Eichenstämmen und -wurzeln.

Er ist viel dünkler als der Pfifferling, fast orangefarben. Sein *Hut* ist stark trichterförmig vertieft, feinfasrig, der Hutrand meist eingerollt, dann oft eingerissen. Die *Blätter* laufen weit den Stiel herab, sind dicht gedrängt und orange bis narzissengelb. Der *Stiel* ist ziemlich lang, nach unten stark verjüngt, gelb- bis orangebraun, voll und etwas berindet.

Fast immer wächst der Ölbaumpilz in großen Büscheln, im Süden besonders an Olivenstämmen, aber auch an Eichen und Kastanien, immer aber aus dem Holz eines Baumes heraus, was ihn vom Pfifferling klar unterscheiden sollte. Natürlich können alte Stämme oder Wurzeln, auf welchen er wächst, auch von Erde bedeckt sein, so daß es scheint, als ob der Pilz auf dem Boden wächst. Der Ölbaumpilz wächst von Juli bis November, ist giftig, und löst Erbrechen, starkes Schwitzen, verstärkte Speichelabsonderung und lange andauernde Übelkeit aus.

DIE FALSCHEN . . .

ÖLBAUMPILZ ††

Orangeroter bis orangebrauner trichterförmiger Hut, oft eingerissen, anfangs eingerollt, Blätter sind orangegelb, dünn und am Stiel herablaufend, gegabelt, eng. Der Stiel ist lang, oft gebogen, fest, meist sind mehrere Pilze miteinander verwachsen. Wächst auf Holz, auch auf vergrabenen Wurzeln, leuchtet im Dunkeln. Giftig!

FALSCHER PFIFFERLING/FALSCHER EIERSCHWAMM

Hut und Stiel meist orangerot, Hut trichterförmig, Hutrand eingerollt und sehr gleichmäßig, keine Leisten, sondern dünne, gedrängte Blätter, die oft gegabelt den Stiel etwas herablaufen. Stiel schlank, ausgestopft, später hohl. Von September bis November. Ungenießbar.

... UND DER ECHTE

PFIFFERLING/EIERSCHWAMM

Hut und Stiel dottergelb, Hut trichterförmig vertieft, an der Hutunterseite faltige Leisten, die den Stiel weit herablaufen. Kann in der Form variieren: Entweder klein und gedrungen, jung mit eingerolltem Hutrand und gleichmäßig dickem Stiel, oder höher, mit nur anfangs eingerolltem Hutrand, später dünnem, ausgebuchtetem Rand. Von Juni bis November. Hervorragender Speisepilz.

Semmelstoppelpilz

Hydnum repandum L. ex Fr.

Der Hut des Semmelstoppelpilzes ist, wie schon der Name sagt, semmelgelb, doch variiert die Farbe je nach Standort, ist manchmal heller, fast weißlich, manchmal etwas dunkler, mit einem Stich ins Orange. Der *Hut* ist wellig, sehr ähnlich dem des Pfifferlings/Eierschwamms, daher auch oft flach gewölbt oder über dem Stiel trichterartig vertieft und erreicht einen Durchmesser bis zu 12 cm.

Der Semmelstoppelpilz gehört jedoch zur Gruppe der Stachelpilze, das heißt er trägt an der Unterseite des Hutes weder Blätter noch Röhren, sondern stachelartige Gebilde. Diese Stacheln oder auch Stoppeln (der zweite Teil seines Namens!) sind jedoch weich und sehr leicht zerbrechlich, sind gelblich, manchmal weißlich, stehen ganz dicht gedrängt und laufen den Stiel etwas herab. Fährt man mit dem Finger über diese Stacheln, sind sie leicht zu beseitigen, da sie sich sofort vom Hutfleisch lösen.

Der *Stiel* ist meist gedrungen und dicklich, gegen die Basis zu schmäler werdend. Er ist heller als der Hut und die Stacheln, oft fast weißlich, fest und voll.

Im ausgewachsenen Zustand ist der Semmelstoppelpilz meist größer als ein Pfifferling/Eierschwamm. Sein *Hut* kann einen Durchmesser bis zu 12 cm erreichen, der Pilz selbst wird zwischen 3 und 6 cm hoch. Das *Fleisch* des Semmelstoppelpilzes ist weiß bis gelblich und recht fest; dennoch ist insbesondere der Hutrand spröde und kann beim Einsammeln leicht brechen. Der Geruch des Semmelstoppelpilzes ist angenehm »waldig«.

Der Semmelstoppelpilz kommt fast immer in größeren geselligen Gruppen vor, und wir haben ihn oft auch schon als Zwilling, Drilling oder Vierling gefunden, wobei die Hüte miteinander verwachsen sind. Wir fanden den Semmelstoppelpilz von Juni bis November in den unterschiedlichsten Wäldern, im Jungwald wie unter hohen Tannen, unter Buchen und Eichen, aber auch in Heidelandschaften. Manchmal wächst er in großen Hexenkreisen. Der Semmelstoppelpilz ist voll angenehmer Eigenschaften für den Pilzsucher. Erstens ist er fest und hält sich über mehrere Tage frisch, zweitens findet man ihn auch in pilzarmen Jahren ziemlich häufig, und drittens besitzt er, wie gesagt, keinen eigentlich giftigen Doppelgänger. Er ist im Unterschied zum Pfifferling/Eierschwamm zum Trocknen geeignet, weil sein Fleisch viel fester ist. In Essig eingelegt, ist er köstlich und gibt eine pikante Beilage ab. Semmelstoppelpilze eignen sich auch als gute Mischpilze; man kann sie also zum Strecken anderer Pilzgerichte verwenden. Ein weiterer Vorteil am Rande: Wie der Pfifferling/Eierschwamm wird auch der Semmelstoppelpilz von Maden und Schnecken meist gemieden, so daß man den Fund zur Gänze verzehren kann.

Es gibt eine nahe verwandte Art des Semmelstoppelpilzes, den Rotgelben Semmelstoppelpilz *(Hydnum rufescens)*. Dieser ist in der Form dem Semmelstoppelpilz fast gleich, ebenso groß wie dieser, nur ist sein *Hut* etwas dünner. Der wesentliche Unterschied zum Semmelstoppelpilz besteht in der Farbe, die bei dieser Abart orangerot bis rötlichgelb ist, während die Stacheln eine rostgelbe Farbe aufweisen. An Druckstellen zeigt dieser Pilz eine gelbliche bis bräunliche Verfärbung. Sein *Fleisch* ist weißlich wie das des Semmelstoppelpilzes, nur etwas weicher. Im übrigen treffen alle Merkmale des Semmelstoppelpilzes auch auf diese rotgelbe Art zu. Sie ist ebenso eßbar wie der Semmelstoppelpilz und wächst von Juli bis November in Laub- und Nadelwäldern, häufig in den Fichtenwäldern der Gebirge, meist in Gruppen.

Semmelporling

Albatrellus confluens (Alb. et Schw. ex Fr.) Kotl. et Pouz.

Der einzige Pilz, der mit dem Semmelstoppelpilz verwechselt werden könnte, ist der Sem-

SEMMELSTOPPELPILZ. *Unregelmäßig überlappender Hut, weiche Stacheln an der Unterseite des Hutes, die den Stiel etwas hinunterlaufen, derber, nach unten sich verjüngender Stiel.*

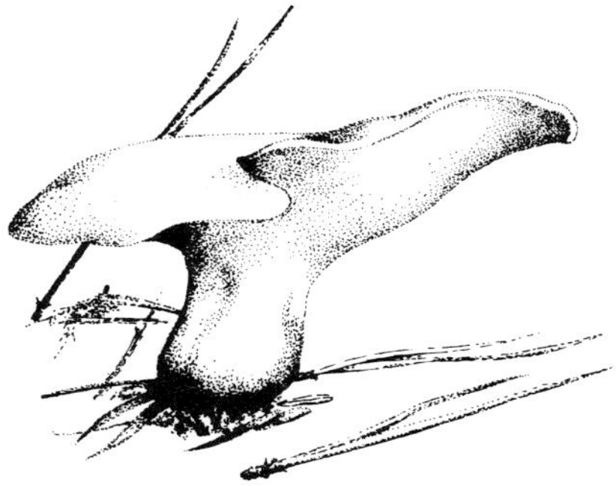

SEMMELPORLING. *Ziegelartig übereinander wachsender Pilz mit buckeligem, oft zerrissenem Hut, überlappend am Rand. Unterseite des Hutes mit dichten Poren besetzt, die den Stiel weit hinunterlaufen.*

melporling. Dies vor allem, weil auch er oft in dichten Büscheln wächst, sodaß seine Poren nicht gleich erkennbar sind. Auch sein *Hut* ist semmelfarben, meist jedoch dünkler bis rötlichgelb. Der Hut des Semmelporlings ist lappenartig ausgeweitet. Bei großer Trockenheit wird die Hutoberfläche leicht rissig.

Man muß den Pilz schon in die Hand nehmen, um den wesentlichsten Unterschied zum Semmelstoppelpilz eindeutig feststellen zu können: Der Semmelporling ist kein Stachelpilz, sondern trägt an der Unterseite des Hutes kurze, dichte Poren, die sich vom Hutfleisch auch nicht lösen lassen. Diese Poren laufen den Stiel herab, fast bis zur Basis hinunter. Poren und Stiel des Semmelporlings sind weiß. Ebenso ist auch das *Fleisch* weiß, verfärbt sich aber beim Anschnitt etwas rötlich, niemals jedoch gelb. Der *Stiel* sitzt meist tief in der Erde. Manchmal wachsen aus einem Stiel bis zu einem Dutzend lappenartige Hüte hervor, die ineinander verwachsen sind und übereinander lagern.

Der Semmelporling ist auch jung eßbar, jedoch schwer verdaulich. Bald entwickelt er einen sehr bitteren Geschmack und wird ungenießbar. Landet er durch Irrtum dennoch im Kochtopf, so verfärbt er sich während des Kochens rosa. Der Semmelporling wächst von Juli bis November in Nadelwäldern, oft im Gebirge. Er ist seiner Zähigkeit und seiner Bitterkeit wegen ungenießbar.

DER FALSCHE . . .

SEMMELPORLING ●

Meist mehrere überlagerte semmelgelbe bis rötlichgelbe große Hüte, die ineinander verwachsen sind. Hutoberfläche oft felderig rissig, Hutrand überlappend. An der Hutunterseite weiße Röhren, die weit den Stiel hinabwachsen. Von Juli bis November. Bedingt eßbar, da meist sehr bitter.

. . . UND DER ECHTE

SEMMELSTOPPELPILZ

Semmelgelber Hut, der wellig gewölbt, aber auch trichterförmig vertieft sein kann, Hutrand oft überlappend. An der Hutunterseite dichte weißlich-gelbe Stacheln, die den Stiel etwas herunterlaufen. Stiel derb, nach unten verjüngt, weißlich. Juli bis November. Guter Speisepilz, im Alter bitter.

Habichtspilz

Sarcodon imbricatus (L. ex Fr.) Karst.

Seinen Namen hat der Habichtspilz wohl erhalten, weil die Oberseite seines Hutes dem Gefieder eines Habichts ähnlich sieht, zumindest von weitem und auf den ersten Blick. Bei genauerer Betrachtung allerdings bemerkt man, daß diese Hutoberfläche dicht bedeckt ist mit sparrig abstehenden Schuppen. Die Farbe dieser Schuppen ist bräunlich, gegen die Hutmitte zu dunkler, ebenso im Alter nachdunkelnd, fast schwärzlich. Zieht man einige der Schuppen ab, zeigt das Hutfleisch unter diesen Schuppen eine rosabräunliche Farbe.

Bei jungen Exemplaren ist der *Hut* noch kugelig eingerollt, doch bald breitet er sich flach wellig aus, und lediglich der Hutrand bleibt etwas überlappend. Der Durchmesser des Hutes kann bis zu 25 cm erreichen. Das wesentlichste Kennzeichen des Habichtspilzes aber finden wir an der Unterseite des Hutes, denn der Habichtspilz gehört wie der Semmelstoppelpilz zu den Stachelpilzen. Die Unterseite seines Hutes ist also dicht besetzt mit Stacheln, die bis zu 10 mm lang werden können. Die Stacheln sind weich und sehr leicht zerbrechlich, bei jungen Exemplaren zunächst weißlich, später grau. Sie laufen übergangslos auch etwas den Stiel hinab. Bei jungen Habichtspilzen stehen die Stacheln so dicht, daß die Hutunterseite aussieht wie ein Rehfell; daher wird der Pilz in manchen Gegenden auch Rehpilz oder Rehfellchen genannt.

Der *Stiel* des Habichtspilzes, zwischen 3 und 7 cm lang, verbreitert sich in der oberen Hälfte und wird damit praktisch zu einem Teil des Huts; in der Mitte ist er schlanker, während die Stielbasis meist keulenartig erweitert ist. Das *Fleisch* des Habichtspilzes ist bei jungen Exemplaren weißlich, wird dann grau, bei alten Exemplaren bräunlich. Bricht man den Habichtspilz auseinander, verströmt er einen sehr würzigen Geruch.

Der Habichtspilz erscheint meist erst in der zweiten Hälfte Juli, wächst aber dann bis in den November hinein. Er zieht Nadelwälder vor und ist besonders häufig unter Kiefern zu finden, wächst auch gerne im Heidekraut und zwischen Heidelbeeren. Viele sagen ihm nach, er sei nur von geringem Wert. Das stimmt jedoch nur für die älteren Exemplare, die bitter schmecken. Man nehme daher nur junge Habichtspilze. Diese lassen sich genauso verwerten wie Pfifferlinge/Eierschwämme und haben darüber hinaus einen weiteren Vorteil – man kann sie auch trocknen. Nur wenige andere Pilze haben in getrocknetem Zustand ein derart intensives Aroma wie der Habichtspilz.

Die Pilze werden zum Trocknen zunächst in dünne Scheiben geschnitten, diese ganz dürr getrocknet und in einer alten Kaffeemühle, wie man sie noch zu Großmutters Zeiten verwendete, zu Pulver gemahlen (man achte jedoch darauf, daß die Mühle nicht mehr nach Kaffee riecht!). Man kann die getrockneten Pilze auch in einem Mörser zu Pulver stoßen. Eine Prise dieses Pulvers verbessert den Geschmack jeder Suppe und jeder Soße ganz entschieden. Habichtspilz-Pulver sollte daher in keiner Küche fehlen.

Der Habichtspilz besitzt keinen giftigen Doppelgänger, doch können zwei andere Pilze mit ihm verwechselt werden, die ihres bitteren Geschmacks wegen ungenießbar sind. Der eine, Gallen-Stachling, hat kleine, rotbraune Hutschuppen und einen zugespitzten Stiel, dessen unteres Ende deutlich schwarzgrün ist. Der Gallen-Stachling ist jedoch so selten, daß wir ihn nicht gesondert vorstellen müssen.

Strubbelkopf

Strobilomyces floccopus (Vahl. ex Fr.) P. Karst.

Eher schon wird der Habichtspilz mit dem häufiger vorkommenden Strubbelkopf verwechselt, obwohl dieser Pilz einer ganz anderen Pilzgruppe angehört, nämlich den Röh-

HABICHTSPILZ. *Hut flach, in der Mitte trichterförmig, an der Hutunterseite dichte Stacheln, die den Stiel etwas hinabwachsen. Stiel nach oben verbreitet, an der Basis keulig.*

STRUBBELKOPF. *Hut halbkugelig schuppig, Hutunterseite mit Röhren besetzt, die den Stiel nicht hinabwachsen. Stiel zylindrisch gleichmäßig dick.*

renpilzen. Als solcher besitzt der Strubbelkopf an der Unterseite seines Hutes keine Stacheln, sondern eben Röhren, die beim Strubbelkopf besonders deutlich relativ groß und nicht rund, sondern eckig sind.

Der *Hut* des Strubbelkopfs ist mit schwarzbraunen, abstehenden Schuppen bedeckt, und zwar in sehr regelmäßigen Kreisen; es ist diese Regelmäßigkeit, die ein weiteres Unterscheidungsmerkmal gegenüber dem Habichtspilz darstellt. Auch ist der Hut des Strubbelkopfs nie flach, sondern immer halbkugelig. Zieht man einige der Schuppen ab, so ist das *Fleisch* darunter gelblich und nicht bräunlichrosa wie beim Habichtspilz.

Ist der Strubbelkopf noch ganz jung, so ist der Hutrand mit dem Stiel durch einen weißen Schleier verbunden. Wächst der Pilz, so zerreißt der Schleier, und am Stiel des Strubbelkopfs bleibt eine Art Ring zurück. Der *Stiel* selbst wird bis zu 15 cm lang. Über dem Ring ist der Stiel längsgestreift, unterhalb des Rings, der Basis zu, wird der Stiel dunkler, bräunlichgrau bis braunschwarz und ist auch deutlich mit fasrigen Flocken besetzt.

Ein wesentliches Kennzeichen: Die Röhren an der Unterseite des Hutes, die bei jungen Exemplaren weiß, später grau und bei alten Exemplaren bräunlich sind, laufen an Druckstellen schwarz an. Druckstellen am Stiel dunkeln nach. Zerschneidet man den Pilz der Länge nach, läuft das Fleisch zuerst rosa an und verfärbt sich später ebenfalls grauschwarz. Im Gegensatz zum Habichtspilz riecht der Strubbelkopf widerwärtig.

Der Strubbelkopf wächst von Juli bis Oktober vorwiegend in Laubwäldern. Er ist nicht giftig, jedoch zäh, bitter und daher ungenießbar.

DER FALSCHE . . .

STRUBBELKOPF ●

Schwarzbraune Schuppen in regelmäßigen Ringen auf dem Hut. Hut fast immer halbkugelig. Fleisch unter den Schuppen gelblich. Auf der Hutunterseite Röhren mit großen eckigen Öffnungen. Bei jungen Exemplaren Hutrand mit Stiel durch Schleier verbunden, vergänglicher Ring am Stiel. Stiel unterhalb des Ringes fasrig-flockig und dunkel. Druckstellen verfärben sich dunkel. Fleisch verfärbt sich beim Anschnitt rosa und wird dunkel. Juli bis Oktober. Bitter und ungenießbar.

. . . UND DER ECHTE

HABICHTSPILZ

Unregelmäßige braune Schuppen auf dem Hut, Hutfleisch unter den Schuppen bräunlich-rosa. Auf der Hutunterseite dichte Stacheln, die jedoch weich und spröde sind. Die Stacheln wachsen ein Stück den Stiel hinab. Fleisch weißlich bis grau-bräunlich, verfärbt sich beim Anschnitt nicht. Würziger Geruch. Von Juli bis November. Jung guter Speisepilz.

Parasol

Marcrolepiota procera (Scop. ex Fr.) Sing.

Für den Pilzsucher ist der Parasol einer der spektakulärsten Pilze. Wie ein aufgespannter Schirm (parasol = Sonnenschirm) steht er allein oder in Gruppen in lichten Laub- und Mischwäldern; aber auch auf Wiesen und an Waldrändern findet man ihn zwischen Juli und Oktober, oft ganz nahe von großen Städten.

Im jungen Zustand ist der *Hut* des Parasols jedoch noch nicht ausgebreitet, sondern sitzt wie eine schuppige Kugel auf dem dünnen Stiel. Der Hut ist anfangs mit dem Stiel durch eine Haut verbunden, die später aufreißt und einen Ring am Stiel zurückläßt, der nicht fest angewachsen ist, sondern sich am Stiel auf und ab bewegen läßt. Der Hut breitet sich während des Wachstums jedoch rasch aus und erreicht manchmal Durchmesser bis zu 30 Zentimetern. Die Huthaut, die zunächst glatt ist, reißt sehr bald auf und formt sparrige Schuppen in konzentrischen Kreisen, während die Kuppe in der Mitte des Hutes glatt bleibt.

Der *Stiel* ist sehr schlank und wird bis zu 40 cm hoch – eine sehr beachtliche Höhe. Die Stielrinde ist hell- bis mittelbraun und mit gürtelartigen Mustern versehen. An der Basis geht der Stiel direkt in eine knollige Verdikkung über, die meist einfärbig braun ist. Der Stiel ist hohl und sehr früh holzig, so daß man ihn nur zum Würzen verwenden kann.

Die *Blätter* des Parasols sind weiß und bauchig. Sie sind gedrängt und vom Stiel durch einen schmalen Graben getrennt. Das *Fleisch* ist wie die Blätter weiß, verändert die Farbe beim Aufschneiden nicht und ist sehr zart. Es riecht angenehm und schmeckt etwas nußartig, sollte aber im rohen Zustand nicht gegessen werden. Der Parasol ist ein ausgezeichneter Speisepilz, im Alter jedoch zäh.

Safranschirmling

Macrolepiota rhacodes (Vitt.) Sing.

Der Safranschirmling ist dem Parasolpilz sehr ähnlich, wenn auch nicht ganz so groß. Er wird dennoch bis zu 15 cm hoch, sein Hut bis zu 15 cm im Durchmesser. Der *Hut* des jungen Safranschirmlings sieht, ähnlich wie der des Parasols, wie ein Paukenschlegel aus. Später hat der Hut ebenfalls konzentrisch angeordnete, sparrige Schuppen, doch sind sie etwas dünkler und kräftiger als beim Parasol. Der Gesamteindruck der Farbe des Safranschirmlings aber ist eher rosabraun, während der Hut des Parasols eher graubraun ist.

Sehr auffallend unterscheidet sich der Safranschirmling vom Parasol durch die Verfärbung seines *Fleisches,* das beim Anschnitt stark rosarot bis karottenrot anläuft. Auch ist der *Stiel* nicht gürtelartig gemustert, sondern ungemustert und weiß, läuft jedoch bei Druck leicht rosa an. Der Stiel ist, wie beim Parasol, hohl und verdickt sich ebenfalls in eine Knolle, die vom Stiel nicht abgesetzt ist. Der Safranschirmling wächst von Juli bis Oktober in lichten Misch-, aber auch reinen Fichtenwäldern.

Pantherpilz

Amanita pantherina (DC ex Fr.) Secr.

Ungeübten Pilzsuchern könnte es passieren, daß sie den Parasol mit dem Pantherpilz verwechseln. Zuerst muß man also die genaue Beschaffenheit der Stielbasis ansehen, denn dort zeigt sich der deutlichste Unterschied zwischen den beiden Pilzen. Der Pantherpilz hat ja, wie wir auch bei seiner Vorstellung als Doppelgänger des Perlpilzes erwähnen, eine deutlich vom *Stiel* abgesetzte Knolle, während die Stielbasis beim Parasol wie beim Safranschirmling lediglich verdickt ist. Außerdem hat der Pantherpilz eine herabhängende

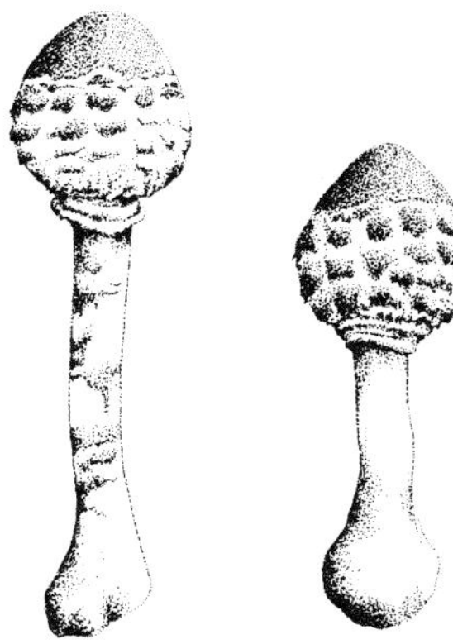

PARASOL. *Jung Hut geschlossen wie ein Paukenschlegel, später schirmartig ausgebreitet mit sparrigen Schuppen. Stiel bis zu 30 cm hoch, gürtelartig gemustert, mit beweglichem Ring. Stielbasis knollig verdickt (links).*

SAFRANSCHIRMLING. *Jung Hut geschlossen wie ein Paukenschlegel, später schirmartig ausgebreitet. Hutoberfläche mit sparrigen Schuppen. Stiel bis 15 cm hoch, schlank, glatt, mit beweglichem Ring. Stielbasis knollig verdickt.*

PANTHERPILZ. *Hutrand gerieft, Manschette nicht gerieft, Knolle mit stulpenartiger Scheide vom Stiel abgesetzt.*

KLEINE SCHIRMPILZE: *siehe auch Seite 154.*

Manschette, die oben angewachsen ist, während Parasol und Safranschirmling einen leicht beweglichen Ring tragen.

Dazu kommt, daß der Pantherpilz auf dem *Hut* flockige weiße Pusteln trägt, während die braunen Schuppen des Parasols und Safranschirmlings am Hut angewachsen sind. Der Hutrand des Pantherpilzes zeigt auch eine deutliche Riefung, was weder beim Parasol noch beim Safranschirmling der Fall ist. Mit dem Parasol gemeinsam hat der Pantherpilz allein die weiße *Farbe* seiner Blätter und seines *Fleisches,* manchmal auch die Farbe seines Hutes, wenn auch nicht seine Beschaffenheit. Beachtet man alle Merkmale genau, sollte es zu keiner Verwechslung mit dem manchmal sogar tödlich giftigen Pantherpilz kommen.

Kleine Schirmpilze

Der Parasol wie auch der Safranschirmling sind Schirmpilze; in diese Gruppe gehört noch eine ganze Reihe von kleinen Pilzen, von welchen einige sehr giftig sind, zwei sogar tödlich: der Fleischrötliche Schirmpilz *(Lepiota brunneo-incarnata)* und der Fleischbräunliche Schirmpilz *(Lepiota helveola).* Alle aber sind wesentlich kleiner als der Parasol und der Safranschirmling. Sie erreichen maximal 6 cm Höhe, ihr Hut nie mehr als 6 cm im Durchmesser. Man meide also allgemein alle kleinen, »irgendwie gefärbten« Schirmpilze!

Parasole werden manchmal sogar mit dem Grünen Knollenblätterpilz verwechselt. Es gibt auch grünbräunliche Hutfarben beim grünen Knollenblätterpilz. Dennoch ist eine Verwechslung nur dann möglich, wenn man praktisch alle Kennzeichen des Parasols gröblich mißachtet. Dem Knollenblätterpilz fehlen die Schuppen auf der Huthaut, und er hat einen grünweißen Stiel mit einem unbeweglichen, weißen Ring. Seine knollenartige Stielbasis ist von einer separaten weißen Scheide umgeben.

DER FALSCHE . . .

PANTHERPILZ ††

Hut braun bis gelblich-braun mit weißen Flocken. Hutrand gerieft. Manschette am Stiel nicht gerieft. Fleisch unter der Huthaut weiß, Blätter und Stiel ebenfalls weiß, verfärben sich nicht. Knolle setzt sich mit einer Stulpe vom Stiel ab. Juli bis Oktober. Sehr giftig!

. . . UND DIE ECHTEN

PARASOL

Hut jung wie ein Paukenschlegel, später schirmartig ausgebreitet, Hutoberfläche mit sparrigen braunen Schuppen bedeckt. Stiel mit beweglichem Ring, hohl und bis zu 30 cm hoch, braun ringförmig gemustert, mit knollig erweiterter Stielbasis. Von Juli bis Oktober. Vorzüglicher Speisepilz.

SAFRANSCHIRMLING

Hut jung wie ein Paukenschlegel, später halbkugelig ausgebreitet, mit braunrosa Schuppen bewachsen. Stiel schlank, weiß und hohl, mit beweglichem Ring. Stielbasis knollig erweitert. Der Pilz läuft bei Druck rosa an, ebenso das Fleisch bei Verletzung. Von Juli bis Oktober. Vorzüglicher Speisepilz.

Echter Reizker

Lactarius deliciosus Fr.

Reizker sind eigenwillige Pilze. In einem Wald findet man sie in großen Mengen, im Nachbarwald fehlen sie gänzlich: Obwohl beides Fichtenwälder am gleichen Hang sind. Bei manchen Pilzen gibt es solche Rätsel, sonst wäre das Pilzesuchen ja auch zu einfach und würde die Phantasie des Menschen nicht so beschäftigen. Sicher ist jedenfalls, daß Reizker vor allem im Nadelwald vorkommen. Wir haben sie unter Fichten, Tannen, Kiefern und Lärchen gefunden, auch auf waldnahen Wiesen. Sie wachsen meist in großen Mengen auf verhältnismäßig kleinem Raum.

Obwohl der Reizker ein ausgezeichneter Speisepilz ist, ist er bei vielen Pilzsuchern nicht sehr beliebt. Das hängt entweder damit zusammen, daß sie nicht wissen, wie man ihn am besten zubereitet, oder vielleicht an seinem etwas abschreckenden Merkmal, der orangeroten *Milch,* die wie Blut aus seinem Stiel fließt. Wer aber zum Beispiel in Essig eingelegte Reizker noch nicht gegessen hat, dem ist bisher etwas ganz Exquisites aus der Pilzküche entgangen.

Der Reizker gehört zur Gattung der Milchlinge, die alle gemeinsam haben, daß sie Milch absondern. Unter ihnen gibt es keine tödlich giftigen Pilze, sondern nur einige ungenießbare und einige, die giftig sind, wenn man sie vor dem Kochen nicht auf spezielle Art behandelt.

Der Echte Reizker ist schon an den Farben seines Hutes zu erkennen. Der an sich glatte *Hut* zeigt lichte orangerote, konzentrische Kreise mit grünlichen Flecken. Jung, ist der Hutrand etwas eingerollt. Fast immer ist der Hut in der Mitte vertieft, was besonders im Alter sehr deutlich wird.

Die *Blätter* an der Unterseite des Hutes sind dicht gedrängt und orangerot, sie laufen etwas den Stiel herab. Auch sie sondern, wie alle anderen Teile des Pilzes, bei Verletzung eine orangerot gefärbte Milch ab. Die verletzte Stelle aber verfärbt sich grün.

Der *Stiel* ist wie der Hut matt orangerot, mit lichtgrünen Flecken, eher kurz und stämmig, im reifen Zustand hohl. Der Stiel ist vom Hut bis zur Stielbasis gleichmäßig zylindrisch und sitzt meist tief in der Erde. Das *Fleisch* des Echten Reizkers ist zwar weißlich, wird aber bei Anschnitt durch die sofort austretende orangerote Milch rot gefärbt. Diese Milch behält ihre karottenrote Farbe lange, beim Eintrocknen wird sie graugrün. Sowohl Geruch wie auch Geschmack der Milch sind angenehm würzig.

Es gibt einige Verwandte des Echten Reizkers, so den Fichtenreizker *(Lactarius deterrminus)* mit etwas kleinerem Hut (bis zu 10 cm im Durchmesser), dafür etwas dickerem Stiel. Im wesentlichen sieht der Fichtenreizker dem Echten Reizker ungemein ähnlich, doch ist er in der Hutmitte um eine Spur grüner. Seine Milch, die anfangs orange ist, wird beim Eintrocknen nach einiger Zeit weinrot. Sie ist, im Gegensatz zur Milch des Echten Reizkers, nicht mild, sondern bitter und manchmal leicht brennend. Doch es lohnt kaum, sich diese geringfügigen Unterschiede zu merken, da alle orangemilchenden Reizker hervorragende Speisepilze sind.

Leider ist der Echte Reizker fast immer auch schon in jungem Zustand von Maden befallen, so daß es ratsam ist, die Pilze sofort am Fundort der Länge nach aufzuschneiden, damit man, nach Hause gekommen, keine arge Enttäuschung erlebt. Oft haben wir mehr als ein Drittel unseres Fundes im Wald zurücklassen müssen, weil die Pilze schon zerfressen waren.

Am Rande bemerkt: Die Reizker-Milch trocknet rasch an den Fingern, die sie braun färbt. Diese »Beizung« läßt sich mit einer harten Bürste ohne Schwierigkeit abreiben, Seife allein genügt nicht.

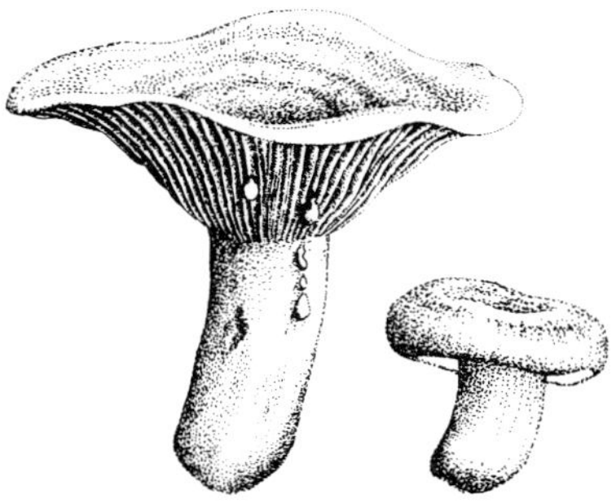

ECHTER REIZKER. *Hut konzentrisch gezont, in der Mitte vertieft, Stiel zylindrisch, dicklich, kurz, Hutrand jung etwas eingerollt.*

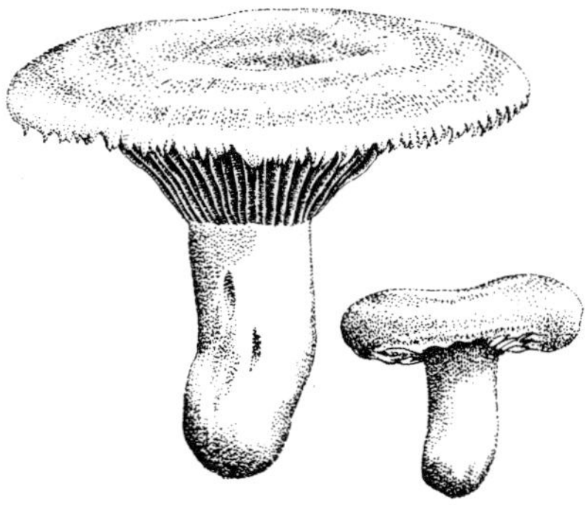

BIRKENREIZKER. *Hut mit schwach ausgeprägten konzentrischen Kreisen, in der Mitte vertieft, Hutrand filzig behaart, Stiel zylindrisch, dicklich, eher kurz, Hutrand jung stark eingerollt.*

Birkenreizker

Lactarius torminosus (Schff. ex Fr.) S. F. Gray

Genau betrachtet, dürfte es keine Verwechslung von Echtem Reizker mit dem Birkenreizker geben: aber, wie sich herausstellt, nehmen es manche Pilzsucher leider nicht so genau mit der Untersuchung aller Merkmale ihrer Pilzfunde. Das beweist schon die Zahl der jährlichen Vergiftungsfälle.

Sehen wir uns nun den Birkenreizker an: Der *Hut* zeigt ebenso wie beim Echten Reizker konzentrisch gezonte Kreise, die aber nicht orangerot und grünlich gefleckt sind, sondern hell bis dunkelrosa. Der Hutrand ist dicht mit filzigen Härchen besetzt, in der Hutmitte gibt es, wie beim Echten Reizker, auch eine Vertiefung. Die *Blätter* sind rosa bis gelblich.

Das wichtigste Unterscheidungsmerkmal zwischen dem Echten Reizker und dem Birkenreizker ist die Farbe seiner *Milch*, die beim Birkenreizker weiß und brennend scharf ist. Der *Stiel* ist kurz und zylindrisch, in der Form dem des Echten Reizkers ähnlich, nur ist er nicht orangerot, sondern fleckig rosa. Zu beachten wären also die Farbunterschiede bei Hut und Milch. Der Birkenreizker wächst hauptsächlich in Laubwäldern unter Birken.

Obwohl der Birkenreizker giftig ist, wird er in manchen Gegenden gegessen, besonders in Nord- und Osteuropa, jedoch nach einer komplizierten Vorbehandlung. Der Pilz muß lange eingewässert werden, wird dann abgekocht, wobei das Wasser immer wieder weggegossen werden muß. Es gibt unter den Milchlingen keinen tödlich giftigen Pilz, aber einige von ihnen, so auch der Birkenreizker, können sehr unangenehme Verdauungsstörungen hervorrufen.

DER FALSCHE . . .

BIRKENREIZKER ✝

Hut fleischrosa, mit heller und dunkler schattierten konzentrischen Zonen, oft nicht sehr deutlich sichtbar. Hutrand mit zottig filzigen Härchen. Blätter blaßrosa bis gelblich, etwas herablaufend, Stiel blaßrosa gefleckt, später hohl. Scharfe, weiße Milch! August bis November. Giftig, wenn nicht besonders behandelt.

. . .UND DER ECHTE

ECHTER REIZKER

Huthaut mit orangeroten, grünlich-gefleckten konzentrischen Kreisen. Blätter etwas am Stiel herablaufend, brüchig. Stiel gleichmäßig zylindrisch, später hohl. Orangerote Milch! Geruch und Geschmack mild. Von Juli bis November. Sehr guter Speisepilz.

Brätling

Lactarius volemus Fr.

Der Brätling gehört zur Gattung der Milchlinge, das heißt zu jenen Pilzen, die einen milchartigen Saft absondern, der aus Stiel und Lamellen fließt, wenn diese verletzt werden, besonders wenn der Pilz abgeschnitten wird. Die *Milch* des Brätlings ist weiß, verfärbt sich allerdings beim Eintrocknen bräunlich und wird klebrig.

Viele Pilzsucher wurden erst von der Güte des Brätlings überzeugt, als sie lernten, daß er besonders zubereitet werden muß, um schmackhaft zu sein. Brätlinge müssen, wie schon ihr Name besagt, gebraten werden; man darf sie nicht dünsten und auch nicht für Suppen verwenden, weil sie bei solcher Zubereitung leimig und schwer verdaulich werden.

Der Brätling kommt verhältnismäßig häufig vor, meist in größeren Gruppen. Die Farbe seines Hutes ist satt-samtig orangebraun, glänzt aber, wenn er naß wird. Der *Hut* ist bei jungen Exemplaren am Rand leicht eingerollt, später unregelmäßig gewellt und in der Mitte vertieft. Er erreicht einen Durchmesser bis zu 20 cm. Die *Blätter* an der Hutunterseite sind blaßgelblich und verfärben sich auf Druck dunkel, bei Verletzung tritt die weiße Milch auch aus den Blättern.

Der *Stiel* ist gelblichbraun, fest, zylindrisch, etwas bauchig und verjüngt sich zur Stielbasis zu. Druckstellen verfärben sich auch am Stiel braun. Das *Fleisch* im Innern des Stiels hingegen ist blaßgelb und verfärbt sich nicht. Der Stiel ist immer voll. Er erreicht eine Höhe bis zu 12 cm und kann 1 bis 3 cm dick werden.

Brätlinge riechen seltsam, etwas nach Hering, eher unangenehm, was auch dazu führt, daß sie von vielen Pilzsuchern nicht genommen werden. Man sollte Brätlinge wegen ihres Geruchs und auch wegen der reichlich austretenden Milch nicht mit anderen Pilzen im Korb mischen; man kann ein paar Blätter zwischen sie und die anderen Pilze legen, sonst überträgt sich der Geruch.

Brätlinge sollten auch stets nur allein als Gericht serviert werden, nicht gemeinsam mit anderen Pilzen. Denn, obwohl ein vorzüglicher Speisepilz, wenn er richtig zubereitet ist, verträgt sich sein Geschmack mit dem anderer Pilze nicht. Er ist auch nicht für alle Arten von Pilzgerichten geeignet. Am besten schmeckt er, wenn man ihn in sehr heißem Öl rasch brät oder auch nach der Art eines Wiener Schnitzels paniert. Hingegen kann man den Brätling durchaus auch roh essen, gewürzt mit Salz und Pfeffer, Essig und Öl.

Der Brätling wächst von Juli bis November in Laub- und Nadelwäldern und ist auch noch in den Wäldern des Hochgebirges zu finden.

Rotbrauner Milchling

Lactarius rufus (Scop.) Fr.

Der Brätling könnte mit dem Rotbraunen Milchling verwechselt werden, der jedoch nicht giftig ist, sondern nur seiner scharfen Milch wegen als ungenießbar angesehen werden muß.

Der Rotbraune Milchling ist etwas kleiner als der Brätling. Der *Hut* wird maximal 10 cm im Durchmesser, der *Stiel* bis zu 10 cm hoch. Die Farbe des Hutes ist rotbraun, also nicht so leuchtend wie das Orangebraun des Brätlings. Dieser Unterschied in der Farbe ist nur für den Kenner ein verläßliches Unterscheidungsmerkmal. Aber es gibt weitere Kennzeichen: Der Hut des Rotbraunen Milchlings ist in der Mitte spitz gebuckelt; selbst ältere Exemplare, deren Mitte bereits eine trichterförmige Vertiefung zeigt, besitzen dort auch noch einen kleinen spitzen Buckel. Der Hutrand ist bei jungen Exemplaren eingerollt und bleibt auch bei älteren gewölbt.

Ein zweites wesentliches Unterscheidungsmerkmal gegenüber dem Brätling: Der Rotbraune Milchling besitzt zwar auch eine reichlich fließende weiße *Milch;* diese bleibt jedoch weiß, auch wenn sie eintrocknet; sie wird also nicht bräunlich wie beim Brätling.

Und das sicherste Unterscheidungsmerkmal:

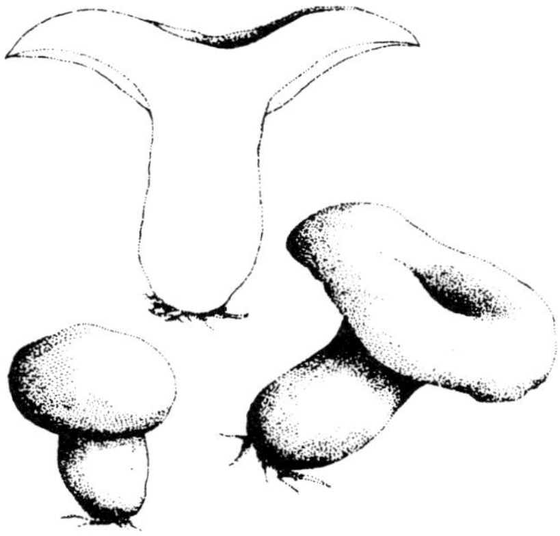

BRÄTLING. *Hut flach gewölbt, später wellig, zylindrischer Stiel, manchmal bauchig, zur Stielbasis etwas verjüngt.*

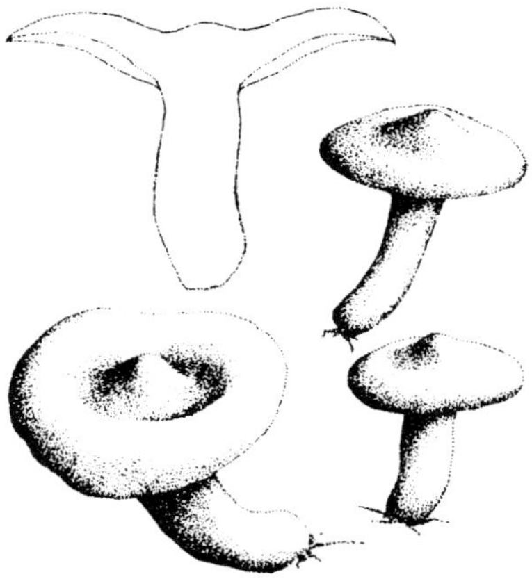

ROTBRAUNER MILCHLING. *Hut anfangs gewölbt und spitz gebuckelt, später trichterförmig vertieft, jedoch mit spitzem Buckel in der Mitte. Stiel zylindrisch. Der Pilz ist kleiner als der Brätling.*

Wenn man einen Tropfen dieser Milch auf der Zunge zerfließen läßt, spürt man einen scharf brennenden Geschmack, während die Milch des Brätlings von mildem Geschmack ist. Diese Kostprobe ist zwar nicht angenehm, doch bewahrt sie einem vor einer Verwechslung, die sich beim Kochen als viel unangenehmer herausstellen würde.

Die *Blätter* des Rotbraunen Milchlings sind blaßrötlich, nicht blaßgelblich, wie beim Brätling. Sie laufen den Stiel ein wenig herab und sind sehr gedrängt, viel dichter als beim Brätling.

Der *Stiel* des Rotbraunen Milchlings ist ebenfalls hellrötlich bis rosabraun.

Weder der Stiel noch die Blätter verfärben sich an den Druckstellen, was ein weiteres Unterscheidungsmerkmal gegenüber dem Brätling darstellt. Der Stiel des Rotbraunen Milchlings ist im Alter übrigens hohl, während der Stiel des Brätlings voll bleibt.

Das *Fleisch* des Rotbraunen Milchlings ist hellrosa bis bräunlich, fest, mit starkem Harzgeruch, während Brätlinge, besonders die älteren Exemplare, stark nach Hering riechen.

Der Rotbraune Milchling tritt früher auf als der Brätling, nämlich schon im Juni, und hat auch eine längere Vegetationsperiode. Er wächst bis zum November. Meist findet man den Rotbraunen Milchling im Nadelwald, manchmal jedoch auch unter Birken. Wie schon gesagt, ist der Rotbraune Milchling nicht giftig, seiner scharfen Milch wegen jedoch ungenießbar; es sei denn, man unterzieht ihn einer besonderen Behandlung, was besonders in Osteuropa getan wird.

Es gibt noch weitere Milchlingsarten, die unter Umständen mit dem Brätling verwechselt werden könnten. Immer jedoch ist ein wichtiges Unterscheidungsmerkmal die Milch: Sie bleibt bei anderen ähnlichen Milchlingen immer weiß, verfärbt sich also nie braun und ist bei den ungenießbaren Exemplaren meist auch scharf.

DER FALSCHE . . .

ROTBRAUNER MILCHLING

Hut in der Mitte spitzbuckelig, später vertieft, im Zentrum stets buckelig. Farbe rötlichbraun. Blätter hellrosa bis bräunlich, etwas am Stiel herablaufend. Stiel hellrötlich bis rosabraun, im Alter hohl. Der Pilz verfärbt sich an den Druckstellen nicht. Seine weiße Milch ist sehr scharf und bleibt auch beim Eintrocknen weiß. Fleisch hellrosa bis bräunlich, starker Harzgeruch. Von Juni bis November. Ungenießbar.

... UND DER ECHTE

BRÄTLING

Hut bei jungen Exemplaren am Rand eingerollt, später wellig gewölbt. Hutmitte trichterförmig vertieft, Hutfarbe orange-braun leuchtend. Blätter blaßgelb. Druckstellen verfärben sich braun. Reichliches Austreten von weißer süßlicher Milch, die beim Trocknen bräunlich wird. Stiel hell gelbbraun, Fleisch weißlich. Geruch stark nach Hering. Von Juli bis November. Schmackhafter Speisepilz.

Frauentäubling

Russula cyanoxantha Schff. ex. Fr.

Wir stellen Ihnen mit dem Frauentäubling einen Pilz der Gattung Täublinge (Russula) vor. Die Täublinge bilden eine sehr große Gruppe, und sie haben einzelne, ihnen allen gemeinsame Merkmale. Das markanteste Kennzeichen ist die besondere Gestalt des Täublingsstiels. Die Form dieses *Stiels* läßt sich mit Worten nur unzureichend beschreiben. Es ist daher ratsam, viele Täublinge anzusehen und immer wieder ihre Stielform zu prüfen. Diese ist typisch zylindrisch, im Querschnitt also ziemlich gleichmäßig rund, während sich die Stielbasis selbst in besonderer Art verjüngt. Niemals also hat der Täubling irgendeine Art von Knolle oder eine knollenartige Verdickung an der Stielbasis.

Auch die *Hüte* der Täublinge nehmen fast generell ähnliche Formen an. Wenn sie jung sind, sind sie halbkugelig gewölbt, im Alter flachen sie aus, wobei die Hutmitte sich meist vertieft, während der Hutrand mit den Blättern sich deutlich nach oben wölbt.

Unter den Täublingen gibt es zwar einige wenige, die man wohl als schwach giftig bezeichnen kann, weiters eine ganze Reihe von ungenießbaren Arten, weil von sehr scharfem Geschmack, aber es gibt keinen tödlich giftigen Täubling.

Ein wesentliches Unterscheidungsmerkmal zwischen genießbaren und ungenießbaren bzw. giftigen Täublingen ist der *Geschmack* der Pilze. Es ist durchaus erlaubt, bei Täublingen ein Stück in den Mund zu nehmen und zu zerkauen. Ungenießbare bzw. giftige Täublinge haben einen scharfen Geschmack, Täublinge von mildem, würzigem bis nußartigem Geschmack sind genießbar, meist sogar hervorragende Speisepilze. Kostproben, die sich als scharf erweisen, spucke man wieder aus, manche brennen noch lange auf der Zunge, was jedoch kein Grund zur Beunruhigung ist, das Brennen vergeht ohne nachteilige Folgen.

Einer der besten Täublinge ist der Frauentäubling. Sein *Hut* kann die verschiedensten Farben aufweisen. Meist ist er violett bis grünlich, wobei diese beiden Farben ineinander gemischt sind; manchmal überwiegt das Grünliche, das dann einen olivgrünen Ton annimmt, manchmal das Violette, das aber auch grau- und grünviolett sein kann. Es gibt jedoch auch Frauentäublinge, bei denen sich ein starkes Gelb oder sogar ein Rosa mit dem Violett mischt. Wer jedoch einige Frauentäublinge kennengelernt hat, wird diese Farbschattierungen sehr bald als ein einzigartiges Kennzeichen gerade dieses Täublings erkennen.

Der Hut des Frauentäublings wird bis zu 15 cm im Durchmesser, der Pilz bis zu 10 cm hoch, der Stiel zwischen 1,5 und 2,5 cm dick. Bei jungen Exemplaren ist der Hut halbkugelig rund, beginnt sich jedoch sehr bald auszudehnen und wird dann flach wellig. Betrachtet man die Huthaut genau, so kann man eine feine radiale Faserung erkennen. Der Hutrand ist stets scharf und im Alter leicht gerieft.

Die *Blätter* an der Hutunterseite sind weiß, gedrängt, ungleich lang. Bei den Blättern zeigt sich ein wesentlicher Unterschied des Frauentäublings zu allen anderen Täublingsarten: seine Blätter sind gummiartig elastisch; streicht man also fest mit dem Daumen über die Lamellen, so bröckeln diese nicht spröde ab, sondern geben elastisch nach und bleiben meist unverletzt.

Die Blätter aller anderen Täublingsarten sind spröde und zerfallen bei derartiger Behandlung sofort.

Der *Stiel* des Frauentäublings ist weiß, manchmal mit einem Stich ins Violette, walzenförmig (zylindrisch), voll, fest und sich zur Stielbasis hin verjüngend. Das *Fleisch* des Frauentäublings ist weiß, direkt unter der Huthaut etwas violett. Im Gegensatz zur elastischen Substanz der Blätter ist das Fleisch mürbe und zerfällt leicht in kleine Krumen.

Der Frauentäubling ist ein ausgezeichneter Speisepilz und wächst von Juli bis Oktober in Laub- und Nadelwäldern, vorwiegend jedoch unter Buchen.

FRAUENTÄUBLING. *Hut anfangs gewölbt, dann flach, später oft trichterförmig vertieft, wellig verbogen. Huthaut bis zu einem Drittel abziehbar, Rand im Alter gerieft. Blätter am Stiel etwas herablaufend, weich und nicht spröde.*

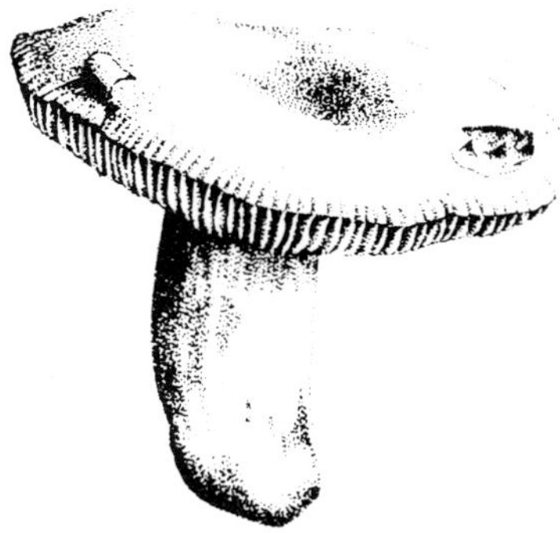

ZITRONENBLÄTTRIGER TÄUBLING. *Hut anfangs gewölbt, später trichterartig vertieft. Stiel zylindrisch, Blätter tränend, laufen den Stiel nicht herunter. Blätter spröde und brüchig.*

Zitronenblättriger Täubling

Russula sardonia Fr. em. Rom.

Die dunkelviolette Form des Frauentäublings könnte mit dem Zitronenblättrigen Täubling verwechselt werden. Diese Täublingsart ist ungenießbar und wird von manchen Wissenschaftern sogar als giftig beschrieben. Der Hut des Zitronenblättrigen Täublings ist jedoch eindeutig rötlichviolett, zeigt also nicht die für den Frauentäubling so typischen verschiedenen Farbschattierungen. Die Huthaut ist auch fast nicht abziehbar.

Weitere wichtige Unterscheidungsmerkmale gegenüber dem Frauentäubling: Die *Blätter* dieses Täublings sind, wie schon sein Name besagt, zitronengelb, also nicht weiß, im Alter buttergelb. Der *Stiel* des Zitronenblättrigen Täublings ist rötlichviolett und manchmal mit einem leichten weißlichen Reif überzogen. Ansonsten aber zeigt auch dieser Stiel die typischen Täublingsform: zylindrisch und gegen die Stielbasis zu verjüngt.

Das *Fleisch* ist weiß, auf Druck leicht gelblich verfärbend; nach einigen Stunden nehmen die Druckstellen sogar eine safranrote Verfärbung an. Der Zitronenblättrige Täubling riecht nach Obst. Sein wichtigstes Unterscheidungsmerkmal: sein *Geschmack* ist brennend scharf. Im rohen Zustand gilt der Zitronenblättrige Täubling als schwach giftig. Er kommt zwischen September und November massenhaft vor, meist in Kiefernwäldern. Seine schöne, leuchtende Farbe und sein appetitliches Aussehen lassen es einen stets sehr bedauern, daß ausgerechnet dieser Täubling nicht genießbar ist.

DER FALSCHE . . .

ZITRONENBLÄTTRIGER TÄUBLING ●

Hut dunkelrotviolett bis violett, Huthaut nur wenig abziehbar, Hutrand ohne Riefen. Blätter zitronengelb, später buttergelb. Stiel rötlich-violett gefärbt, zylindrisch. Stielbasis verjüngt. Fleisch auf Druck gelb verfärbend, später safranrot. Geschmack sehr scharf. Von September bis November. Ungenießbar, roh giftig.

. . . UND DER ECHTE

FRAUENTÄUBLING

Hut in vielen Farbschattierungen, meist zwischen grün und violett, aber auch gelblich und rosa. Im Alter ist der Hutrand gerieft. Huthaut weitgehend abziehbar, Blätter weiß, Stiel weiß, manchmal mit einem Stich ins Hellviolette. Fleisch weiß, Geschmack ausgesprochen mild. Von Juli bis Oktober. Ausgezeichneter Speisepilz.

Gefelderter Grüntäubling

Russula virescens (Schff. ex Zant.) Fr.

Wie der Frauentäubling gehört auch der Gefelderte Grüntäubling zu den besten Speisepilzen unter den Täublingen. Der Hut ist grünspanfarben und deutlich gefeldert. Dennoch ist die Farbe des Hutes veränderlich. Sie kann manchmal mehr ins Ockergelbe übergehen, und auch bei den grünen Varianten ist diese ockergelbe Farbe zwischen den grünen Feldern oft sichtbar. Im Alter wird die Hutoberfläche feldrig rissig.

Doch zunächst ist der *Hut* bei jungen Exemplaren kugelig rund, breitet sich dann weit aus und wird flach, in der Mitte vertieft. Die Blätter des Grüntäublings sind blaß weißlich, sehr oft braunfleckig, und zwar nicht nur bei Verletzungen. Der Abstand zwischen den Blättern ist bei älteren Exemplaren ziemlich groß, bei jüngeren jedoch gering. Die Blätter des Grüntäublings sind spröde und zerbrökkeln leicht. Der *Stiel* ist weiß, mitunter an der Stielbasis etwas ockergelblich. Die Form des Stiels ist zylindrisch und hart, gegen die Stielbasis zu verjüngt.

Das *Fleisch* des Grüntäublings ist anfangs weiß, verfärbt sich beim Aufschneiden jedoch leicht bräunlich, ist fest und leicht zu schneiden. Der Geschmack ist sehr mild und angenehm. Der Geruch des Grüntäublings ist obstartig und süßlich. Aber auch der Geruch und der Geschmack des Grünen Knollenblätterpilzes, unseres giftigsten Pilzes, ist süßlich und obstartig.

Der Gefelderte Grüntäubling wächst von Juli bis September in Laub- und Nadelwäldern, manchmal auch in Parkanlagen und auf Waldwiesen. Er ist ein erstklassiger Speisepilz. Es gibt eine Reihe weiterer Täublingsarten, deren Hutfarbe zumindest im Grundton grün ist. Sie alle sind eßbar. Im einzelnen handelt es sich um den Grasgrünen Birkentäubling *(Russula aeruginea)* mit durchgehend grünem, manchmal jedoch sehr blassem Hut, gelblichen Blättern und weißem Stiel. Weiters um den Grünen Speisetäubling *(Russula heterophylla)*, dessen Hut nur manchmal eindeutig grün ist, meist aber blaugrüne Farben mit brauner Mitte aufweist. Blätter blaß, weißer Stiel, an Schnittflächen oft rostfleckig. Grüne Farben kann manchmal auch der Heringstäubling *(Russula xeremgelina)* aufweisen, dessen Blätter jedoch gelb sind und bei Druck braun werden. Schließlich der Gelbgrüne Täubling *(Russula olivascens)*, dessen Hut olivgrün sein kann, durchzogen mit rotvioletten Stellen. Seine Blätter sind dunkelocker.

Wir haben nur zwei der besten und auch gut erkennbaren Täublingsarten in dieses Repertoire aufgenommen. Es gibt ein absolut sicheres Erkennungsmerkmal für die Genießbarkeit von Täublingen; alle eßbaren Täublinge sind von mildem Geschmack, alle Täublingsarten, deren Geschmack scharf ist, sind entweder ungenießbar oder giftig. Bevor man jedoch ein rohes Stück Täubling kostet, muß man sicher sein, daß man es auch tatsächlich mit einer Täublingsart zu tun hat: Täublinge haben niemals einen Ring am Stiel, niemals verdickt sich ihr Stiel an der Basis zu einer richtigen Knolle, und niemals stehen Täublinge in einer Scheide. Hingegen ist die auch bei unseren beiden Täublingsarten deutlich gezeigte Hut- und Stielform fast für alle Täublingsarten typisch.

Grüner Knollenblätterpilz

Amanita phalloides (Vaill. ex. Fr.) Secr.

Obwohl also zwischen Täublingen und Knollenblätterpilzen erhebliche Unterschiede bestehen, muß gerade beim Gefelderten Grüntäubling darauf verwiesen werden, daß die grüne Farbe allein kein sicheres Merkmal darstellt. Denn unter den grünen Pilzen befindet sich auch der tödlich giftige Grüne Knollenblätterpilz.

Der *Hut* des Grünen Knollenblätterpilzes ist grün in vielen Schattierungen, olivgrün bis olivbräunlich, hellgrünlichgrau bis manchmal

GEFELDERTER GRÜNTÄUBLING. *Hutoberfläche feldrig rissig, Hut anfangs kugelig, später ausgebreitet, am Rande rissig. Stiel kräftig, zylindrisch, zur Basis verjüngt.*

GRÜNER KNOLLENBLÄTTERPILZ. *Hut anfangs kugelig, der ganze Pilz steckt in einer Hülle. Stielbasis zu einer Knolle verdickt, die in der Scheide wie in einem Sack steckt. Manschette am Stiel hängt nach unten, ist fein gerieft. Stiel schlank und hoch.*

sogar weißlich. Der Pilz wächst wie aus einem Ei aus einer Scheide heraus. Der Hut des Pilzes ist zuerst halbkugelig, breitet sich aber später aus. Die Huthaut ist seidig glänzend und abziehbar, glatt, aber etwas fasrig. Die *Blätter* an der Hutunterseite sind weiß, im Alter etwas grünlichgelb und stehen frei vom Stiel. Der Stiel kann weiß, gelblich, aber auch blaßgrünlich sein, mit einer bandartigen Musterung.

Ein wichtiges Merkmal ist die Verdickung des Stiels der Basis zu, wo er die Form einer Knolle annimmt. Diese knollige Stielbasis steckt noch im Rest der Hülle (= Scheide), aus der der Pilz gewachsen ist, wie in einem Sack. Am oberen Drittel des Stiels finden wir einen weiteren Hüllrest, der als Manschette (Ring) am Stiel herabhängt. Diese Manschette ist gerieft, ihre Farbe weiß bis blaßgrün.

Es gibt also zwei wesentliche Unterscheidungsmerkmale zwischen Knollenblätterpilz und Grüntäubling: Der Knollenblätterpilz hat eine verdickte, knollenartige Stielbasis, die von einer Scheide umgeben ist; der Stiel des Grüntäublings verjüngt sich der Basis zu, ist niemals knollenartig erweitert und steckt auch nie in einer Scheide. Der Stiel des Knollenblätterpilzes trägt darüber hinaus eine Manschette, der Stiel des Grüntäublings ist ohne Ring und ohne Manschette.

Es ist ganz wichtig, diese Unterscheidungsmerkmale zu beachten, denn der Grüne Knollenblätterpilz verursacht bei uns die meisten tödlichen Vergiftungen. Der Knollenblätterpilz ist auch nie auf Grund seines Geschmakkes oder seines Geruches zu identifizieren, denn der Geruch ist angenehm, leicht süßlich, und der Geschmack nußartig. Aber man koste den Knollenblätterpilz auch zur Probe niemals, denn selbst kleinste Mengen sind bereits sehr giftig!

Der Knollenblätterpilz wächst vom Juli bis Oktober, häufig in Laubwäldern, oft unter Eichen, aber er ist auch in Nadelwäldern, in Parkanlagen und auf Waldwiesen anzutreffen. Leider werden die Knollenblätterpilze immer wieder mit eßbaren Pilzen verwechselt, sei es mit Grüntäublingen oder Champignons oder Parasolen. Man achte daher ganz genau auf alle Merkmale!

DER FALSCHE . . .

GRÜNER KNOLLENBLÄTTERPILZ ††

Hut in vielen Schattierungen von grün, glatt, seidig glänzend. Blätter reinweiß, Stiel langgestreckt, schmal mit knolliger Basis und von häutiger weißer Scheide umgeben, in der der Stiel steckt und die den gesamten Pilz im jüngsten Zustand wie eine Eischale bedeckt. Am Stiel eine weiße bis grünliche Manschette, schlaff herabhängend, gerieft. Das Fleisch ist weiß, verfärbt sich niemals. Geruch süßlich angenehm, Geschmack nußartig, aber niemals probieren, denn der Pilz ist tödlich giftig! Juli bis Oktober im Laubwald, besonders unter Eichen. Tödlich giftig!

. . . UND DER ECHTE

GEFELDERTER GRÜNTÄUBLING

Hut spangrün, im Alter gefeldert, zuerst kugelig, dann ausgebreitet, Rand rissig. Blätter weiß bis blaßgelblich, oft braunfleckig. Stiel zylindrisch, weiß, sehr hart, an der Stielbasis bräunlich. Diese Stielbasis ist verjüngt, bildet niemals eine Knolle. Fleisch weiß, verfärbt sich etwas bräunlich. Von Juli bis September in Laub- und Nadelwäldern, auch in Parkanlagen. Hervorragender Speisepilz.

Birkenpilz, Rotkappe

Beide sind Röhrenpilze und gehören zur Gattung der Rauhstielröhrlinge. In Mitteleuropa finden wir über 20 Arten, die einander in Form, nicht immer in der Farbe, sehr ähnlich sind. Von diesen vielen Arten wollen wir jene zwei beschreiben, die wohl am bekanntesten sind, den Birkenpilz, der auch Kapuzinerröhrling genannt wird, und die Rotkappe.

Birkenpilz, Kapuziner-Röhrling

Leccinum scabrum (Bull. ex. Fr.) S. F. Gray

Der *Hut* ist bräunlich, manchmal heller, fast beige, manchmal dünkler, fast kaffeebraun bis rötlichbraun. Der Hut ist kahl, also ohne besondere Zeichnung, und im trockenen Zustand etwas samtig. Im jüngeren Zustand ist er halbkugelig, wird dann polsterartig, breitet sich aber in der Regel nur selten flach aus.

An der Hutunterseite befinden sich die *Röhren,* die im jungen Zustand eine helle Fläche bilden. Später dunkelt diese nach und wird schmutziggrau bis braun. An Druckstellen verfärben sich die Röhren dünkler (meist bräunlich). Die Röhren bilden mit zunehmendem Alter einen Polster, der oft noch unter dem Hutrand hervorragt. Die Röhren sind vom Stiel durch einen deutlichen Graben getrennt. Der *Stiel* ist weißlichgrau und mit dunkelbraunen oder schwarzen punktartigen Schuppen dicht besetzt. Der Pilz wird bis zu 12 cm breit und bis zu 15 cm hoch.

Das *Fleisch* des Birkenpilzes ist weiß, später schmutziggrau, im jungen Zustand fest, im Alter schwammig, und der Hut tendiert bei Regenwetter dazu, sich mit Wasser anzusaugen.

Wir sagten schon eingangs, daß es mehrere Arten des Birkenröhrlings gibt. Die meisten verfärben sich an Schnittstellen bläulich schwarz. Der von uns hier beschriebene Kapuzinerröhrling verfärbt sich jedoch auch beim Anschnitt nicht. Er wächst von Juli bis Oktober, ausschließlich unter Birken. Verwandte Arten haben wir allerdings auch schon unter verschiedenen anderen Laubbäumen gefunden, ebenso auf Heiden und am Rand von Sümpfen. Junge Exemplare sind ausgezeichnete Speisepilze und zum Trocknen geeignet.

Pfefferröhrling

Chalciporus piperatus (Bull ex. Fr.) Bat.

Birkenpilz und Rotkappe sind mit anderen Pilzen fast nicht zu verwechseln, denn die dunklen Schuppen auf ihren weißen Stielen sind ein sehr deutliches Erkennungsmerkmal. Aber wie bei allen Pilzen, so sind auch schon bei Birkenpilzen und Rotkappen Verwechslungen vorgekommen. Wenn, dann meist jedoch mit anderen eßbaren Pilzen, etwa mit dem Maronenpilz oder gar mit einer Herrenpilzart. Seltener sind Verwechslungen mit dem giftigen Satanspilz oder mit dem Gallenröhrling, deren Stiele und Hüte sich jedoch deutlich von denen der Rotkappe und des Birkenpilzes unterscheiden.

Ein immerhin noch möglicher Doppelgänger zu Birkenpilz und Rotkappe aber könnte der Pfefferröhrling sein. Auch er ist nicht giftig, doch ist sein Geschmack brennend pfefferartig, und er gilt daher als ungenießbar (obwohl im getrockneten Zustand als Würzpilz verwendbar).

Der Pfefferröhrling ist bedeutend kleiner als Birkenpilz und Rotkappe, sein *Hut* wird im Durchschnitt nur 4 cm bis maximal 6 cm groß; der Pilz wird rund 5 bis 6 cm hoch. Die Farbe des Hutes ist gelblichbraun und auch bei trockenem Wetter glänzend, die Huthaut ist schuppig gemasert. Die *Röhren* an der Hutunterseite sind orangebraun, manchmal sogar auffallend rot. Die *Poren* sind sehr weit und eckig geformt, werden aber dem Hutrand zu kleiner und dichtgedrängt. Die Röhren sind vom Stiel nicht scharf getrennt, sondern laufen diesen manchmal sogar etwas herab.

BIRKENPILZ. *Hut halbkugelig, Röhren schauen unter dem Hutrand wulstig hervor, vom Stiel durch Graben scharf abgesetzt. Stiel nach unten etwas keulig verdickt, mit schwarzen Schuppen besetzt.*

ROTKAPPE. *Hut in der Jugend kugelig, am Stiel dicht anliegend, später halbkugelig mit welligem Rand, Stiel auf weißlichem Grund schwarz schuppig. Stielbasis keulig verdickt. Röhren sehen unter dem Hutrand polsterartig hervor (rechts).*

PFEFFERRÖHRLING. *Halbkugeliger Hut mit hervorschauenden Röhren, Stiel ohne Schuppen. Hutrand wellig gelappt. Poren weit geöffnet und eckig. Röhren sind vom Stiel nicht abgesetzt, sondern mit diesem verwachsen, manchmal etwas herablaufend.*

SATANSPILZ *und* GALLENRÖHRLING *siehe Seite 83.*

Der *Stiel* ist glatt, gleichmäßig braun und mit keinerlei Schuppen bedeckt – im Unterschied zu Birkenpilz und Rotkappe. Auch das *Fleisch* ist gelblichbraun, sehr weich und saftig. Der Pilz verfärbt sich beim Anschnitt nicht. Er wächst von Juni bis Oktober im Nadelwald, aber auch im Gras und auf Heiden.

Rotkappe

Leccinum testaceoscabrum (Secr.) Sing.

Die Rotkappe ist ein Verwandter des Birkenpilzes, unterscheidet sich jedoch besonders in der Farbe ihres Hutes von diesem. Der *Hut* ist ockerbraun bis orangerot. Bei jungen Exemplaren ist der kugelige Hut so eng anliegend am Stiel, daß man glaubt, er sei mit ihm verwachsen. Auch später bleibt der Hut bei der Rotkappe gewölbt, meist halbkugelig. An der Hutunterseite befinden sich *Röhren,* die im jungen Zustand fast weiß sind, bei älteren Exemplaren aber eine weißlichgraue Farbe annehmen. Auch sie sind vom Stiel durch einen Graben scharf getrennt. Der Durchmesser des Hutes kann bis zu 25 cm betragen; wir haben auch größere Exemplare gefunden. Der *Stiel* wird bis zu 20 cm hoch.

Dieser Stiel ist bei jungen Exemplaren gedrungen, wird aber im Alter schlank und hoch. Auf weißlichem Grund wird der gesamte Stiel von schwärzlichen, punktartigen Schuppen bedeckt. Bei Druck läuft der Stiel grünblau oder schwärzlich an. Auch die Druckstellen an den Röhren dunkeln nach. Das *Fleisch* des Pilzes ist weiß, verfärbt sich aber beim Anschnitt stark graublau, oft auch grauviolett.

Diese Rotkappe wächst von Juli bis in den November im Laub- und Mischwald, ausschließlich unter Birken. Weitere Arten von Rotkappen finden wir noch als Begleiter anderer Laub- und Nadelbäume, wie Eichen, Espen, aber auch Föhren. Die Rotkappe ist ein ausgezeichneter Speisepilz.

DIE FALSCHEN . . .

GALLEN-RÖHRLING ●

Hut hell- bis dunkelbraun, Röhren an der Hutunterseite jung weiß, später rosa, polsterartig herunterhängend. Auf Druck verfärben sich die Röhren rostig-rötlich, Fleisch bleibt weiß. Erhabene braune Netzzeichnung am Stiel. Sehr bitterer Geschmack, daher ungenießbar, aber nicht giftig. Juni bis Oktober in Nadelwäldern.

PFEFFER-RÖHRLING ●

Hut gelblich-braun bis rotbraun, glänzend, bei Nässe klebrig, welliger Hutrand, Röhren eckig, orangebraun bis zinnoberrot, am Stiel manchmal etwas herablaufend. Stiel gleiche Farbe wie der Hut. Von Juni bis Oktober. Sehr scharf, daher ungenießbar.

... UND DIE ECHTEN

ROTKAPPE

Hut orange bis braunrot, anfangs kugelig, fest am Stiel anliegend, später halbkugelig, mit wellig gelapptem Hutrand. Röhren zuerst weißlich, später grau, vom Stiel abgesetzt durch Graben. Stiel von schwarzen Schuppen dicht besetzt. Bei Druck läuft der Pilz blaugrün bis schwärzlich an. Fleisch weiß, läuft beim Anschnitt graublau bis violettschwarz an. Juni bis Oktober. Sehr guter Speisepilz.

BIRKENPILZ

Hut braun, halbkugelig, Röhren zuerst weißlich, später grau, unter dem Hutrand hervorquellend, vom Stiel durch Graben abgesetzt. Stiel mit schwärzlichen Schuppen dicht besetzt. Fleisch verfärbt sich beim Birkenpilz nicht, es bleibt weißlichgrau. Von Juli bis November. Sehr guter Speisepilz.

Krause Glucke

Sparassis crispa Wulf. ex Fr.

Mit der Krausen Glucke haben wir es erstmals mit einem Pilz zu tun, der keinen Hut besitzt, sondern aus einem Strunk besteht, der sich vielfach verästelt und wie ein blättriger Blumenkohl (Karfiol) aussieht. Die Krause Glucke ist also ein seltsames Gebilde. Sie kann sehr groß werden und wächst meist zwischen den Wurzeln alter Bäume und Baumstümpfe. Man hat sie auch oft schon mit einem Meeresschwamm verglichen.

Junge Exemplare sind zunächst weißlich, werden später gelblich, und im Alter wird die Krause Glucke bräunlichgelb. Große Exemplare können bis zu 5 Kilogramm schwer werden. Der Strunk ist sehr stark, aber meist nicht sichtbar, da er eben von den gekrausten »Blättern« völlig verdeckt wird.

Das *Fleisch* ist weißlich, etwas wachsartig und riecht würzig.

Will man die Krause Glucke ernten, so tut man das am besten, indem man die Klinge des Messers unter dem Pilz den Boden entlangzieht und damit den Strunk durchschneidet. Dann hebt man das schwammige Gewächs vom Boden auf, wobei es manchmal in mehrere Einzelteile zerfällt. Fast immer befinden sich zwischen den einzelnen Verästelungen noch Erdkrumen, Laubreste oder Tannennadeln, oft auch kleine Spinnen und Käfer. Man tut gut daran, die einzelnen Teile der Krausen Glucke gleich an Ort und Stelle zu reinigen, da sich die Erdreste ansonsten während des Transports über den ganzen Pilz verteilen. Man kann den Pilz beim Reinigen ohne weiteres in viele Einzelteile zerlegen.

Die Krause Glucke wächst von August bis November, besonders in Kiefernwäldern. Sie ist wegen ihres würzigen Geschmacks beliebt und wegen ihrer Größe ein sehr ergiebiger guter Speisepilz.

Die Krause Glucke sollte jedoch nur jung gegessen werden; alte Pilze werden bitter und unverdaulich.

Bauchwehkoralle

Ramaria mairei Donk

Wenn man streng beachtet, daß die Krause Glucke am Ende ihrer Verästelungen flache, blätterartige Gebilde aufweist, sollte sie mit keinem ungenießbaren oder giftigen Pilz verwechselt werden können. Aber auf den ersten und vielleicht ungeübten Blick könnte ein so merkwürdiges Gebilde wie die Krause Glucke mit anderen, ähnlich merkwürdigen Gebilden dennoch verwechselt werden, nämlich mit der Bauchwehkoralle und der Schönen Koralle. Auch die Bauchwehkoralle ist ein Pilz, der weder Hut noch Stiel hat und wie eine Meereskoralle aus einem Strunk besteht, von dem weitverzweigte Äste ausgehen. Im Gegensatz zur Krausen Glucke trägt jedoch die Bauchwehkoralle keine blattartigen Erweiterungen am Ende dieser Äste. Die Äste der Korallenpilze sind nämlich meist im Querschnitt rundlich bis etwas abgeflacht, aber niemals blättrig ausgebreitet und dadurch deutlich zu unterscheiden.

Der *Fruchtkörper* der Bauchwehkoralle ist blaßgelblich bis graugelblich, manchmal etwas bräunlich und sehr reich verzweigt. *Strunk* und *Äste* haben die gleiche Farbe. Das *Fleisch* hingegen ist weißlich bis gelblichweiß, der Geruch ist säuerlich, der Geschmack bitter. Die Bauchwehkoralle wächst von August bis September in Laubwäldern, seltener in Fichtenwäldern. Die Bauchwehkoralle ist giftig und verursacht, wie schon ihr Name besagt, Verdauungsstörungen, oft begleitet von Bauchschmerzen.

Schöne Koralle

Ramaria formosa (Pers. ex Fr.) Quél.

Mit der Schönen Koralle haben wir es erneut mit einem einer Koralle ähnlichen Pilz zu tun, wobei die Äste der Schönen Koralle noch dichter stehen als die der Bauchwehkoralle. Ihren Namen verdankt die Schöne Koralle

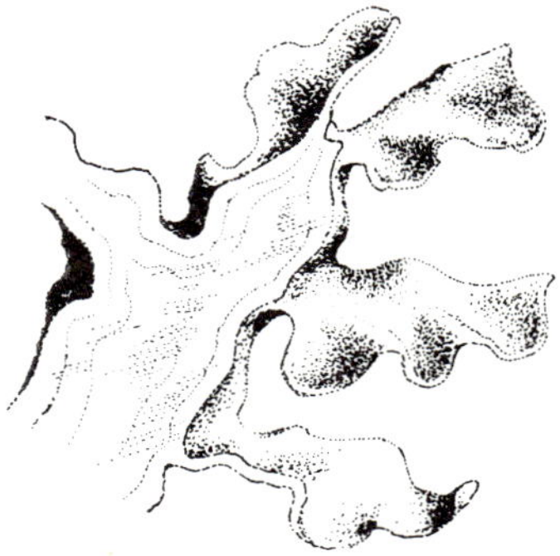

KRAUSE GLUCKE. *Stark gelappte, weit verzweigte Äste mit flachen blattartigen Enden, die wellig gekraust sind. Strunk fest und breit.*

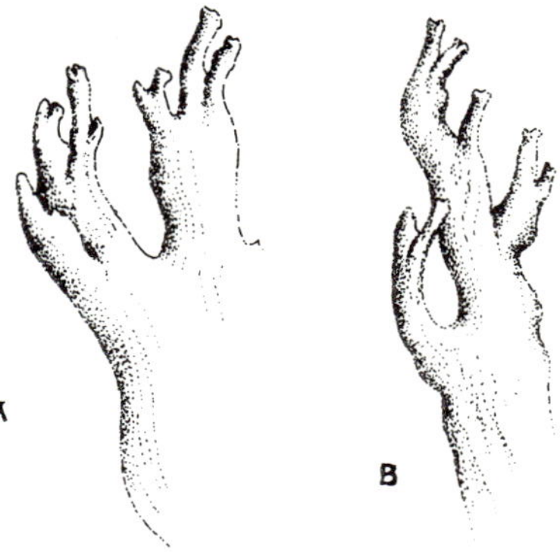

BAUCHWEHKORALLE. *Korallenartiges Gebilde mit zarten Verästelungen, jeweils am Ende abgestumpft, Strunk zarter als bei der Krausen Glucke. Äste nicht zu eng stehend.*

SCHÖNE KORALLE. *Korallenartiger Pilz, vielfach verästelt, gedrängte Zweige, senkrecht stehend, Strunk fest.*

wohl ihren auffallend schönen Farben. Die *Strunkbasis* ist weiß, die *Äste* sind blaß lachsrosa und die Spitzen gelblich bis rosa. In seltenen Fällen kann sie auch die gelblichweiße Farbe der Krausen Glucke annehmen.

Im Unterschied zu den lappigen Zweigenden der Krausen Glucke hat die Schöne Koralle – wie die Bauchwehkoralle – aufrechtstehende, reichlich verzweigte Korallenäste, die sehr dicht aneinandergedrängt wachsen. Das *Fleisch* ist weiß, manchmal etwas rosa. Die Schöne Koralle wächst in Laubwäldern, besonders unter Buchen, von Juli bis November. Sie ist giftig, aber nicht tödlich giftig, und löst kurzfristige Verdauungsstörungen aus.

Es gibt eine Reihe weiterer Korallenpilze, die meisten von ihnen sind ungenießbar oder können nur im jungen Zustand verzehrt werden, da sie sehr bald zäh und unverdaulich werden. Einer der Korallenpilze erfreut sich jedoch unter Kennern großer Beliebtheit, nämlich die Goldgelbe Koralle, auch Orangegelbe Koralle genannt *(Ramaria aurea).* Sie wird im Volksmund auch als Ziegenbart und als *Bärentatze* bezeichnet und ist im jungen Stadium ein guter Speisepilz. Wir haben sie dennoch nicht in dieses Buch aufgenommen, dessen Ziel es doch sein soll, möglichst nur Pilze vorzustellen, die sich ohne größere Verwechslungsgefahr sammeln lassen und bei denen die Grenze zwischen noch genießbar und nicht mehr genießbar deutlich zu markieren ist. Die Goldgelbe Koralle aber hat allein schon in der Schönen Koralle und in der Bauchwehkoralle sehr leicht verwechselbare Doppelgänger, da die Formen dieser Korallen einander weitgehend gleichen. Auch ist der Übergang von eßbar zu ungenießbar, ja sogar unbekömmlich, bei der Goldgelben Koralle nicht präzise festzulegen, da ältere Exemplare bereits starke Durchfälle erzeugen können.

Die Krause Glucke hingegen gehört einer anderen Pilzgruppe an, und sobald man ihre Unterscheidungsmerkmale herausgearbeitet hat, ist sie mit den giftigen und ungenießbaren Korallenpilzen wohl nicht mehr zu verwechseln. Wir bitten daher um Beachtung der besonderen Merkmale der Krausen Glucke.

DIE FALSCHEN . . .

BAUCHWEHKORALLE, BLASSE KORALLE ✝

Korallenartig verzweigter Fruchtkörper, blaßgelblich bis graugelblich, Strunk von gleicher Farbe, Fleisch weißlich. Von August bis September. Schwach giftig.

SCHÖNE KORALLE, DREIFÄRBIGE KORALLE ✝

Korallenartig verzweigter Fruchtkörper, noch dichter als die Bauchwehkoralle, meist dunkelrosa, manchmal aber auch gelblich-blaß. Strunk weißlich. Das Fleisch ist weiß, manchmal etwas rosa. August bis September. Giftig, aber nicht tödlich.

. . . UND DER ECHTE

KRAUSE GLUCKE

Weißlich-gelblicher Fruchtkörper mit vielen weitverzweigten, sehr gedrängten flachen Verästelungen, deren Ende wellig krause ist. Der Strunk ist meist verdeckt, aber massiv und fleischig. Von August bis November. Guter Speisepilz.

Hallimasch

Armillariella mellea (Vahl. in Fl. Dan. ex Fr.) Karst.

Vom Spätsommer bis in den Herbst lohnt es sich, auf alten, möglichst schon morschen Baumstümpfen nach dem Hallimasch Ausschau zu halten. Er enttäuscht den Pilzsucher fast nie und wächst in büscheligen Gruppen, dessen Myzel als schwarze Stränge meist zwischen Rinde und Baumstamm sichtbar ist und den alten Baumstrunk auch schon durchdrungen hat. Der Hallimasch ist ein weit verbreiteter und auch beliebter Speisepilz. Er ist gleichzeitig auch ein gefährlicher Baumschädling, denn oft fällt er auch gesunde Bäume an, beginnt sie mit seinem Myzel zu durchdringen und verurteilt sie so zum Absterben. Förster sehen den Hallimasch also nicht gern.

Ganz junge Exemplare des Hallimasch haben ein kugeliges Hütchen, dessen Rand durch eine Hülle, die die Blätter schützt, mit dem Stiel verbunden ist. Diese Hülle reißt jedoch bald, und der Hut beginnt sich auszubreiten, behält aber seinen eingerollten Rand noch für längere Zeit.

Die Hutfarbe des Hallimasch kann variieren zwischen hell- und dunkelhonigfarben bis zu braun und rostfarben. Der *Hut* ist mit bräunlichschwarzen Schuppen bedeckt, zur Mitte zu dichter, doch sind diese Schuppen vergänglich. Im Alter, wenn der Hut schon flach wellig ausgebreitet ist, ist er meist kahl. Der Hutrand ist dann auch deutlich gerieft.

Die *Blätter* des Hallimasch sind weitstehend und von ähnlicher gelblichbrauner bis rostbrauner Farbe wie der Hut. Die Sporen, die aus diesen Blättern fallen, sind mehlartig weiß, und da der Pilz in dichten Büscheln oft übereinander wächst, bedecken diese weißen Sporen häufig die unteren Pilzhüte, als wären diese mit Mehl bepudert. Die Blätter des Hallimasch sind am Stiel angewachsen und etwas herablaufend. Dieser *Stiel* ist schlank, oft stark verbogen, an der Stielbasis etwas keulig verdickt; er ist gelblichbraun gerillt und meist holzig. Am oberen Drittel des Stiels ist, als Überbleibsel der Hülle über die Blätter, ein weißlich geriefter, flockiger Ring zurückgeblieben. Das *Fleisch* des Hallimasch ist blaßgelb und ziemlich dünn.

Im Rohzustand gilt der Hallimasch als leicht giftig, ist jedoch im gekochten Zustand ein hervorragender Speisepilz. Es gibt allerdings Menschen, die den Hallimasch auch im gekochten Zustand nicht gut vertragen und bei denen er Verdauungsstörungen hervorrufen kann. So sollte man sicherheitshalber den Hallimasch vor der Zubereitung einmal in kochendem Wasser schwenken und das Wasser abgießen.

Der Hallimasch wächst im Herbst, ab August, oft bis in den Dezember hinein. Er ist in Laub- und Nadelwäldern an toten, aber auch an lebenden Bäumen anzutreffen. Manchmal allerdings entfernt sich das Myzel im Boden weit von seinem Wirtsbaum.

Ein guter Speisepilz, der sich am besten für Suppen und Soßen eignet.

Beringter Flämmling

Gymnopilus spectabilis (Fr.) Sing.

Der Hallimasch könnte mit dem Beringten Flämmling und mit dem Grünblättrigen Schwefelkopf verwechselt werden. Der Beringte Flämmling ist ungenießbar, der Grünblättrige Schwefelkopf jedoch giftig. Auch der Beringte Flämmling ist ein Holzbewohner und folglich schon vom Standort her ein Doppelgänger des Hallimasch. Sein *Hut* ist zitronen- bis orangegelb, manchmal auch blasser, also heller als der Hallimasch.

Der Hut des Beringten Flämmlings ist anfangs glatt bis feinfasrig, später fasrigschuppig. Bei trockenem Wetter bricht die Huthaut warzig auf. Bei jungen Exemplaren ist der Hut halbkugelig, später dann ausgebreitet und auch manchmal flach buckelig. Der Hut ist anfangs mit dem Stiel durch einen zarten Schleier

HALLIMASCH. *Hut am Rand eingebogen, jung mit dem Stiel durch eine Hülle verbunden, Ring am Stiel, der faserig gerillt ist, Stielende verdickt, in Büscheln an Holz wachsend.*

BERINGTER FLÄMMLING. *Hut faserig geschuppt, jung halbkugelig mit dem Stiel durch eine Hülle verbunden, Ring am Stiel. Stiel flockig und keulig verdickt.*

GRÜNBLÄTTRIGER SCHWEFELKOPF. *Zone entlang des Hutrandes ist lichter als die Hutmitte, glatter Stiel, Ring am Stiel, auch büschelweise auf Holz.*

verbunden, der später am Stiel einen weißlichen Ring zurückläßt. Schleierreste hängen manchmal auch am Hutrand herab. Die *Blätter* des Beringten Flämmlings sind anfangs gelb, später bräunlich bis dunkelbraun, am Stiel ausgebuchtet und kurz herablaufend, ziemlich gedrängt. Der *Stiel* weist einige dunkle Flocken auf, ist der Stielbasis zu keulig verdickt und außen streifig gefasert. Das *Fleisch* ist sattgelb, im Stiel eher bräunlich. Der Geschmack ist sehr bitter.

Der Beringte Flämmling wächst vom August bis Oktober meist auf Laubholzstümpfen, manchmal auch auf alten Wurzeln neben den Bäumen, besonders auf Eichen. Der Beringte Flämmling ist sehr bitter und daher ungenießbar, aber nicht giftig.

Grünblättriger Schwefelkopf

Hypholoma fasciculare (Huds. ex Fr.) Kummer

Der Grünblättrige Schwefelkopf sieht aus wie er heißt: Sein *Hut,* etwa 3 bis 7 cm im Durchmesser, ist am Rand schwefelgelb und wird gegen die Mitte dunkler bis rötlichgelb. Der Hutrand ist nicht gerieft. Die *Blätter* an der Unterseite des Hutes sind bei ganz jungen Exemplaren gelblich, werden aber bald hellgrün. Bei alten, ausgereiften Pilzen färben die Sporen, die an den Blättern reifen, diese schließlich grünschwärzlich. Die Blätter sind dünn und stehen dicht beisammen. Der *Stiel* ist gelb, gegen die Basis zu bräunlichrötlich. Bei ganz jungen Exemplaren ist vom Stiel zum Hutrand ein Schleier gespannt. Dieser Schleier zerreißt bald, doch hängen oft noch kleine Teile von ihm am Hutrand, und Schleierspuren sind manchmal an der oberen Hälfte des Stiels zu finden.

Kaut man ein kleines Stückchen vom Grünblättrigen Schwefelkopf, spuckt man es gewiß rasch aus, denn der Pilz ist sehr bitter. Er wächst das gesamte Jahr hindurch. Der Grünblättrige Schwefelkopf ist giftig und kann unter Umständen sogar tödlich sein.

DIE FALSCHEN ...

GRÜNBLÄTTRIGER SCHWEFELKOPF ✝

Hut gelb, in der Mitte dunkler, gegen den Rand zu heller, Hutrand nicht gerieft, Blätter jung gelblich, dann grün, schließlich schwärzlich, wachsen nicht den Stiel herab. Der Stiel ist gelb bis rostfarben, jedoch ohne Schuppen. Geschmack widerlich bitter. Wächst ganzjährig. Giftig!

BERINGTER FLÄMMLING ●

Hut faserig, schuppig, goldbraun bis rostbraun, manchmal auch honigfarben. Jung ist der Hut halbkugelig, später ausgebreitet, in der Mitte vertieft; anfangs durch eine Hülle mit dem Stiel verbunden, gelblich-brauner Ring am Stiel. Oft noch Hüllenreste am Hutrand. Blätter gelb bis dunkelbraun, Stiel hat dunkle Flocken, ist keulig verdickt, Fleisch gelb und sehr bitter. August bis Oktober auf Laubholzstumpfen. Er ist ungenießbar, aber nicht giftig.

. . . UND DER ECHTE

HALLIMASCH

Hut hell- bis dunkelhonigbraun, am Rand eingebogen, Hutoberfläche mit dunklen, vergänglichen Schüppchen bedeckt, dünnfleischig. Jung kugelförmig geschlossen mit einer Hülle. Blätter weißlich, später rötlich bis braun, weitstehend, am Stiel angewachsen, kurz herablaufend, Stiel gelblich oder bräunlich, faserig gerillt, mit weißlichem, dicklich gerieftem Ring, am Stielende verdickt. Fleisch blaß, im Stiel bald zäh. Auf lebendem oder totem Holz wachsend, büschelweise in großen Mengen. Von September bis November auf Laub- und Nadelbäumen. Ein guter und ergiebiger Speisepilz.

Totentrompete, Trüffel, Leberpilz

Während wir bei den meisten anderen Pilzen in diesem Buch auf giftige und ungenießbare Doppelgänger hinweisen mußten, stellen wir hier nun drei Pilzarten vor, denen kein anderer Pilz ähnlich sieht. Trüffel und Leberpilz sind zwar selten, doch hat sie wahrscheinlich jeder eifrige Pilzsucher schon irgendwann gesehen. Die Totentrompete kommt in vielen Gegenden jedoch besonders häufig vor. Alle drei Pilzarten verdienen unsere Aufmerksamkeit.

Totentrompete, Herbsttrompete

(Craterellus cornucopioides (L. ex Fr.) Pers.

Diese schwarzen oder dunkelgrauen Pilze wachsen in den Herbsttagen meist in dichten Gruppen. Auf den ersten Blick könnte man meinen, es handle sich um verdorbene Pilze; denn nur diese verfärben sich normalerweise schwarz. Die Totentrompete ist jedoch schon in jüngstem Zustand schwarz oder grau gefärbt, und Form und Farbe haben eben zu ihrem Namen geführt. Denn der Pilz hat tatsächlich ein trompetenartiges Aussehen. Sein lateinischer Name vergleicht ihn wahrscheinlich noch treffender mit einem Füllhorn.

Dementsprechend ist der Pilz im oberen Teil erweitert, wellig, die Ränder sind nach außen umgeschlagen. Die Röhre dieses Horns verengt sich zur Stielbasis zu, bleibt aber bis auf den Grund hohl. Die Außenseite der Totentrompete besitzt weder Blätter noch Leisten, sondern ist runzelig faltig, von zarten Adern durchzogen. An der Außenseite ist die Totentrompete grauschwarz bis braunschwarz, manchmal auch sattschwarz. An dieser Außenseite bilden sich die Sporen des Pilzes, und sind diese einmal reif, dann erhält die Außenseite einen leichten weißen Schimmer. Die Innenseite der Trompete bleibt schwärzlichbraun oder schuppig grau. Der Pilz wird bis zu 14 cm hoch und kann oben einen Durchmesser bis zu 8 cm erreichen. Meist findet man jedoch kleinere Exemplare, die etwa 6 cm hoch und 3 cm breit sind.

Totentrompeten wachsen von August bis in den späten November in Laub- und Nadelwäldern, meist büschelig in großen Mengen. Getrocknet aufbewahrt, geben sie im Winter köstliche Beilagen für Kalbfleisch und Rinderbraten ab oder lassen sich zu Würzpulver zerstoßen, mit dem viele Speisen verbessert werden können.

Leberpilz, Leberreischling, Ochsenzunge

Fistulina hepatica (Schff.) ex Fr.

Als dritten unverwechselbaren Pilz stellen wir Ihnen den Leberpilz vor, der mancherorts auch Ochsenzunge heißt und tatsächlich mit einer solchen Zunge große Ähnlichkeit hat. Er wächst an alten Baumstämmen und wird bis zu 30 cm im Durchmesser und 6 cm dick. Seine Oberfläche ist im jungen Stadium zunächst orange, dann blutrot, später braunrot, meist feucht oder klebrig.

Die Unterseite des Pilzes besteht aus einer sehr dichten, fest mit dem Hut verwachsenen *Röhrenschicht,* die sich erst im Alter etwas öffnet und dann rote, säuerlich schmeckende Tropfen absondern kann. Diese Röhrenschicht ist zunächst gelblich, im Alter aber rötlichbraun. Das *Fleisch* des Leberpilzes ist sehr zart und gibt beim Anschnitt reichlich einen blutroten Saft von sich.

Die Engländer nennen diesen Pilz Beefsteak-Pilz, im Italienischen heißt er Lingua, also Zunge, und bei uns Leberpilz – und genau so läßt er sich auch verwerten, nämlich zubereitet wie ein Beefsteak, wie eine Ochsenzunge oder wie Leber. Er ist zwar ein seltener Pilz, aber findet man auch nur ein einziges Exemplar, so kann es bis zu 500 Gramm schwer sein und gibt daher eine reichliche Mahlzeit ab.

Leberpilze wachsen von August bis Oktober an Laubhölzern, fast ausschließlich an Eichen.

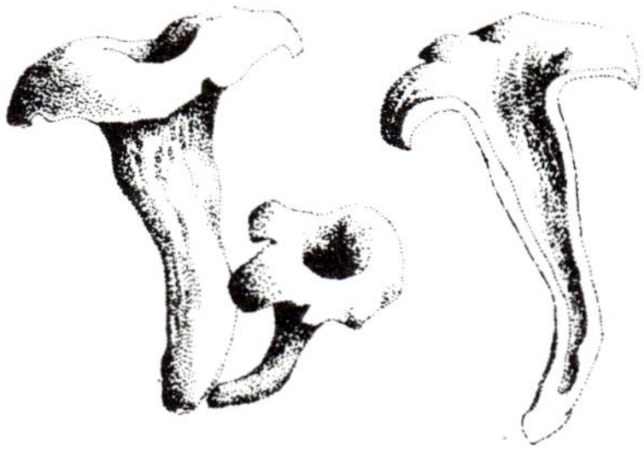

TOTENTROMPETE, HERBSTTROMPETE.
Füllhornartige Gestalt, Außenseite runzelig, ohne Blätter oder Poren, innen hohl.

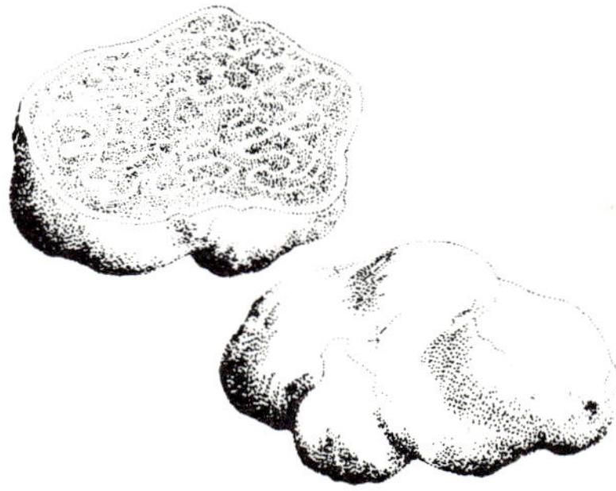

DEUTSCHE ODER WEISSE TRÜFFEL.
Kartoffelähnlich, zeigt auf der Außenhaut Wachstumsrisse, die Felder dazwischen erhöhen sich zu Höckern. Innenmasse stark marmoriert.

Deutsche Trüffel, Weiße Trüffel

Choiromyces maeandriformis Vitt.

Seit jeher gilt die Trüffel als seltene Kostbarkeit und wird in feinsten Restaurants zu teuersten Preisen angeboten. Dabei handelt es sich meist um französische oder italienische Trüffeln, die besonders aromatisch sind. Der Fruchtkörper der Trüffeln bildet sich jedoch unter der Erdoberfläche und entzieht sich damit dem Auge des Pilzsuchers. In Frankreich und Italien werden Trüffeln daher mit Hilfe besonders abgerichteter Hunde oder Schweine aufgespürt. Wir könnten also Trüffeln selbst dann nicht finden, wenn wir etwa im Urlaub in eine französische oder italienische Trüffelgegend kämen.

Aber es gibt auch in unseren Breiten eine Trüffelart, die Deutsche oder Weiße Trüffel, und sie hat den großen Vorteil, daß sie mit dem Scheitel aus dem Boden herausschaut. Hat man einmal das Auge auf die Suche nach Trüffeln eingestellt, lassen sie sich auch finden.

Die Deutsche oder Weiße Trüffel sieht wie eine höckrige, etwas hirnartig gezeichnete Kartoffel aus, ist von sehr unregelmäßigem Wuchs, haselnuß- bis faustgroß, kann aber ausnahmsweise auch noch größer werden. Die Oberfläche ist bei feuchtem Wetter rissig gefeldert, grauweiß bis hellbraun, manchmal auch gelblich und im Alter rötlich. Schneidet man die Trüffel auseinander, so ist sie innen fest und weißlich, von hellbraunen, stark gewundenen Adern marmoriert. Die Deutsche Trüffel wächst zwischen Juni und August meist in Gruppen im Laubwald, mitunter auch in Nadelwäldern, flach unterirdisch, eben gerade nur mit dem Scheitel sichtbar. Im reifen Zustand strömt sie einen starken aromatischen Geruch aus, der Käfer, Schnecken und auch größere Tiere anlockt.

Es gibt in unseren Breiten eine *Sommer-* und eine *Wintertrüffel.* Beide sind außen schwarz mit Warzen übersät und innen von weißlichen Adern marmoriert. Diese Trüffelarten wachsen tief unter der Erdoberfläche und sind für den untrainierten Sucher nicht zu finden.

TOTENTROMPETE, HERBSTTROMPETE

Geformt wie ein Füllhorn, grauschwarz bis schwarz, zur Stielbasis zu stark verjüngt, innen hohl. Außenseite runzelig faltig mit dünnen Adern versehen. Von August bis November, oft in dichten Büscheln. Guter Würzpilz.

DEUTSCHE ODER WEISSE TRÜFFEL

Kartoffelähnlich, haselnuß- bis faustgroß, graue bis gelblich-braune Knolle mit mosaikartigen Höckern versehen. Innenmasse grauweiß bis gelblichbraun, bei Anschnitt mit Adern marmoriert. Im reifen Zustand starkes Aroma. Reift unter der Erdoberfläche, durchstößt diese jedoch mit dem Scheitel und wird so sichtbar. Von Juli bis September in Laub- und Nadelwäldern. Ausgezeichneter Würzpilz.

DREI UNVERWECHSELBARE ESSBARE . . .

LEBERPILZ, OCHSENZUNGE 🍴

Zungenförmiger, dunkelroter Fruchtkörper, an Laubhölzern, meist Eichen. Unterseite mit walzenförmigen Röhren versehen, die sich im Alter öffnen und auf Druck rote Tropfen absondern. Bei Anschnitt dunkelroter Saft. August bis Oktober an alten Eichen und Buchen. Nach Wässerung guter Speisepilz.

Schneepilz, Schwarzfaseriger Ritterling

Tricholoma portentosum (Fr.) Quél.

Der Schneepilz wird von den Pilzsuchern besonders geschätzt, denn wie schon sein Name besagt, ist er auch noch nach dem ersten Frost zu finden und oft genug auch noch unter dem Schnee. Er ist also der letzte Pilz des Jahres, wenn man von jenen Pilzarten absieht, die das ganze Jahr über wachsen. Und wenn der Winter mild ist, kann man auch den Schneepilz noch bis in das Frühjahr hinein finden. Darüber hinaus handelt es sich um einen besonders guten Speisepilz.

Der *Hut* des Schneepilzes ist dunkelgraubraun bis rußigschwarz mit leicht violettem Stich und der Hutmitte zu radial fasrig gestreift. Bei Nässe wird die Huthaut schmierig. Der Hut ist meist flach gebuckelt, mit welligem Hutrand. Die Huthaut ist abziehbar.

Die *Blätter* an der Unterseite des Hutes sind bei jungen Exemplaren noch weiß, werden dann gelblich bis grau, sind etwas entfernt und ausgebuchtet am Stiel angewachsen. Der Stiel ist kurz und kräftig, weiß mit einem gelblichen Stich, manchmal etwas bauchig, mit flockiger bis faseriger Oberfläche.

Besonderes Kennzeichen: Spaltet man den Stiel in längliche Stücke, so rollen sich diese in Kürze spiralartig auf. Der Pilz wird bis zu 10 cm hoch, seine Hutbreite kann bis zu 12 cm betragen, sein Stiel ist verhältnismäßig dünn, mit einem Durchmesser von 1–2 cm.

Das *Fleisch* des Schneepilzes ist weißlich, unter der Huthaut etwas grau bis rußig, der Geschmack mild. Er wächst von Oktober bis in den Winter hinein im Nadelwald, oft in größeren Gruppen. Es ist nicht leicht, den Schneepilz zu finden, denn gerade wenn es noch keinen Schnee gibt, bleibt der Schneepilz lange Zeit unter den Nadeln verborgen, die er erst im zunehmenden Alter durchstößt. Zeigen sich aber schon die Hüte des Schneepilzes, dann kann man fast sicher sein, daß die leichten Buckel unter dem Nadelteppich in unmittelbarer Nähe die Anwesenheit weiterer Schneepilze verraten. Wir haben aber oft Schneepilznester auch im Schnee selbst gefunden, wenn die Schneedecke noch nicht sehr hoch und durch Tauwetter teilweise weggeschmolzen war.

Wir hatten dabei den Eindruck, daß die Pilze bei Schneelage rascher und kräftiger hervortreten und daher für unser Auge sichtbar sind.

Wenn es frühzeitig den ersten Schnee gibt und dieser dann durch einen Wärmeeinbruch wieder wegschmilzt, so kann man oft mit dem raschen Erscheinen von Schneepilzen rechnen. Unter solchen klimatischen Umständen haben wir schon öfters eine reiche Ernte eingebracht. Der Schneepilz ist ein ausgezeichneter Speisepilz, doch sollte man die Huthaut abziehen.

Es gibt unter den Ritterlingen einige Arten, die eine gewisse Ähnlichkeit mit dem Schneepilz aufweisen könnten, am ehesten noch der Grüngelbe Ritterling *(Trichotoma flavovirens)*, doch ist dessen Hut olivgelb grundiert, die Deckfarbe braun und lediglich in der Hutmitte manchmal schwärzlich. Da dieser Ritterling eßbar ist, bliebe eine Verwechslung ohne nachteilige Folgen. Deshalb ist vor allem darauf zu achten, daß der Schneepilz nicht mit dem giftigen Tigerritterling verwechselt wird, obwohl es zwischen den beiden Pilzarten deutliche Unterscheidungsmerkmale gibt.

Tigerritterling

Tricholoma pardinum Quél.

Der Tigerritterling wächst von August bis Oktober in Laub- und Nadelwäldern, er ist also von der Wachstumszeit her gesehen kaum mehr ein Doppelgänger des Schneepilzes. Dennoch kann es geschehen, daß in späten Oktobertagen noch Tigerritterlinge wachsen, während schon die ersten Schneepilze aus dem Boden hervorbrechen. Eine

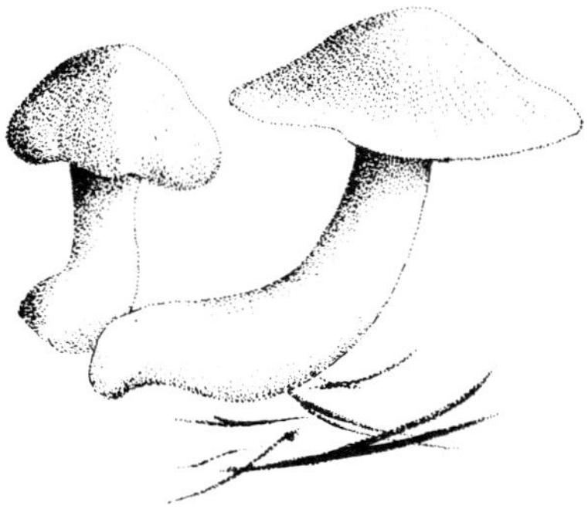

SCHNEEPILZ, SCHNEERITTERLING. *Hut radial gefasert, glatt, Hutrand oft wellig, häufig gebuckelt, Blätter dicklich, weit auseinanderstehend, Stiel kurz und kräftig, manchmal auch bauchig, im oberen Drittel schwärzlich flockig.*

TIGERRITTERLING. *Hut mit breiten Schuppen besetzt, zuerst halbkugelig glockig, später ausgebreitet und in der Mitte etwas vertieft; Blätter breit, gedrängt und dicklich; Stiel an der Basis keulenartig verbreitert.*

Verwechslung wäre dann möglich, und diese könnte doch zu schweren Verdauungsstörungen führen. Denn der Tigerritterling ist giftig, wenn auch nicht tödlich giftig.

Der Tigerritterling hat einen hellen, mit breiten grauen Schuppen besetzten *Hut*, der bei jungen Exemplaren zunächst polsterförmig gewölbt ist, sich später ausbreitet und sogar in der Mitte etwas vertieft sein kann. Der Hutrand ist filzig. Sowohl von der Farbe wie von der Struktur her unterscheidet sich also der Hut des Tigerritterlings recht deutlich vom Hut des Schneepilzes. Dennoch können auch Tigerritterlinge in ihrer Farbe etwas dunkler ausfallen und besonders bei jüngeren Exemplaren die grauen Schuppen sich nicht deutlich genug abheben, so daß eine Verwechslung mit dem Schneepilz möglich wäre.

Der *Hut* wird bis zu 12 cm im Durchmesser. Die *Blätter* des Tigerritterlings sind blaßweißlich, oft etwas grünlich, breit, gedrängt und etwas dicklich, manchmal tränend, wie von Tau benetzt. Das *Fleisch* des Tigerritterlings ist weißlich, aber grau unter der Huthaut. Der *Stiel* ist weißlich blaß, oft auch bräunlich, etwas bauchig bis gestreckt und wird bis zu 10 cm lang. Er riecht stark nach Mehl.

Der Stiel verbreitet sich keulenartig in der Basis und zeigt dort manchmal Rostflecken auf. Der Stiel ist feinfasrig und ein wenig flockig, sein Fleisch weißlich.

Der Tigerritterling wächst wie gesagt von August bis Oktober in Laub- und Nadelwäldern. Er ist giftig und ruft schwere Störungen des Darmtraktes hervor, jedoch ist uns kein Fall einer tödlichen Vergiftung durch den Tigerritterling bekannt.

DER FALSCHE . . .

TIGERRITTERLING ††

Heller, mit breiten grauen Schuppen besetzter Hut, zuerst halbkugelig glockig, später ausgebreitet, in der Mitte vertieft, Hutrand filzig, Blätter blaß weißlich, breit, dicklich, oft tränend; Fleisch weißlich, grau unter der Huthaut. Stiel weißlich, auch bräunlich, bauchig bis gestreckt, oft keulig und feinfaserig, sein Fleisch weißlich. Von August bis Oktober in Laub- und Nadelwäldern. Sehr giftig, aber nicht tödlich.

. . . UND DER ECHTE

SCHNEEPILZ, SCHNEERITTERLING

Hut dunkelgraubraun mit einem violetten Stich, glatt und glänzend, radialfaserig, Hutrand wellig, oft gebuckelt, Huthaut abziehbar, Blätter weiß bis gelblich, ausgebuchtet, weit auseinanderstehend; Stiel kurz und kräftig, faserig, manchmal bauchig, im oberen Drittel schwärzlich flockig. Fleisch weißlich, unter Huthaut grau. November bis Dezember im Nadelwald, guter Speisepilz.

WEITERE GIFTPILZE

Wir haben bisher jene Giftpilze genau beschrieben, die mit den besprochenen eßbaren Pilzen verwechselt werden könnten. Der Vollständigkeit halber wollen wir nun noch einige äußerst giftige Pilze beschreiben, die jeder Pilzsucher kennen sollte. Der erste hier erwähnte ist der kleine, unter Umständen tödliche Feld- oder Rasentrichterling.

FELD- ODER RASENTRICHTERLING. *Hut zuerst gewölbt, später abgeflacht und trichterförmig vertieft. Rand etwas wellig, dünner, kurzer Stiel, zylindrisch.*

Feld- oder Rasentrichterling

Clitocybe dealbata (Sow. ex Fr.)

Er gehört zu einer großen Gruppe sehr kleiner, weißer Pilze, die oft Weiden und Rasenflächen bevölkern und besonders für den Anfänger sehr schwer zu identifizieren sind. Wir raten deshalb davon ab, kleine weiße Pilze zu sammeln, wenn nicht einwandrei feststeht, daß es sich um eßbare Champignonarten handelt.

Wie der Fliegenpilz, der Pantherpilz und die Rißpilze enthält der Rasen- oder Feldtrichterling das bekannte Gift Muscarin, dazu aber ein oder mehrere weitere unbekannte Gifte, so daß der Verzehr einer größeren Menge dieses Pilzes tödlich wirken kann. Man darf eine Vergiftung mit dem Rasen- oder Feldtrichterling keinesfalls zu Hause behandeln, sondern muß sich auf schnellstem Wege ins Spital begeben!

Der *Hut* des Rasen- oder Feldtrichterlings ist 2–4 cm breit, erst gewölbt, dann abgeflacht ausgebreitet bis leicht trichterförmig. Er ist weiß bis grauweiß, wie bereift und am Rand etwas wellig. Seine *Blätter* sind gerade angewachsen bis etwas herablaufend, weiß und nicht sehr gedrängt. Der *Stiel* ist bis zu 5 cm lang und 1 cm dick, weiß, etwas längsfaserig und fest. Sein *Geruch* ist mehlartig. Er kommt zwischen Juli und November auf Wiesen, Weiden und im Gras am Waldrand vor. Er ist äußerst giftig bis tödlich.

Orangefuchsiger Hautkopf

Cortinarius orellanus Fr.

Als sich in den fünfziger Jahren die Nachricht verbreitete, daß es in Polen durch den Orangefuchsigen Hautkopf zu mehrfach tödlichen Massenvergiftungen gekommen war, überraschte das viele Pilzsucher, denn dieser Pilz war bis dahin fast unbekannt gewesen. Leider wissen wir nicht, mit welchem eßbaren Pilz der Hautkopf verwechselt wurde, denn er ist keinem der bekannten Speisepilze ähnlich. Durch seine sehr weit abstehenden Blätter wäre er nur mit dem Märzschneckling zu vergleichen, wächst aber von August bis Oktober, also zu einer ganz anderen Jahreszeit als dieser. Außerdem hat er ganz andere Farben, sowohl im Hut wie auch am Stiel. Es ist also nicht klar, wie es zu diesen Vergiftungen kommen konnte. Seit damals aber wird der Hautkopf in allen Pilzbüchern besonders erwähnt und genauest beschrieben.

Der Orangefuchsige Hautkopf ist ein mittelgroßer Pilz, sein *Hut* hat einen Durchmesser bis zu 8 cm, ist orange bis dunkelbraun, mit rötlichen Schattierungen, zuerst halbkugelig,

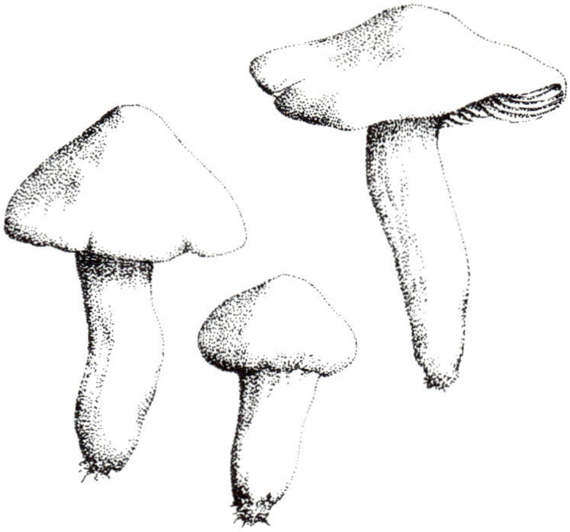

ORANGEFUCHSIGER HAUTKOPF. *Hut zuerst halbkugelig, später ausgebreitet, mit einem flachen Buckel. Hutrand anfangs eingerollt. Blätter weit auseinanderstehend. Stiel zylindrisch, oft etwas gekrümmt. Ca. 10 cm hoch.*

SPEITÄUBLING. *Hut zuerst halbkugelig, später flach ausgebreitet, in der Mitte niedergedrückt. Blätter gleich lang. Stiel zylindrisch, voll, im Alter oft auch bauchig.*

später ausgebreitet, mit einem flachen Buckel in der Hutmitte. Die Hutoberfläche ist feinfaserig, später kahl mit fleischigem Hutrand, der anfangs eingerollt ist. Die *Blätter* sind zimtbraun, dicklich und ungleich lang. Sie sind weit voneinander entfernt, manchmal auch etwas am Stiel herablaufend. Der *Stiel* ist bis zu 10 cm lang, zylindrisch und an der Basis meist etwas gekrümmt. Er ist gelbbraun bis orangebraun, mit leichten Schleierresten am Stiel. Wie bei allen Schleierlingen *(Cortinarius)* verbindet ein hauchdünner Schleier Hut und Stiel, im Falle des Orangefuchsigen Hautkopfes aber und einiger ähnlicher Gattungen ist dieser nur ganz kurz sichtbar und vergeht sehr schnell. Der Orangefuchsige Hautkopf wächst von August bis Oktober im Laub- und Mischwald und ist mitunter tödlich giftig!

Speitäubling

Russula emetica Fr.

Wir erwähnen den Speitäubling hier nicht, weil er ein besonders giftiger Pilz ist – er ist nur leicht giftig –, sondern weil er in der großen Gruppe der Täublinge der einzige giftige Pilz ist. Man sagt ihm nach, daß er Muscarin enthalten soll – wie der Fliegenpilz und andere Knollenblätterpilze. Jedenfalls ist er äußerst scharf, was man sofort bemerkt, wenn man ein auch noch so kleines Stück roh zerkaut. Wir haben schon erwähnt, daß es unter den Täublingen zwar einige scharfe Arten gibt, doch nur der Speitäubling ist giftig. Trotzdem ist eine ganz kleine Kostprobe, wobei man diese natürlich sofort wieder ausspucken muß, harmlos. Da der Speitäubling nicht der einzige rote Täubling ist und er also nach seiner Farbe nicht zu identifizieren ist, ist die Kostprobe die einzige Methode, ihn zu erkennen. Sein *Hut* ist bis zu 10 cm im Durchmesser, zinnober- bis blutrot, manchmal aber auch hellrosa, besonders wenn er unter Birken und auf sauren Böden steht. Die Huthaut ist gut abziehbar, das *Fleisch* darunter ist rosa. Jung, ist der Hut halbkugelig, später flach ausgebreitet, in der Mitte zuletzt etwas niedergedrückt. Die *Blätter* sind weiß, frei bis etwas abgerundet und durchwegs gleich lang. Der *Stiel* ist weiß, zylindrisch, manchmal etwas rötlich, voll, im

VIER WICHTIGE GIFTPILZE . . .

ORANGEFÜCHSIGER HAUTKOPF ††

Hut orange- bis dunkelbraun mit rötlicher Schattierung, zuerst halbkugelig, später dann ausgebreitet mit einem flachen Buckel in der Hutmitte. Die Hutoberfläche ist feinfaserig, später kahl, Hutrand anfangs eingerollt. Blätter zimtbraun dicklich und ungleich lang. Weit auseinanderstehend, manchmal auch am Stiel herablaufend. Stiel bis 10 cm lang, zylindrisch oft etwas gekrümmt. Er ist gelbbraun bis orangebraun mit leichten Schleierresten. Wächst von August bis Oktober im Laub- und Mischwald. Sehr oft tödlich giftig!

FELD- ODER RASEN-TRICHTERLING ††

Hut zuerst gewölbt, später abgeflacht bis trichterförmig vertieft, weiß bis grauweiß, am Rand etwas wellig. Stiel bis 5 cm lang, weiß, etwas längsgefasert und fest. Von Juli bis November auf Wiesen, Weiden und am Waldrand. Sehr giftig bis tödlich.

FLEISCHROTER SCHIRMLING ††

Hut fleisch- bis ziegelrot, mit angedrückten Schuppen, Stiel weißlich bis rosa, mit flüchtigem Ring und flockiger Oberfläche, Blätter weiß und frei, sehr klein, bis zu 4 cm hoch. Wächst an grasigen Stellen im Wald und außerhalb. Oktober bis November.

SPEITÄUBLING †

Hut zinnober bis blutrot, auch hellrosa, zuerst halbkugelig, später flach ausgebreitet, in der Mitte etwas niedergedrückt. Blätter sind weiß und frei, gleich lang, Stiel weiß und zylindrisch, manchmal rötlich, voll im Alter bauchig. Von Juli bis November in Hochmooren und Nadelwäldern. Leicht giftig.

Alter etwas bauchig. Der Geruch obstartig, der Geschmack brennend scharf. Er wächst von Juli bis November bei Hochmooren und in Nadelwäldern.

Fleischrötlicher Schirmling

Lepiota helveola Bres.

Unter den gefährlichen kleinen Pilzen ist es auch wichtig, über die kleinen *Schirmlinge* zu sprechen, von welchen einige fast Miniaturausgaben des Parasolpilzes sind. Sie sehen ihnen sehr ähnlich, sind aber um vieles kleiner. Wenn ein Parasolpilz aus der Erde wächst, ist sein Hut allein schon so groß, wie der gesamte Pilz mit Stiel dieser kleinen Schirmlinge, z. B. des *Fleischrötlichen Schirmlings*, der einer von mehreren giftigen Schirmlingsarten ist. Wie der Parasol gehören die Giftschirmlinge zu den Schirmlingen. Der fleischrötliche ist besonders giftig, man sollte es sich zur Regel machen, kleine Schirmlingsarten nie zu sammeln, auch wenn einige von ihnen eßbar sind.

In seiner Giftigkeit kommt der Fleischrötliche Schirmling den giftigen Knollenblätterpilzen gleich und hat schon tödliche Vergiftungen verursacht. Der *Hut* ist fleischrosa bis ziegelrot, hat angedrückte Schuppen und einen Durchmesser bis zu 5 cm (vergleichsweise ist der Hut des Parasolpilzes 10–25 cm, der des Safranschirmlings 10–15 cm im Durchmesser!). Der *Stiel* ist weißlich bis rosa, hat einen flüchtigen Ring und eine etwas flockige Oberfläche. Er ist 2–4 cm lang (zum Vergleich: der Parasolstiel ist 15–30 cm lang, der Safranschirmlingsstiel 12–15 cm!). Die *Blätter* sind weiß und frei. Der fleischrötliche Schirmling wächst an grasigen Stellen im Wald, aber auch außerhalb, hauptsächlich im südlichen Europa. Ähnlich giftig sind: Lepiota lilacea und Lepiota brunneoincarnata.

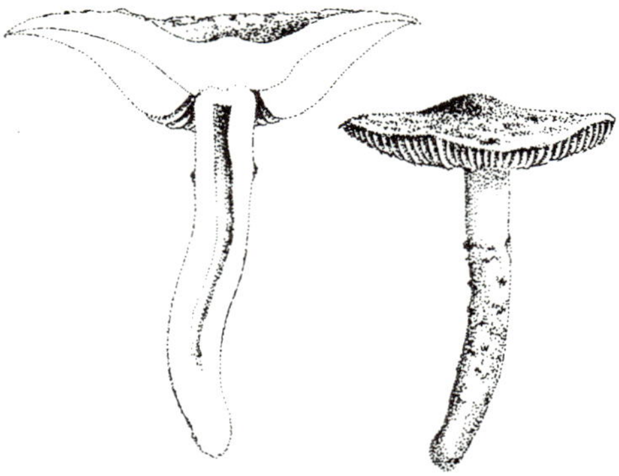

FLEISCHROTER SCHIRMLING. *Zuerst halbkugelig, dann verflacht etwas gebuckelt, dünner, gerader Stiel, Blätter sehr eng stehend.*

GIFTINFORMATIONSZENTRALEN

Österreich

Für Österreich gibt es eine zentrale Vergiftungsinformationsstelle in Wien
1090 Wien, Spitalgasse 23,
Tel. 43 43 43
Aus den Bundesländern muß man die Vorwahl 0222 für Wien verwenden.

Schweiz

Toxikologisches Informationszentrum
ETH-Zürich
8030 Zürich, Klosbachstraße 107,
Tel. 25 15 151
Außerhalb Zürichs muß die Vorwahl Zürichs 01 verwendet werden.

BRD

In der BRD gibt es keine zentrale Vergiftungsinformationsstelle, dafür einige Institute, vor allem bei den Universitätskliniken.

Die Adressen:

Medizinische Universitätsklinik im städtischen Krankenhaus Westend, Reanimationszentrum
1000 Berlin 19, Spandauerdamm 13,
Tel. 030/30 35 466, 30 35 436, 30 32 215, 30 3 51 (Zentral)

Beratungsstelle für Vergiftungserscheinungen im Kindesalter, Universitätsklinik, Kaiserin Auguste Victoria Hospital
1000 Berlin 19, Heubnerweg 6,
Tel. 030/30 23 00 22

Informationszentrale gegen Vergiftungen, Universitäts-Kinder- und Poliklinik
5300 Bonn, Adenauer Allee 19,
Tel. 0228/21 35 05, 21 70 51

Medizinische Klinik des städtischen Krankenhauses
Braunschweig, Breithausen 300, Pfalzdahlumerstraße 90, Tel. 0531/62 2 90

Zentralkrankenhaus, Kliniken der freien Hansestadt Bremen, Allgemeinananästhetische Abteilung
2800 Bremen, St. Jürgenstraße,
Tel. 0421/44 92 34 12

Pharmakologisches Institut der Universität
7800 Freiburg/Breisgau,
Katharinengasse 29, Tel. 0761/20 32 107

Vergiftungsinformationszentrale, Universitätskinderklinik
7800 Freiburg/Breisgau,
Mathildenstraße 1, Tel. 0761/27 04 361, 27 04 301, 2701 (Zentrale)

Toxikologisches Institut der Universität
6300 Gießen, Frankfurter Straße 197,
Tel. 0641/70 24 135, 70 24 136

Vergiftungszentrale, Universitätskinderklinik und Poliklinik
3400 Göttingen, Humboldtallee 38,
Tel. 0551/39 62 39

Institut für Pharmakologie und Toxikologie
3400 Göttingen, Geiststraße 9,
Tel. 0551/39 53 00

Entgiftungszentrale und Giftnotdienst, 2. Med. Abteilung des Krankenhauses Barnbek
2000 Hamburg 60, Rübenkamp 148,
Tel. 040/63 85 345, 63 85 346

Vergiftungsinformationszentrale, Universitäts-Kinderklinik im Landeskrankenhaus
6650 Homburg/Saar, Tel. 06841/16 22 57, 16 28 46, 161 (Zentrale)

Zentralstelle zur Beratung bei Vergiftungsfällen, 1. Med. Univ.-Klinik
2300 Kiel, Schittenbechenstraße 126,
Tel. 0431/59 74 268

Entgiftungszentrale Städtisches Krankenhaus Kemperhof, 1. Med. Klinik
5400 Koblenz/Moselweiss, Koblenzer Straße 115–155, Tel. 0261/46 0 21

Vergiftungsinformationszentrale, Intensivstation, Medizinische Universitätsklinik
5000 Köln, Josef Stelzmannstraße,
Tel. 0221/47 84 421

Vergiftungsinformationszentrale und Entgiftungszentrale der Medizinischen Klinik der Städtischen Krankenanstalten
6700 Ludwigshaven/Rhein,
Bremer Straße 79, Tel. 0621/50 34 31, 5031

Zentrum für Entgiftung und Giftinformation, 2. Medizinische Klinik und Poliklinik der Universität
6500 Mainz, Langenbeckstraße 1,
Tel. 06131/23 24 66

Institut für Toxikologie und Pharmakologie
3550 Marburg, Pilgrimstein 2,
Tel. 06421/28 22 90, 28 22 91

Institut für Toxikologie und Pharmakologie
3550 Marburg, Lahnberge,
Tel. 06421/28 50 00, 28 50 01

Toxikologische Station der medizinischen Universitätsklinik
4400 Münster, Westring 3,
Tel. 0251/83 6 67, 83 22 01, 831 (Zentrale)

Toxikologische Station, 2. Medizinische Klinik rechts der Isar der techn. Universität
8000 München 80, Ismaningerstraße 22,
Tel. 089/41 40/22 11

Toxikologische Station, Medizinische Klinik der Städtischen Krankenanstalten
8500 Nürnberg G-5, Flurstraße 15,
Tel. 0911/39 82 451

Toxikologische Station, Marienhospital, Kinderabteilung
2990 Papenburg, Hauptkanal rechts 75,
Tel. 04961/831

Beratungs- und Vergiftungszentrale, Städtisches Krankenhaus Winterberg
6600 Saarbrücken, Tel. 0681/64 0 92,
Apparat 2544, 2643

Institut für Toxikologie der Universität
8700 Würzburg, Versbacherstraße 9,
Tel. 0931/20 13 980

PILZBERATUNGSSTELLEN

Beratungsstellen in der BRD

Städt. Untersuchungsamt Bielefeld
Oststr. 55
D-4800 Bielefeld

Forschungsanstalt für Landwirtschaft, Institut für Bodenbiologie
Bundesallee 50
D-3301 Braunschweig-Völkenrode

Hauswirtschafts- u. Verbraucherberatung des Hausfrauenbundes
Luisenplatz 6
D-6100 Darmstadt

Chem. Untersuchungsamt der Stadt Dortmund
Hövelstr. 8
D-4600 Dortmund

Staatliche Chemische Untersuchungsanstalt
Henkestr. 11
D-8520 Erlangen

Museum für Naturkunde
Gerberau 32
D-7800 Freiburg

Staatl. Veterinäruntersuchungsanstalt
Marburgerstr.
D-6300 Gießen

Institut für angewandte Mykologie, Hamburg
Elbchaussee 199
D-2000 Hamburg

Biologische Bundesanstalt für Land- u. Forstwesen
Kasselerstr. 22
D-3510 Hann.-Münden

Amt für öffentl. Ordnung
Vaugerowstr. 2
D-6900 Heidelberg

Schwarzwälder Pilzlehrschau
Werderstr. 17
D-7746 Hornberg/Schwarzwaldbahn

Chem. Untersuchungsamt Rheinhessen
Am Zollhafen 12
D-6500 Mainz

Westfälisches Landesmuseum für Naturkunde
Himmelreichallee 50
D-4400 Münster

Chem. Untersuchungsanstalt der Stadt Nürnberg
Hauptmarkt 1
D-8500 Nürnberg

Naturkundeverein Schwäbisch Gmünd
Im Prediger
D-7070 Schwäbisch Gmünd

Chem. Untersuchungsamt Speyer
Kleine Pfaffengasse 9–11
D-6720 Speyer

Verein der Pilzfreunde-Beratungsstelle i. d. Markthalle Stuttgart
D-7000 Stuttgart

Pilzberatungsstelle der myk. Sektion des Naturwissenschaftl. Vereins
Friedrich-Ebert-Str. 27
D-5600 Wuppertal

BERLIN:
Hauptpilzberatungsstelle:
Botanischer Garten u. Museum
Berlin-Dahlem
Königin-Luise-Straße 6–8
Berlin 33

Beratungsstelle für Vergiftungserscheinungen:
Heubnerweg 6
1000 Berlin 19

FRANKFURT: Haus Dornbusch, Eschersheimer Landstr. 248

MÜNCHEN:
Notfall: Giftnotrufzentrale:
Krankenhaus Rechts der Isar

Städtische Pilzberatungsstellen für 7 Stadtbezirke
Stadt Mitte: Münchner Stadtmuseum
Schwabing: Bezirksinspektion 22/26
Leopoldstr. 5959–1
Haidhausen: Bezirksinspektion 14/31
Metzstr. 12/2
Kasing: Kasinger Rathaus
Landsberger Straße 486
Berg am Laim: Gaststätte
Kleingartenverein
Eckartingerstraße 10
Westend: Gaststätte Trappentreuhof
Trappentreustraße 4
Sendling: Bezirksinspektion 19/34
Meindlstraße 20

Pilzauskunftsstellen in Österreich

Wien:
Österreichische Mykologische Gesellschaft
1030 Wien
Rennweg 14 (Institut für Botanik der Universität Wien)
Pilzauskunftstelle:
1030 Wien
Landstraßer Gürtel 3, I. Stock, Tür 9

Naturhistorisches Museum Wien,
Botanische Abteilung
Burgring 7
1014 Wien

Magistrat der Stadt Wien
Magistratsabteilung 59,
Marktamtsdirektion
1030 Wien, Am Modenapark 59
und die Wiener Städtischen Marktamtsabteilungen in den Bezirken

Fallweise Abhaltung von Kursen und Exkursionen

Volkshochschulen in einigen Wiener Gemeindebezirken
Urania Volksbildungshaus,
Uraniastraße 1, 1010 Wien
Naturhistorisches Museum Wien
Freunde des Naturhist. Museums

Vergiftungsinformationszentrale
a. d. I. Medizinischen Universitätsklinik

Burgenland:
Eisenstadt, Magistrat der Freistadt Eisenstadt,
Rathaus, Hauptstr. 35

Niederösterreich:
St. Pölten, Rathaus, Marktamt,
Rathauspl. 1

Oberösterreich:
Linz, Museumstr. 14, Mykologische Arbeitsgemeinschaft am
O. Ö. Landesmuseum

Steiermark:
Graz, Magistrat, Magistratsabteilung 19, Lebensmittelaufsicht u. Märkte.
Schmiedgasse 26

Kärnten:
Klagenfurt, Naturwissenschaftlicher Verein
Fachgruppe für Pilzkunde
Paradeiserg. 3

Villach, Magistrat der Stadt Villach
Marktamt, Burgplatz 4

Salzburg:
Stadt Salzburg, Rathaus, Marktamt/im Rathaus
Schloß Mirabell

Tirol:
Innsbruck, Magistrat, Marktamt,
Innrain 24

Jenbach, Pilzverein Jenbach

Vorarlberg:
Bregenz, Rathaus, Marktamt

Vapko, die Schweizerische Vereinigung amtlicher Pilzkontrollorgane

Zentralvorstand
Präsident:
Georges Scheibler
Office du travail
rue de l'Hôpital 18
2400 Le Locle

Regionalvorstand deutsche Schweiz
Präsident:
Hans Peter Messmer
Kant. Lebensmittelinspektor
Saluferstraße 23
7000 Chur

Regionalvorstand französische Schweiz
Président: Georges Scheibler
Office du travail
rue de l'Hôpital 18
2400 Le Locle

Regionalvorstand italienische Schweiz
Presidente:
Giorgio Fontana
Ispettore delle derrate
Via F'lli Giani 29
6900 Lugano

Tox-Zenter, Zürich
Institut für Toxikologie der ETH und UNI Zürich
Schorenstraße 16
8603 Schwerzenbach

DAS PILZKOCHBUCH

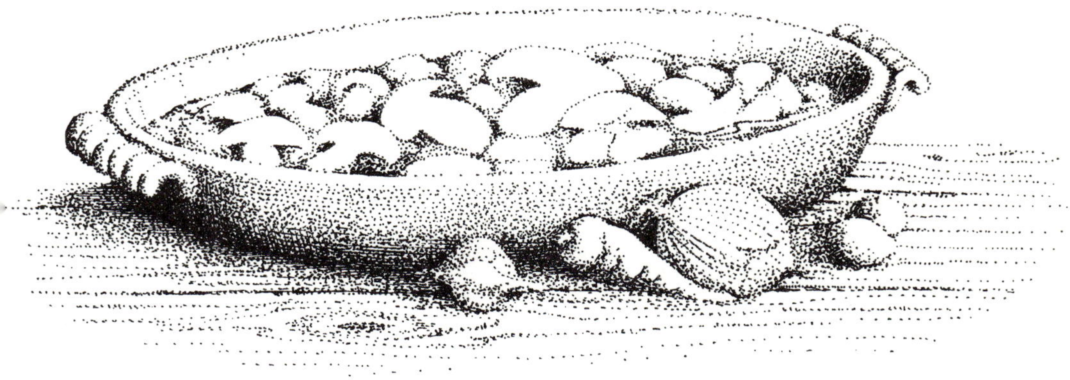

Die Pilzbeute

Von der Pilzsuche heimgekehrt, ergibt sich die Frage, was wir nun mit all den gefundenen Schätzen tun sollen. Das ist, wenn man einen Tag lang durch Wälder und Auen gelaufen ist, gar kein so leicht zu lösendes Problem, denn wir sind müde, und vor uns stehen unter Umständen Körbe voll mit Pilzen, die noch am gleichen Tag versorgt werden müssen, sollen sie nicht über Nacht verderben.

Wir müssen daher möglichst arbeitssparend und zielgenau mit unserem Fund umgehen. Zunächst breiten wir soviel Papier aus, als notwendig ist, um die Pilze einzeln, Stück für Stück, aufzulegen. Dabei trachten wir, Pilze ein und derselben Art zusammenzulegen, so daß wir schließlich einen genauen Überblick haben, wie viele Pilze der verschiedenen Arten wir nun tatsächlich heimgebracht haben.

Dieser Überblick gibt uns nämlich schon eine wichtige Antwort: Alle Pilze, die sich nicht trocknen oder auf andere Art konservieren lassen, müssen möglichst bald gegessen werden. Pilze, die sich zum Trocknen oder für eine andere Art der Konservierung eignen, können zwar auch gleich verwertet werden; doch sollten wir schon zu müde sein, lassen sie sich zunächst einmal vorbearbeiten, so daß wir die eigentliche Konservierungsarbeit erst am nächsten Tag vorzunehmen brauchen.

Hier gleich ein Ratschlag: Zu den nicht konservierbaren, leicht verderblichen Pilzen zählen manche Blätterpilze, wie etwa Perlpilze, Täublinge und Parasole. Haben wir relativ viele solcher delikater Pilze gefunden, so versuchen wir sie möglichst gleich in ein gutes, ihrer Art angemessenes Pilzgericht umzuwandeln.

Im Anschluß finden Sie Kochrezepte zur besten Verwertung jeder einzelnen Pilzart.

Sollte die Ernte jedoch nicht sehr üppig ausgefallen sein und wir von jeder Pilzart nur wenige Exemplare haben, empfiehlt es sich, alle diese Pilze möglichst zu einem einzigen Gericht gemeinsam zu verwenden. Wir stellen daher den Rezepten für die Verwendung der einzelnen Pilzarten drei Kochrezepte voraus, die sich für alle Pilze, insbesondere auch für Mischgerichte aus verschiedenen Pilzarten eignen.

Haben wir es aber mit Pilzen zu tun, die man auf verschiedene Art verwerten kann, so haben wir nun die Entscheidung zu treffen: Wie viele von ihnen wollen wir sofort und frisch essen, welche wollen wir etwa trocknen, einlegen oder gar in einen Pilzextrakt verwandeln? Zum Frisch-Essen eignet sich fast jede Pilzart, ausgenommen vielleicht die Totentrompeten, aus der man am besten Pilzwürzpulver herstellt.

Aber einerlei, ob wir die Pilze nun gleich essen oder konservieren wollen, eines haben wir auf jeden Fall sofort zu tun: Wir müssen sie reinigen und schneiden, denn ungereinigt und im Ganzen belassen, würden sie am nächsten Tag unansehnlich und wahrscheinlich sogar auch stark vom Madenfraß befallen sein.

Wir sagen Ihnen gleich im voraus: Es gehört viel Liebe dazu, nach dem anstrengenden Suchtag die Funde nun auch sorgfältig zu reinigen. Nur Pilze, die man noch am gleichen Abend essen will und die daher sofort nach dem Reinigen im Kochtopf landen, darf man im Wasser waschen. Aber auch da ist darauf zu achten, daß sie nur möglichst kurz mit dem Wasser in Berührung kommen. Röhrlinge etwa haben die Tendenz, sich mit Wasser sofort anzusaugen, daher sollte man es zumindest vermeiden, ihre »Bärte«, also die Röhren selbst, mit dem Wasser in Berührung zu bringen. Andere Pilzarten, etwa die Morcheln oder die Krause Glucke hingegen, muß man sogar unbedingt in lauwarmem Wasser waschen, da es bei diesen Pilzarten unmöglich ist, sie nur mit dem Messer zu säubern. Pilze, die getrocknet werden sollen, und alle Pilze, die man erst am nächsten Tag verwerten will, dürfen nicht in Wasser gewaschen werden, sondern müssen, so mühsam das auch sein

mag, sorgfältig mit dem Messer gereinigt werden.
Hat man das getan, werden jene Pilze, die nun über Nacht aufgehoben werden sollen, der Länge nach durchgeschnitten; wenn sie groß genug sind, sogar der Länge nach geviertelt und dann möglichst in einem Glas-, Porzellan- oder Emailgefäß im Kühlschrank aufbewahrt, wobei das Gefäß offen bleiben muß, so daß die Pilze nicht etwa unter einem Deckel »zu schwitzen« beginnen.
Bitte achten Sie sehr darauf, daß nicht nur alle Erdstückchen, Tannennadeln und Laubreste von den Pilzen entfernt werden, sondern auch alle Madengänge sorgfältig ausgeschnitten sind, ehe Sie die Pilze verwerten oder aufbewahren. Das bedeutet, daß man manchmal gleich einen halben oder sogar einen ganzen Pilz wegwerfen muß, weil er schon zu stark zerfressen ist. Aber das ist besser, als etwa Ekel vor Pilzen zu entwickeln, wenn man in einem Pilzgericht aus frischen oder getrockneten Pilzen auf frische oder getrocknete Maden trifft.
Es gibt nun eine Reihe verschiedener Methoden der Konservierung von Pilzen. Wir empfehlen, sich im Laufe mehrerer Pilzsaisonen aller Konservierungsmethoden zu bedienen, um auf diese Weise eine vielfältige Pilzspeisekammer aufzubauen. Es ist jedoch wichtig zu wissen, welche Pilze sich für welche Art der Konservierung am besten eignen. Wir stellen hier deshalb eine Liste voraus, an der Sie ablesen können, was Sie mit bestimmten Pilzarten alles machen können, um sie das ganze Jahr hindurch verwenden zu können:

1. Das Einfrieren

Sicherlich ist das Einfrieren die einfachste Methode, Pilze zu konservieren. Man nimmt dazu allerdings nur Pilzarten, die ein festes Fleisch haben. Die Pilze werden gereinigt, der Länge nach in die Hälfte geschnitten oder geviertelt, in die üblichen Plastiksäckchen getan und in der Tiefkühltruhe eingefroren. Einige Pilzarten allerdings eignen sich nicht für das Einfrieren, etwa Pfifferlinge/Eierschwämme, Semmelstoppelpilze oder Totentrompeten. Sie werden durch das Tiefkühlen zäh.
Man kann die Pilze auch vor dem Einfrieren blanchieren, so wie man Gemüse blanchiert, indem man sie zwei bis drei Minuten in kochendem Wasser schwenkt, dann abtropfen läßt und in ausgekühltem Zustand in Plastiksäckchen zum Einfrieren füllt. Wir haben auch mehrfach versucht, fertige Pilzgerichte einzufrieren, haben aber dabei keine guten Erfahrungen gemacht. Die Qualität der tiefgefrorenen Pilzgerichte hat stets gelitten.

2. Einlegen im eigenen Saft

Man reinigt die Pilze, wobei man bei Röhrlingen ältere Röhren ablösen muß, bei Stachelpilzen sind die Stacheln zu entfernen. Nun schneidet man die Pilze in größere Würfel, wäscht sie kurz unter fließendem Wasser, läßt sie gut abtropfen und stellt sie in einem feuerfesten Gefäß auf kleiner Flamme zu. Eine Messerspitze Sodabikarbonat erhält die natürliche Farbe des Pilzes. Die Pilze lassen nun sehr viel Saft. Man salzt etwas und läßt sie kurz aufkochen. Die Pilze werden mit einem kleinen Sieb aus dem Sud genommen und in schon vorbereitete sterile Patentgläser eingeschlichtet. Der Sud wird nun darübergeleert, und zwar so, daß die Pilze von der Flüssigkeit voll bedeckt sind. Sollte zu wenig Flüssigkeit vorhanden sein, gießt man abgekochtes, leicht gesalzenes Wasser nach.
Nun werden die Gläser mit Gummiringen oder Patentdeckeln gut verschlossen, etwa 45 Minuten im Wasserbad gekocht, und zwar so, daß die Gläser zu drei Viertel im Wasser stehen. Nachdem die Gläser abgekühlt sind, muß man die Probe machen, ob die Deckel auch wirklich gut verschlossen sind. Falls nicht, muß die Prozedur wiederholt werden. Am sichersten ist es, wenn man die Gläser

zwei Tage danach abermals 5 Minuten lang im Wasserbad kochen läßt. Die solcherart konservierten Pilze sind später wie Frischpilze für alle Rezepte verwendbar. Ist ein Glas jedoch einmal geöffnet, muß sein Inhalt in kürzester Zeit verbraucht werden.

3. Einlegen in Essigwasser

Die gereinigten, gewaschenen Pilze werden als ganzes, aber auch halbiert oder geviertelt, in stark gesalzenes Wasser gelegt, wobei etwa fünf bis sechs Eßlöffel Salz auf ein Liter Wasser kommt. Je nachdem, ob es sich um zartere oder derbere Pilze handelt, müssen sie 5 bis 8 Minuten gekocht werden; dann nimmt man sie mit einem Sieb aus dem Pilzsud heraus. Dieser Pilzsud kann entweder noch zur Herstellung einer Suppe oder – zur Reduzierung – zu einer Pilzessenz verwendet werden.

Danach oder inzwischen kocht man nun Essigwasser, wobei auf je fünf Teile Wasser ein Teil Essig kommt. Die Pilze werden in das Essigwasser gelegt und 8 bis 10 Minuten gekocht. Unmittelbar danach werden sie in vorgewärmte, gut gewaschene Einweckgläser gefüllt. Das gekochte Essigwasser muß zwei Fingerbreit über den eingelegten Pilzen stehen. Nun läßt man alles gut verschlossen abkühlen, öffnet danach die Gläser und gießt frisches Speiseöl, am besten Olivenöl, nach, und zwar so, daß das Öl die gesamte Oberfläche des Essigwassers bedeckt. Dann verschließt man die Gläser und bewahrt sie an einem kühlen dunklen Ort bis zum Verbrauch.

4. Einlegen in Marinaden

Die gewaschenen und abgetropften Pilze werden in größere Stücke geschnitten und eine halbe Stunde lang in leicht gesalzenem Wasser gekocht. Nun seiht man das Wasser ab, schüttet es aber nicht weg, denn es kann sowohl für eine würzige Suppe als auch für Pilzessenz verwendet werden.

Nun stellt man die Marinade her. Sie besteht aus etwa je einem Viertelliter Weinessig und einem Liter Wasser auf je 2000 Gramm Pilze, dem man rund zehn weiße Pfefferkörner zusetzt, ferner einen halben Teelöffel Neugewürz, zwei Lorbeerblätter sowie fünf Schalotten- oder Perlzwiebel. Nun kocht man das Ganze gemeinsam mit den Pilzen 15 Minuten lang, schlichtet danach die abgeseihten Pilze in saubere, gut verschließbare Gläser und gießt die Marinade am besten durch ein Sieb nach; doch kann man, wenn man will, die Gewürze auch mit einfüllen.

Die Marinade wird die Pilze wahrscheinlich nur bis zur Hälfte bedecken, daher kocht man im Verhältnis 5 : 1 Wasser und Weinessig nach und füllt die Gläser damit so, daß die eingelegten Pilze von der Flüssigkeit vollends bedeckt sind.

Es gibt auch noch eine andere Marinade, die aber den gleichen Kochvorgang voraussetzt: Zwei Drittelliter Weinessig, ein Drittelliter Wasser, ein Teelöffel Salz, ein Teelöffel Zukker, eine Zwiebel, ein Lorbeerblatt, 8 bis 10 Wacholderbeeren, den Saft einer halben Zitrone, eine Messerspitze weißer Pfeffer, drei Gewürznelken und eine Knoblauchzehe werden mit den Pilzen gekocht und diese mit der

Marinade in Gläser gefüllt. Bei dieser Methode muß man jedoch von vornherein genügend Marinade machen, so daß die Pilze in den Gläsern vom Sud voll bedeckt sind, denn es ist nicht vorgesehen, bei dieser Art der Zubereitung Wasser und Essig nachzugießen.
Man kann diese Marinaden nach Belieben ändern, wenn man einzelne Gewürze nicht mag und durch andere ersetzen will. Wir fanden zum Beispiel, daß frische Estragonblätter anstelle der Gewürznelken besser schmeckten. Man kann aber auch Kerbel, Majoran, Thymian, Rosmarin und andere Gewürze versuchen.

5. Getrocknete Pilze

Das Pilzetrocknen ist eine der ältesten Methoden, Pilze zu konservieren. Es eignen sich aber nicht alle Pilze dazu. Wir weisen daher noch einmal auf unsere Tabelle auf Seite 165 hin, in der abzulesen ist, welche Pilze Sie trocknen können. Sehr wasserhältige Pilze – Champignons, Parasolkappen, Perlpilze etc. – können zwar getrocknet werden, ziehen aber sehr schnell wieder Wasser an, so daß sie oft in den Konservengläsern zu schimmeln beginnen. Auch Milchlinge eignen sich nicht gut und auch nicht der Pfifferling/Eierschwamm und der Semmelstoppelpilz, die beide zäh und ledrig werden. Der ihnen verwandte Habichtspilz hingegen ist gut zu trocknen und, zu Pilzpulver vermahlen, ein köstlicher Würzpilz.
Am besten eignen sich sehr würzige Pilze, wie Stockschwämmchen, Totentrompete, Morchel, Herrenpilz, Rotfüßchen, Maronenpilze und Habichtspilz.
Man muß jene Pilze, die man zum Trocknen vorgesehen hat, besonders gut reinigen. Man schneidet die Pilze danach in dünne Scheiben: das erleichtert das Trocknen sehr. Nun legt man sie entweder auf große Papierbogen in die Sonne oder man zieht mit Hilfe einer stärkeren Nadel starke Fäden durch die Scheiben, die man solcherart luftig aufhängt. Letztere Methode hat den Vorteil, daß man bei plötzlich eintretender Feuchtigkeit die Pilze sehr schnell mit der Schnur in den Backofen verfrachten kann, wo man sie, bei offener Backrohrtüre und sehr geringer Hitze, fertigtrocknen kann.
In neuerer Zeit ist nun auch eine Methode möglich, die der Trocknung in der Backröhre vorzuziehen ist, nämlich die Trocknung in einer Darre. Wir verwenden nun schon seit einiger Zeit solch eine Darre und sind mit den Resultaten sehr zufrieden. Die Darre besteht aus mehreren Drahteinsätzen, die auf einem Leichtmetallrahmen liegen, in dessen Mitte ein kleiner Ventilator eingebaut ist. Man schließt die Darre elektrisch an und läßt die gut verteilten Pilze austrocknen. Die Darre verbraucht wenig Elektrizität und hat den Vorteil, daß man sie während der Nacht eingeschaltet lassen kann. Damit wird vermieden, daß die Pilze etwa durch hohe Luftfeuchtigkeit verderben, bevor sie richtig trocknen können. Die Darre hat auch den weiteren Vorteil, daß man darauf ebenso Apfelschnitten, Feigen und Birnen trocknen kann.
Wichtig ist aber bei jeder Trocknungsmethode, daß die Pilzscheiben nie übereinander liegen dürfen und öfters gewendet werden müssen. Auch in der Darre ist es gut, die einzelnen Siebe immer wieder zu schütteln, um für eine schnelle Trocknung zu sorgen.
Getrocknete Pilze müssen völlig dürr sein und wie Glas zerbrechen, wenn man sie fest anfaßt. Wenn dieses Stadium erreicht ist, werden sie in luftdicht abschließende Gläser gefüllt und kühl und trocken aufbewahrt.

6. Pilzextrakt, Pilzessenz

Zur Herstellung von Pilzextrakt bzw. Pilzessenz sollte man vor allem Pilze verwenden, die im frischen oder getrockneten Zustand nicht optimal schmecken. Es sind meist auch Pilze, die wir in großen Quantitäten finden, etwa Kuhpilze. Doch welche Pilze man auch

immer dafür verwendet, sie werden erst gereinigt, in Würfel geschnitten, mit Wasser zugestellt; man läßt mehrmals aufkochen. Danach werden die Pilze mit einem Sieb aus dem Wasser gehoben, das Wasser selbst aber stark mit Salz versehen, etwa fünf bis sechs Eßlöffel auf einen Liter Wasser.
Dieser Sud wird so lange auf kleiner Flamme gekocht, bis sich die Flüssigkeit eindickt. Man muß allerdings mehrmals umrühren, um ein Anlegen der Pilzsubstanz zu verhindern.
Im Kühlschrank läßt sich diese Essenz viele Wochen aufbewahren. Wenn man sie in Abständen immer wieder aufkocht, läßt sich ihre Haltbarkeit noch erhöhen. Das Pilzextrakt ist zur Verbesserung von Soßen und zur Herstellung von Suppen hervorragend geeignet. Bei der Zubereitung von Essigpilzen fällt ziemlich viel Pilzsud an, den man auf solche Art verwerten kann.

7. Pilzpulver

Man kann aus verschiedenen gemischten getrockneten Pilzen Pilzpulver herstellen. Wir aber ziehen es vor, jedem Pilz seinen eigenen Platz in der Pilzspeisekammer einzuräumen, denn das Aroma ist ja doch jedesmal ganz individuell, so daß man es auch für besondere Speisen individuell verwerten kann. Etwa für Kalbfleischsteaks mit Morchelsauce, die nur aus dem entsprechenden Pilzpulver besteht, oder Habichtspilzsauce zu Wild und Schweinebraten.
Man nimmt also die brechtrockenen Pilze und zerstößt sie entweder in einem Mörser, in einem Mixer oder aber in einer alten Kaffeemühle, die allerdings nicht mehr nach Kaffee duften darf, da Pilze sehr leicht alle Gerüche anziehen. Wichtig ist vor allem, daß die Pilze sofort nach dem Trocknen vermahlen werden, bevor sie wieder Wasser aus der Luft anziehen. Man kann die Pilze auch zwischen zwei Lagen Packpapier mit einem Nudelholz zerkleinern, was allerdings eine etwas langwierige Angelegenheit ist. Das Pilzpulver sollte im vermahlenen Zustand ungefähr die Konsistenz von Paniermehl (Bröseln) haben.
Pilzpulver muß so aufbewahrt werden, daß man immer wieder leicht einen Blick darauf werfen kann, ob sich inzwischen das Pulver nicht zu Klumpen geformt hat, denn das würde bedeuten, daß sich Milben eingeschlichen haben, die das Pilzpulver ungenießbar machen. Das kann auch bei schlecht getrockneten ganzen Pilzen geschehen. Ebenso können sich in ein nicht luftdicht verschlossenes Gefäß Motten einnisten und alles zerstören. In so einem Fall darf man nicht kleinlich sein und muß den gesamten Inhalt des Glases wegwerfen, besonders auch, wenn sich etwa Schimmel an Pilzen angesetzt hat; verschimmelte Pilze können zu Vergiftungen führen.
Wer seine Pilzküche ganz besonders gut und vorsorglich einrichten will, der beschrifte alle Gläser nicht nur mit dem Namen der Pilzart, sondern auch mit der Jahreszahl und dem Fundort, um im nächsten Jahr am gleichen Ort für Nachschub sorgen zu können. Wer nicht gar zu stolz ist, kann natürlich auch gekaufte ausländische Trockenpilze, wie etwa Weiße Morcheln aus China, Shii-take aus Japan oder getrocknete Morcheln aus Frankreich in die eigene Pilzküche einreihen. Desgleichen lassen sich auch gekaufte Champignons oder Austernseitlinge ebenso wie selbstgefundene Pilze verwerten. Betreibt man die Konservierung von Pilzen systematisch, so verfügt man bald über Einsiedegläser mit getrockneten Herrenpilzen, Birkenpilzen, Hexenpilzen, letztere genau beschrieben, ob Netzstielig oder Flockenstielig, da die Netzstieligen Hexenpilze nicht mit Alkohol genossen werden dürfen! Dann gibt es Maronenpilze, getrocknet oder als Pilzpulver, getrocknete Parasolstiele oder Judasohren.
In anderen Gläsern aber befinden sich die Pilze, die wir auf die verschiedenste Art eingelegt haben: im eigenen Saft, in Essigwasser und in Marinaden. Pilzpulver aus verschiedenen Pilzen ergänzen die Sammlung.
Es wird zwar eine Weile dauern, bis man über

eine halbwegs vollständige Pilzküche verfügt, wem aber das Kochen eine Herzensangelegenheit ist, den macht die Pilzküche souverän; denn nichts, was man auf dem Markt kaufen kann, schmeckt auch nur halb so gut wie die Zutaten aus der eigenen Produktion. Und gerade Pilzpulver und Pilzessenz sind das Tüpfchen auf dem I in Ihrer Küche.

In Kochbüchern findet man häufig präzise Angaben darüber, für wie viele Personen die jeweiligen Rezepte angelegt sind. Auch in diesem Punkt bilden die Pilze eine Ausnahme. Denn die Pilzküche ist stets abhängig von der gefundenen Menge. Wir bitten Sie daher, sämtliche Zutaten Ihrer jeweiligen »Beute« anzupassen.

Das Konservieren einzelner Pilzarten

Märzschneckling	in Essig, in Marinade, Einfrieren
Samtfußrübling	Trocknen, Einfrieren, Pulver
Austernseitling	in Essig, in Marinaden
Judasohr	Trocknen
Morchel	Trocknen, Einlegen natur
Champignon	in Essig, in Marinade, Einlegen natur
Stockschwämmchen	Trocknen, Essenz, Pilzpulver
Schopftintling	Einlegen natur, Stiele als Pulver
Maronenpilz	in Essig, in Marinade, Trocknen, Pilzpulver, Einlegen natur
Herrenpilz	in Essig, in Marinade, Trocknen, Pilzpulver, Einlegen natur
Boviste	*nicht konservierbar*
Perlpilz	Einlegen natur, Essenz
Eierschwamm / Pfifferling	Einlegen natur
Semmelstoppelpilz	in Essig, Einlegen natur
Habichtspilz	in Essig, Trocknen, Pilzpulver
Parasol	Trocknen, auch die Stiele (im Ganzen, wie Zimtstangen mitkochen, aber nicht genießbar)
Reizker	in Essig, besonders in Marinaden
Brätling	Einfrieren, aber ohne zu blanchieren
Frauentäubling	Einlegen natur
Grüntäubling	Einlegen natur
Birkenpilz und Rotkappe	wie Herrenpilz
Krause Glucke	Trocknen, Pulver
Hallimasch	Trocknen
Totentrompete	Trocknen, besonders aber Pulver
Schneepilz	in Essig, Einlegen natur
Hexenpilze	wie Herrenpilz. Genau beschriften!
Rotfüßchen	wie Herrenpilz
Butterpilz	wie Herrenpilz
Kuhpilz	Essenz
Mairitterling	Einlegen natur
Trüffel	*nicht konservierbar*
Leberpilz	blanchieren in Essig!

Allgemeine Rezepte

Hier zunächst drei Rezepte, die für die Verwertung beinahe aller Pilzarten anwendbar sind. Für alle drei Rezepte lassen sich auch Pilze verschiedener Arten gemeinsam verwenden.

1. PILZE NATUR

Zutaten: Eine beliebige Menge feingeschnittener (aber nicht gewürfelter) Pilze, Butter (50 g pro 200 g Pilze), sehr fein gehackte Zwiebeln (eine kleine Zwiebel pro 250 g Pilze), Petersilie (sehr fein gehackt, nach Belieben). Man kann die Petersilie auch erst zum Schluß, vor dem Servieren, über das Gericht streuen. Salz und Pfeffer nach Geschmack, eine fein zerdrückte Knoblauchzehe (pro 400 g Pilze). Der Knoblauch darf nur leicht spürbar sein. Auch mit dem Pfeffer muß man vorsichtig würzen, damit man das Aroma der Pilze nicht zerstört.

Geben Sie Butter in eine Kasserolle, lassen Sie die Zwiebel leicht anlaufen. Nun kommen die Pilze dazu. Alles wird vermischt und gut verschlossen ca. 15 Minuten gedünstet. Bei härteren Pilzsorten (Pfifferlinge/Eierschwämme, Semmelstoppelpilze oder Habichtspilze) kann man die Kochzeit bis zu 30 Minuten erhöhen, wobei man aber wissen muß, daß diese Pilze nie so weich werden wie etwa Herrenpilze. Am Ende der Kochzeit nimmt man den Deckel ab, salzt und pfeffert, gibt den Knoblauch dazu und läßt alles offen weiterschmoren, bis der größte Teil der entstandenen Pilzflüssigkeit verdunstet ist. Zum Schluß kommt die frische Petersilie dazu.

Dieses Pilzgericht eignet sich sehr gut als Gemüse zu Kalbfleisch oder Steaks, ist aber ebenso gut als vegetarische Speise, nur mit Kartoffeln oder Semmelknödeln, zu verwenden. Für letztere Kombination kann man auch etwas weniger von dem Pilzwasser verdunsten lassen und zwei bis drei Eßlöffel saure Sahne oder fettes Joghurt beifügen, um mehr Saft zu erhalten. Für eine kleine Vorspeise oder als Cocktail-Happen kann man die Pilze auch auf Minitoasts servieren.

2. PILZSUPPE MIT KARTOFFELN

Diese Suppe eignet sich für alle Pilze. Sie ist für jene Tage geeignet, an denen man von verschiedensten Pilzen nur je ein oder zwei Stück gefunden hat. Am wenigsten eignen sich dafür allerdings die härteren Sorten, wie Pfifferlinge/Eierschwämme, Semmelstoppelpilze, Habichtspilze oder der Leberpilz.

Zutaten: Eine beliebige Menge grobgehackter gemischter Pilze (holzige und zähe Stiele sind nicht verwendbar); 1–3 kleine Zwiebeln, fein gehackt; Butter – nie mehr als 100 g, auch bei größeren Mengen von Pilzen; Salz, Pfeffer; Kartoffeln geschält und in kleine Würfel geschnitten. Die Kartoffelmenge kann man nun abstimmen je nach Konsistenz der Suppe, die man erreichen will (ob dünn oder dicklich). Suppenwürfel (oder Rindsuppe) – ebenso in Litern abgestimmt auf die Menge der Pilze oder die Zahl der Personen.

Zerlassen sie die Butter, und rösten Sie die Zwiebel leicht an. Nun kommen die feingeschnittenen Pilze dazu – man kann sie auch würfelig schneiden, was bei sehr weichen Pilzen wie Herren- oder Butterpilzen anzuraten ist – und läßt alles zugedeckt auf kleiner Flamme 15 bis 20 Minuten lang dünsten. Nach dieser Kochzeit gießen Sie alles mit soviel Suppe auf, als Sie benötigen, und geben die rohen Kartoffelwürfelchen, Salz und Pfeffer dazu. Auch hier kann man nach Belieben etwas Knoblauch zufügen. Nun lassen Sie alles so lange auf kleiner Flamme kochen, bis die Kartoffeln gar sind. Mit frischer Petersilie überstreuen und sehr heiß servieren. Besonders in ländlichen Gebieten wird oft noch saure Sahne mit etwas Mehl versprudelt, beigegeben, wodurch eine dicke cremige Suppe entsteht, die viel ausgiebiger ist.

3. GEBACKENE PILZE

Hiefür eignen sich vor allem Pilze mit großen Hüten und/oder festen Stielen, wie alle Röhrlinge, Perlpilz, Champignon, Parasol (ohne Stiel), Leberpilz, Austernseitling und Bovist.
Gebackene Pilze werden so zubereitet wie Wiener Schnitzel, also indem man entweder ganze Hüte, halbe Stiele oder dicke Scheiben von gut geputzten, aber nicht gewaschenen Pilzen in Mehl, Ei und Paniermehl/Semmelbrösel wendet und dann in heißem Fett goldbraun herausbackt.
Man kann die Pilze allerdings auch in einem leichten Teig aus Mehl, Ei und etwas Wasser, wie Pariser Schnitzel, zubereiten. Unter den delikatesten Speisen, die man aus Pilzen machen kann, sind sicher Riesenbovist-Schnitzel, die manchmal Tellergröße erreichen können.

Die einzelnen Pilzrezepte

Märzschnecklinge

SCHNECKLINGE À LA CREME

Zutaten: 500 g Schnecklinge, gut gewaschen und feinblättrig geschnitten; 40 g Butter; 1 mittlere, feingehackte Zwiebel; 1 Knoblauchzehe (nach Wunsch); 1 Handvoll feingehackte Petersilie; Pfeffer; Salz; süße Sahne/Obers.

Zerlassen Sie die Butter in einer Pfanne (nie Aluminium!), und lassen Sie darin die Zwiebel hellbraun braten. Nun kommen die Pilze dazu. Rühren Sie alles auf mittlerer Flamme gut durch. Dabei wird sich etwas Pilzwasser bilden, das auf ganz kleiner Flamme wieder zum Verdunsten gebracht wird (ca. 10 Minuten). Nun zerdrücken Sie die Knoblauchzehe, geben die Petersilie dazu, etwas Salz und Pfeffer. Nachdem alles noch einmal gut gekocht hat, fügen Sie langsam die Sahne bei, lassen zweimal kurz aufkochen und servieren die Schnecklinge heiß entweder auf Toast oder als Beilage zu Rinder- oder Kalbsfilet.

SCHNECKLINGSSUPPE SCHWEDISCH

Zutaten: 500 g Pilze; 100 g magerer Selchspeck, beides grob gewürfelt; 50 g Butter; 1 mittlere, feingehackte Zwiebel; 1 l Würfel- oder Rindsuppe; Salz, Pfeffer; 3–5 Eßlöffel Paniermehl/Semmelbrösel und 2 Eßlöffel gehackte Petersilie.

Die Pilze werden in der Butter hellbraun geröstet und in einen höheren Topf gegeben (Email oder Jenaer-Glas). In derselben Pfanne, in der die Pilze geröstet wurden, bratet man nun die Speckwürfel rasch glasig und gibt den Speck ohne das entstandene Fett zu den Pilzen. Nun gießt man mit der Suppe auf und läßt alles auf kleiner Flamme ca. eine Stunde kochen. Danach kommen Zwiebel, Petersilie, Salz und Pfeffer nach Geschmack dazu. Zum Schluß, knapp vor dem Servieren, gibt man Paniermehl/Semmelbrösel unter ständigem Rühren langsam in die Suppe, bis sie sämig wird. Bei nochmaligem Aufwärmen muß Suppe nachgegossen werden, um die Konsistenz flüssig zu halten.

Samtfußrübling

RÜBLINGSTASCHEN

Zutaten: a) Fülle: 400 g feingeschnittene Pilze ohne Stiel; 40 g Butter; 1 mittlere, feingehackte Zwiebel; 1 Teelöffel Salz, 2 Eßlöffel feinstgehackte Petersilie. b) Teig: 300 g Mehl, 2 ganze Eier und etwas Salz; 100 g Butter.

Für die Fülle läßt man die Pilze auf sehr kleinem Feuer langsam mit Butter rosig anlaufen, gibt die Zwiebel dazu, Salz, Pfeffer und Petersilie. Auf mittlerer Flamme wird alles ca. 15 Minuten lang gegart und dann kaltgestellt.
Für den Teig werden Mehl, Eier, Salz und zerlassene Butter in einer Schüssel gut durchgerührt, dann geknetet und schließlich auf einem Brett messerrückendick ausgerollt. Mit einem Glas oder Teigstecher werden mittelgroße runde Teigstücke ausgestochen, diese mit der Pilzfülle bestrichen und halbmondförmig zusammengeklappt. Die Teigränder werden gut niedergedrückt, dann die Taschen auf ein gut befettetes Blech gelegt und im vorgeheizten Backrohr hellbraun gebacken.

RÜBLINGE MIT KALBSMEDAILLONS

Zutaten: 4–6 kleine Kalbsmedaillons; 100 g Butter; eine Handvoll grobgehackte Petersilie; 1/8 l Sahne/Kaffeeobers, 300 g grobgehackte Rüblinge (ohne Stiele!), Pfeffer und Salz.

Zuerst lassen Sie die Rüblinge in 50 g Butter mit der Zwiebel leicht anrösten und dann zugedeckt mindestens 15 Minuten auf kleinster Flamme dünsten. Daneben werden die leicht bemehlten und gesalzenen Kalbsmedaillons in der restlichen Butter auf beiden Seiten scharf angebraten und mit etwas Wasser aufgegossen. Sodann werden sie zugedeckt und auf kleiner Flamme weichgedünstet. Nun gibt man 1/8 l Sahne/Obers und die Petersilie über die Pilze und erhitzt sie langsam. Kurz bevor man serviert, werden die Pilze über die Medaillons geleert und alles mit Reis oder Salzkartoffeln angerichtet.

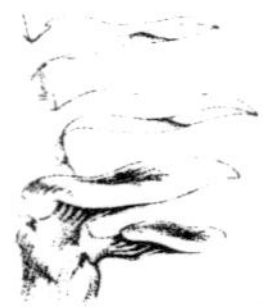

Austernpilze

GRATINIERTE AUSTERNPILZE

Zutaten: 4–8 Austernpilze (im Ganzen!) ca. 3 Eßlöffel Olivenöl; eine Handvoll feinstgehackte Petersilie, Salz und Pfeffer.

Putzen Sie die Pilze sehr gründlich, schneiden Sie die harten Enden der Stiele ab und legen Sie die Hüte ausgebreitet (es macht nichts, wenn sie dabei etwas einreißen) auf eine Grillplatte. Bestreichen Sie die Pilze mit dem Öl, geben Sie Petersilie, Salz und Pfeffer dazu. Nun werden die Pilze auf beiden Seiten ca. 15 Minuten gegrillt, während man sie immer wieder mit Öl bestreicht. Wenn sie leicht gebräunt sind, sofort auf Toast oder auf gekochtem Reis servieren.

PANIERTE AUSTERNPILZE

Besonders gut sind Austernpilze auch im Ganzen oder in Teilen, wie Wiener Schnitzel paniert und in heißem Öl gebraten!

AUSTERNPILZ-KALTSCHALE

Zutaten: 500 g grob geschnittene Pilze; 1/8 l Olivenöl; 1/16 l Suppe (Rind- oder Würfelsuppe); 2 Lorbeerblätter, Salz und Pfeffer; 2 Eßlöffel Tomatenpüree; 1 Eßlöffel Zucker und etwas Zitronensaft; eine Zwiebel.

Braten Sie die Zwiebel in der Hälfte des Öls mit den Lorbeerblättern rosig, nehmen Sie die Lorbeerblätter heraus, und geben Sie die Pilze dazu. Rühren Sie auf mittlerer Flamme alles durch und gießen mit der Suppe auf. Nun pfeffern und salzen Sie alles nach Geschmack (grober schwarzer Pfeffer ist besonders gut!) und lassen das Ganze ca. 10 Minuten zugedeckt kochen. Nun kommen Tomatenpüree, Zucker und ein paar Tropfen Zitronensaft dazu. Alles wird auf kleinem Feuer gut vermischt und noch einmal 10 Minuten gekocht. Dann nehmen Sie die Pilze vom Feuer und rühren das restliche Öl noch langsam dazu. Alles kaltstellen und zu deftigem Roggen- oder Vollkornbrot servieren.

FRITATTEN

Zutaten: 2–4 Eßlöffel Käse (Parmesan); eine große Prise Salz und Pfeffer; 1–2 Schalen Öl (wenn möglich Olivenöl); eine beliebige Menge Austernpilze; 1–2 Handvoll Petersilie, gehackt; eine Schale (1/8 l) feingehackte Zwiebeln für je 200 g Pilze; 2 Eier.

Man nehme eine beliebige Menge Pilze, säubere sie und schneide sie in dünne Streifen. Die Pilze gibt man ins heiße Olivenöl und läßt zugedeckt rund 25 Minuten dünsten. Sind die Pilze weich, gibt man Petersilie und Salz dazu und läßt weitere 10 Minuten dünsten; nun die überschüssige Flüssigkeit abgießen. Mit einem Eßlöffel Öl läßt man die Zwiebel leicht anlaufen. Die Eier verquirlen, mit dem geriebenen Parmesan und den Zwiebeln mischen, und diese Mischung über die Pilze leeren. Alles auf kleiner Flamme stocken lassen. Diese Speise kann auch kalt gegessen werden.

AUSTERNPILZPAPRIKASAUCE

Zutaten: 600 g Pilze; 2 feingehackte Zwiebeln; 1 Tasse Suppe; 1 kleines Glas Joghurt (nicht mager); ein Glas Olivenöl; Salz und Paprika.

Die Pilze werden in feine Scheibchen geschnitten und mit den Zwiebeln zusammen im Öl rosig gebraten, dann 1 Kaffeelöffel Paprika dazugeben, das Ganze mit einer Tasse Suppe löschen und zugedeckt langsam ca. eine halbe Stunde kochen lassen. Danach den Deckel wegnehmen und den Saft etwas auf höherer Flamme reduzieren. Zum Schluß das Joghurt dazumischen und auf hoher Flamme rasch ein paar Sekunden zu Ende kochen.

Judasohr

RINDSRAGOUT MIT JUDASOHREN

Zutaten: 15–20 Stück ganze Judasohren; 4 Rinderfilets; Salz, Pfeffer; 100 g Schweineschmalz (oder Speiseöl), 4 Eßlöffel Rind- oder Würfelsuppe; 250 g Erbsen (tiefgekühlt oder frisch).

Schneiden Sie die harten Stielenden der Pilze weg, und kochen Sie sie in leicht gesalzenem Wasser 5 bis 6 Minuten. Dann lassen Sie sie zugedeckt auskühlen. Nun schneiden Sie die Rinderfilets in daumendicke Streifen, bestreuen sie mit Salz und Pfeffer und bemehlen sie auf allen Seiten. Das Fleisch wird in stark erhitztem Fett rasch braun angebraten und mit der Suppe aufgegossen. Die Judasohren kommen abgetropft dazu, alles wird zugedeckt auf kleiner Flamme solange gedünstet, bis das Fleisch weich ist (ca. 30 Minuten). Zum Schluß fügen Sie die halbweich gekochten Erbsen (ohne Wasser) dazu und dünsten alles kurz weiter. Als Beilage sind Reis, Petersilienkartoffeln oder Semmelknödel passend.

CHINESISCHES GEMÜSEGERICHT MIT JUDASOHREN

Zutaten: 1 mittelgroßer Chinakohl, feinblättrig geschnitten; 1 große Zwiebel, fein geschnitten; 3 Eßlöffel Speiseöl oder ein Öl-Butter-Gemisch; 1 Säckchen Sojabohnenkeime (ca. 250 g); etwa 10 Judasohren; 2 Teelöffel Sojasauce.

Der Chinakohl wird zusammen mit der Zwiebel in eine tiefe Bratpfanne in das stark erhitzte Fett gegeben und mittels zweier Kochlöffel schnell und ständig gedreht und gewendet. Es dauert ungefähr 6 Minuten, bis der Chinakohl richtig durchgeröstet ist. Nun gibt man die gewaschenen Pilze im Ganzen dazu und dreht und wendet das Gemisch weiter, immer noch auf großer Flamme. Nach weiteren 5 Minuten kommen die Sojabohnenkeime unzerschnitten dazu; alles wird noch einmal mit Sojasauce kurz durchgeröstet und dann mit gedünstetem Reis serviert.

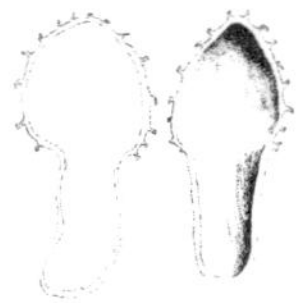

Morcheln

MORCHEL-OMELETTE

Zutaten: Etwa 200 g grobgehackte Morcheln; 200 g würfelig geschnittener Bauchspeck; 50 g Butter; 6 Eier; eine Handvoll feingehackte Petersilie.

Die Morcheln werden in etwas Wasser 5 bis 6 Minuten gekocht und abgeseiht; inzwischen röstet man den würfelig geschnittenen Bauchspeck in der Butter an. Nun gibt man die Morcheln dazu, röstet etwas weiter und gibt die feingehackte Petersilie dazu. Nun versprudeln Sie die 6 Eier und gießen diese über Morcheln und Speck. Das Ganze brät man auf mittlerer Flamme, wendet die Omelette einmal und serviert dann heiß auf Toast oder als Hauptspeise mit Kartoffeln und grünem Salat.

GEFÜLLTE MORCHELN

Zutaten: 500 g ganze Morcheln; 200 g feingehackte Hühnerleber; 50 g Butter oder Margarine; 1 Eßlöffel Paniermehl/Bröseln, 1 Eidot-

ter; 1 mittelgroße, feinstgehackte Zwiebel; Salz und Pfeffer.

Schneiden Sie die Morcheln der Länge nach in die Hälfte, und tauchen Sie die Außenseite in Mehl. Braten Sie die gehackte Hühnerleber in der Butter kurz durch und vermischen Sie sie samt dem Saft mit dem Paniermehl/Brösel, dem Eidotter und etwas Salz und Pfeffer. Diese Mischung füllen Sie nun in die Morcheln, legen diese in eine leicht befettete Jenaer-Schüssel, bestreuen sie mit der gehackten Zwiebel und lassen alles im heißen Rohr 20 Minuten braten.

Champignons

PILZSALAT MIT WIESENCHAMPIGNONS

Zutaten: 400 g Champignons, feingeschnitten; 100 g Edamer Käse, in Streifen geschnitten; ein säuerlicher Apfel, in dünne Scheiben geschnitten; 2 bis 3 Eßlöffel Mayonnaise; 1/8 l saure Sahne; 1 Eßlöffel gehackte Petersilie; Salz, frischgemahlener, weißer Pfeffer; 1 Teelöffel Zitronensaft; 2 hartgekochte Eier.

Bringen Sie etwas gesalzenes Wasser zum Kochen. Geben Sie den Zitronensaft und die Pilze hinein (die Pilze sollen kaum bedeckt sein). Lassen Sie die Pilze nun auf ganz kleinem Feuer ca. 20 Minuten kochen und dann auskühlen. Nun kommen Käse, Apfel, Salz und Pfeffer dazu. Vermischen Sie nun die Mayonnaise mit der sauren Sahne/Rahm, und gießen Sie alles über die Pilze. In einer Salatschüssel wird der Pilzsalat nun mit der Petersilie und den geschnittenen harten Eiern garniert. Bis zur Mahlzeit sollte alles gut gekühlt und erst bei Tisch völlig vermischt werden.

ANISEGERLINGE (GRIECHISCH)

Zutaten: 5/8 l Hühnersuppe; 1/16 l trockener Weißwein; 3 Eßlöffel Olivenöl; 5 Eßlöffel Zitronensaft; 1 Handvoll feingehackte Petersilie; 1 große Knoblauchzehe; 1 Eßlöffel gehackte Dille; 1 Prise getrockneter Thymian; 5 Pfefferkörner; 1 Lorbeerblatt; 1/2 Teelöffel Salz; 500 g Anisegerlinge, geputzt, im ganzen; Petersilie zum Garnieren; Zitronenscheiben.

Man läßt Suppe, Wein, Olivenöl, Zitronensaft, Petersilie, Knoblauch, Dille, Thymian, Pfefferkörner, Lorbeerblatt und Salz ungefähr 45 Minuten kochen. Danach wird der Sud abgeseiht und mit den geputzten Pilzen 10 Minuten auf kleinem Feuer gekocht. Jetzt kann man eventuell noch nachsalzen oder pfeffern. In der Marinade müssen die Pilze erkalten und ca. vier Stunden drinnenbleiben. Zum Schluß werden sie mit ganz wenig Marinade angerichtet und mit Zitronenscheiben und Petersilie garniert.

GEFÜLLTE CHAMPIGNONS

Für dieses Rezept kann man sowohl Anisegerlinge als auch Wiesenchampignons verwenden.

Zutaten: Champignonköpfe nach Belieben; 1 Handvoll Petersilie (auch etwas mehr, wenn mehr als 8 Pilzköpfe verwendet werden; eine in warmem Wasser eingeweichte Semmel (gut ausgedrückt und passiert); 1 kleine Zwiebel, feingehackt; 1 Ei; Salz, Pfeffer und etwas Knoblauch (Pulver oder 1/2 fein zerdrückte Zehe); 100 g feingehackter Schinken; 50 g Butter.

Mischen Sie die Semmel, Zwiebel, Petersilie, etwas Salz und Pfeffer, das ganze Ei und den

Schinken gut zusammen, und füllen Sie die Masse in die hohlen Pilzköpfe ein, so daß sie gehäuft voll sind. Nun zerläßt man die Butter und bestreicht sowohl ein Tortenblech wie auch die Fülle, die über den Pilzrand reicht. Dann wird alles in ein gut vorgeheiztes Rohr geschoben und ca. 20 Minuten gebacken.
Man kann statt Schinken auch gekochtes Hühnerfleisch oder Kalbfleisch verwenden.

GEGRILLTE CHAMPIGNONS

Zutaten: 250 g Champignons, möglichst gleich groß; Öl zum Bestreichen; Salz und Pfeffer; Für die Sauce: 250 g Salatmayonnaise; 1 Eßlöffel Kräutersenf; 1 kleine Zwiebel; 1 Teelöffel Kapern; 1 kleine Gewürzgurke, Salz, weißer Pfeffer, Knoblauchsalz; 1 Eßlöffel gehackte Kräuter (Petersilie, Dille, Schnittlauch, Estragon, Kerbel).

Die geputzten Champignons mit dem Öl bepinseln und auf dem Grillrost von allen Seiten bräunen. Mit Salz und Pfeffer würzen. Während der Grillzeit die Sauce zubereiten. Dazu geschälte Zwiebel, Gewürzgurke und Kapern fein hacken. Mit allen übrigen Zutaten mischen. Die Kräuter zum Schluß unterheben.
Gegrillte Champignons mit der Sauce und Stangenweißbrot servieren.

KÄSECHAMPIGNON (ITAL.) (WIESENCHAMPIGNON)

Zutaten: 300 g Champignons; 100 g Emmentaler; 100 g milder Gorgonzola; 100 g gekochte Zunge; 1 Dotter; Olivenöl; Zitronensaft, Salz und Pfeffer.

Mit dem Dotter, Öl, Zitronensaft, etwas Salz und Pfeffer eine Mayonnaise machen (1 ganze Zitrone); die Pilze putzen und in Scheiben schneiden (roh), die Zunge in dünne Streifen schneiden (nicht zu lang) und die zwei Käsesorten in kleine Würfel. Alles in eine Terrine geben, mit Öl, Salz und Pfeffer mischen, Mayonnaise nach Belieben beifügen und servieren.

CHAMPIGNONTORTE

Zutaten: 500 g Pilze; 500 g roher Schinken; 1 Paket Blätterteig; 100 g Mozarella-Käse; 1/2 Glas Sahne/Obers; 80 g Butter; Salz und Pfeffer.

Eine Auflaufform mit Butter ausstreichen und mit Blätterteig auslegen. Die Pilze in dünne Scheiben schneiden und mit Butter, Salz und Pfeffer dünsten lassen. Wenn die Pilze fast weich sind, den feingeschnittenen Schinken und die in Würfel geschnittene Mozarella dazugeben. Noch ein paar Minuten kochen lassen und in den Blätterteig einfüllen. Mit Blätterteig zudecken, die Sahne drüber versprengen und einige Flöckchen Butter darüberstreuen. Im heißen Backrohr 30 Minuten backen.

GRATINIERTE CHAMPIGNONS

Zutaten: 4–8 Champignonhüte (am besten Wiesen- oder Waldchampignons); 50 g Butter; Salz und Pfeffer.

Die Stiele werden bei diesem Gericht nicht verwendet. Man putzt die Hüte vorsichtig und läßt sie auf einem Grill mit den Lamellen nach oben mit brauner Butter rösten. Vorher salzen und pfeffern. Nach zehn Minuten werden sie umgedreht, noch einmal zwei Minuten von der anderen Seite gegrillt und sofort serviert.

CHAMPIGNONSPIESSCHEN

Zutaten: 500 g Pilze; 200 g geräuchertes Bauchfleisch oder durchzogener Speck; 2 mittlere Tomaten; 2 Peperoni; Öl; Salz und Pfeffer.

Man nehme größere Kulturchampignons und entferne die Stiele, stecke die Köpfe auf Spießchen, alternierend mit Stückchen von Tomaten, Peperoni und Speck, bestreiche mit Öl und gebe das Ganze in ein Backrohr. Bei mittlerer Hitze öfters mit Öl bestreichen. Wenn die Pilze leicht gebräunt sind, herausnehmen, salzen und servieren.

CHAMPIGNONS IN BIERTEIG

Zutaten: 250 g junge, kleine Champignons; Bierteig aus 1 verrührtem Ei, 3 Kaffeelöffel Mehl, Bier; Backfett; Salz.

Zunächst einen geschmeidigen, aber dickflüssigen Bierteig herstellen. Die Pilze in den Teig tauchen und in heißem Fett schwimmend in 5 bis 6 Minuten herausbacken. Einzeln herausnehmen, abtropfen lassen und salzen. Sehr gut paßt dazu Mayonnaise und grüner Salat.

KALBSBRIESCHEN MIT CHAMPIGNONS

Zutaten: 2 Kalbsbriese; Salz und Pfeffer; Mehl; 3 Eßlöffel Butter; 125 g Champignons.

Die Briese vorbereiten, in Scheiben schneiden, mit Salz und Pfeffer bestreuen. Im Mehl wenden, und in der heißen Butter goldgelb anbraten. Die in feine Scheiben geschnittenen Champignons dazugeben, noch kurz mitbraten und anrichten. Mit grünem Salat, auch mit Kartoffelbrei und Salat reichen.

SCHINKENREIS MIT CHAMPIGNONS

Zutaten: 2 Tassen Reis; 6 Tassen Fleischbrühe; Salz; 3 Teelöffel Curry; 150 g Champignons; 1 Zwiebel; 150 g gekochter Schinken; etwas Butter; 1/2 Saftzitrone.

Den Reis in Butter anrösten, mit der siedenden Fleischbrühe auffüllen, 10 Minuten auf kleiner Flamme zugedeckt kochen lassen, mit Salz und Curry würzen. Die Pilze in feine Scheiben schneiden und mit der gewiegten Zwiebel 5 Minuten in Butter dämpfen. Den in Würfel geschnittenen Schinken und die Pilze behutsam unter den Reis mischen. Im gut verschlossenen Topf warmstellen und garziehen lassen. Vor dem Anrichten mit Zitronensaft beträufeln. Als Beigabe Salat.

MARINIERTE CHAMPIGNONS

500 g Champignons, Origano; Basilikum (wenn möglich frisch); etwas Zwiebelsalz; 1 Knoblauchzehe; 1 Glas Olivenöl; Saft von 1 Zitrone; Salz und Pfeffer.

Man schlägt in einer Terrine Öl, Zitronensaft, Salz, Pfeffer, Basilikum und Zwiebelsalz, bis alles gut vermengt ist. Dann gibt man eine zerdrückte Knoblauchzehe dazu, ohne sie zu zerteilen, bedeckt die Terrine und läßt sie eine Stunde ruhen. Dann nimmt man den zerdrückten Knoblauch heraus. Die Pilze putzen und sehr fein schneiden, in die Marinade geben. Alles gut vermischen, eine weitere Stunde zugedeckt rasten lassen. Vor dem Anrichten Pilze aus der Marinade nehmen und mit Brot oder Croutons servieren.

CHAMPIGNONCREME

Zutaten: 300 g Champignons, 40 g Mehl; 2 Glas Milch; 1 l Fleischsuppe; 2 Eßlöffel gehackte Petersilie; Croutons (geröstete Semmelwürfel), Butter, Muskatnuß und Salz.

Die Pilze werden geputzt und die Huthaut abgezogen. Dann wird eine Bechamel mit 40 g Butter, Mehl und Milch gemacht und eine Messerspitze Muskatnuß und Salz dazugegeben. Die Pilze werden in kleine Stücke geschnitten und mit 30 g Butter langsam am Feuer gedünstet, danach passiert und mit der Bechamel vermischt. Zehn Minuten auf kleinem Feuer kochen lassen. Das Ganze wird in ein größeres Gefäß gegeben und mit der inzwischen kochend heiß gemachten Suppe vermischt. Nun gibt man die feingehackte Petersilie dazu, dreht das Feuer ab und serviert mit gebähtem Brot, gekochtem Reis oder Salzkartoffeln.

Maipilze

Sorgen Sie sich, daß einem Ihrer Gäste der etwas eigenartige Geschmack des Maipilzes nicht zusagen könnte, so kochen Sie den Pilz ganz kurz in etwas Wasser, bevor Sie ihn verwenden. Man kann alle Rezepte, die für den Champignon und den Schopftintling geeignet sind, auch für den Maipilz verwenden. Am besten aber macht er sich in Saucen, wie zum Beispiel in folgender:

MAIPILZSAUCE

Zutaten: 300 g feinblättrig geschnittene Maipilze (Stiele und Hüte); 80 g Butter; 2 Eßlöffel Mehl; 1/8 l Kaffeeobers (leichte Sahne); 1/16 l Milch; Pfeffer, Salz, der Saft einer halben Zitrone; 2 Eßlöffel Sojasauce.

Die Pilze werden 5–6 Minuten lang in kochendem, leicht gesalzenem Wasser gekocht und dann abgeseiht (das Pilzwasser ist nicht mehr zu gebrauchen). Nun wird aus dem Mehl, der Butter und der Milch eine leichte Bechamel gemacht, mit dem Obers aufgegossen, mit Salz, Pfeffer und Zitronensaft gewürzt und alles noch einmal aufgekocht. Die Pilze kommen nun in die Sauce, und alles wird weitergekocht, bis die Sauce etwas eingedickt ist. Zum Schluß kommt noch die Sojasauce dazu. Zu Salzkartoffeln oder Semmelknödeln servieren. Als Beilage zu gedünsteten Kalbsschnitzeln paßt diese Sauce sehr gut.

KROKETTEN MIT PILZEN

Zutaten: 300 g Pilze (Maipilze, Champignons); Salz, Petersilie; 1/2 Zitronenschale; 125 g Paniermehl/Semmelbrösel; 3 Eier; etwas Mehl; Butter; ev. Reste von Geflügel oder Kalbfleisch.

Die Pilze feinblättrig schneiden und in Butter 5–10 Minuten weich dämpfen. Danach werden sie gehackt, mit Salz, feingewiegter Petersilie, abgeriebener Zitronenschale, 100 g Paniermehl/Semmelbrösel und den Eiern vermischt. Man kann auch Reste von Geflügel oder Kalbfleisch, ebenfalls feingewiegt, dazugeben. Aus der Masse formt man etwa 8 cm lange Kroketten, wendet sie noch einmal in Paniermehl/Semmelbrösel und brät sie in Butter schön goldbraun. Sehr gut mit feinen Erbsen und holländischer Sauce oder mit grünem Salat.

Stockschwämmchen

STOCKSCHWÄMMCHEN-RAGOUT

Zutaten: 500 g Stockschwämmchen ohne Stiele, halbiert; 500 g gewürfelter Schweinslungenbraten (ohne Fett); 1/8 l Olivenöl; 5 g Butter; 1 Eßlöffel Mehl; 1/8 l Rind- oder Würfelsuppe; 1 Knoblauchzehe; 1 Handvoll feingehackte Petersilie; Salz und Pfeffer.

Lassen Sie das Fleisch in einem Gemisch aus Öl und Butter hellbraun an allen Seiten anbraten und geben Sie die Pilze dazu. Salzen Sie alles ein wenig, und mischen Sie gut durch. Nun lassen Sie alles auf kleinster Flamme ungefähr 45 Minuten zugedeckt dünsten. Danach geben Sie langsam das Mehl dazu, indem Sie es mit dem Saft gut vermischen. Gießen Sie mit der Suppe auf und alles noch eine weitere halbe Stunde dünsten lassen, wobei öfters umgerührt werden muß, damit sich der dickliche Saft nicht anlegt. Nun zerdrückt man die Knoblauchzehe fein, vermischt sie mit der Petersilie und streut dieses Gemisch über das Gericht. Erstklassig mit Petersilien- oder Salzkartoffeln.

STOCKSCHWÄMMCHENPFANNE

Zutaten: 300 g Stockschwämmchenhüte (keine Stiele!); 100 g Butter; 4 bis 5 Eier; 2 in Milch aufgeweichte Semmeln; 1 Handvoll feingehackte Petersilie; Salz.

Die Stockschwämmchen werden grob gehackt und in einem halben Liter leicht gesalzenem Wasser weichgekocht (ca. 15 Minuten). Das Pilzwasser wird in eine Schüssel gegossen (es kann später für eine Suppe verwendet werden). Die Stockschwämmchen werden nun mit der zerlassenen Butter, der Petersilie und den gut verquirlten Eiern sowie mit den aufgeweichten, passierten Semmeln zusammengerührt, bis alles gut vermischt ist. Nun salzen und im Rohr hellbraun backen.

Schopftintlinge

TINTLINGE NATUR

Zutaten: 300 g oder mehr Pilze fingerdick geschnitten, Hut und Stiel; 50 g Butter; 1 Eßlöffel feingehackte Petersilie; 1 Knoblauchzehe, Salz.

Da Tintlinge zartes Fleisch und feines Aroma haben, ist es am besten, sie in fingerdicke Streifen zu schneiden und in zerlassener Butter auf kleinster Flamme langsam im eigenen Saft zu dünsten, etwa 15 bis 20 Minuten lang. Danach gibt man kurz die ganze Knoblauchzehe und Salz dazu, läßt alles weitere 5 Minuten lang schmoren, nimmt danach die Knoblauchzehe heraus und serviert die Tintlinge auf Toast, mit frischer Petersilie garniert. Man kann dieses Pilzgericht aber auch jederzeit als Beilage zu Fleisch servieren.

TINTLING-SALAT

Zutaten: 500 g oder mehr Pilze samt Stiel, in dickere Ringe schneiden; 50 g Butter; 2 Eßlöffel Olivenöl; 1 kleiner Chinakohl oder Endiviensalat; Salz, Pfeffer; 2 Eßlöffel Zitronensaft.

Zerlassen Sie die Butter in einer Pfanne; Pilze darin mit einem Eßlöffel Zitronensaft auf ganz kleinem Feuer ca. 10 Minuten weichwerden lassen. Nun werden die Pilze leicht gesalzen, gepfeffert und danach kaltgestellt. Die Pilze können mit feingeschnittenem Chinakohl oder feingeschnittenem Endiviensalat vermischt werden – unter Beimengung des zweiten Eßlöffels Zitronensaft und des Olivenöls. Das Pilzwasser, das sich beim Dünsten gebildet hat, muß unbedingt mitverwendet werden, denn es hat den Großteil des Aromas absorbiert.

Maronenpilze

MARONENPILZ-SOSSE

Zutaten: 600 g Pilze, in dünne Scheiben geschnitten; eine kleine, feingehackte Zwiebel; 80 g Butter; 1 Eßlöffel Mehl; 1/8 l saure Sahne oder 1 Vollmilchjoghurt; 1 Handvoll kleingehackte Petersilie; Salz.

Lassen Sie die Zwiebel in der Butter leicht hellbraun werden, mischen Sie die Pilze dazu und dünsten Sie alles zugedeckt auf kleiner Flamme ca. 20 Minuten lang. Danach etwas Salz zusetzen und weitere 5 Minuten dünsten. Dann wird die saure Sahne mit dem Mehl gut verquirlt und dazugegeben. Vor dem Servieren noch einmal aufkochen, Petersilie beigeben. Als Beilagen eignen sich Semmelknödel, Kartoffeln oder Polenta (Maisgriesauflauf).

MARONENPILZ-RISOTTO

Dieses läßt sich mit frischen Maronenpilzen herstellen. Doch eignen sich auch getrocknete Maronenpilze. In diesem Fall wird eine kräftige Handvoll getrockneter Maronenpilze zwei Stunden vor Kochbeginn in einem Viertelliter lauwarmem Wasser eingeweicht.

Zutaten: 600 g Pilze oder eine Handvoll getrockneter Pilze; 400 g körniger Reis; 3 Eßlöffel Olivenöl; 1 mittlere, feingehackte Zwiebel; 1 1/4 l Rindsuppe oder Würfelsuppe; 50 g Butter; 1 Knoblauchzehe; 2 Eßlöffel geriebener Parmesan; Salz.

Lassen Sie die Zwiebel in einem Gemisch aus Öl und Butter leicht anrösten und geben Sie dann die zerkleinerten Pilze dazu (die getrockneten und aufgewässerten Pilze müssen wieder gut ausgedrückt werden, wobei das Einweichwasser der Suppe beigefügt werden sollte). Nun röstet man die Pilze weitere 5 Minuten, nimmt sie schließlich vom Herd und mischt den rohen Reis gut darunter. Wieder auf das Feuer gestellt, gießt man die inzwischen heißgemachte Suppe viertelliterweise auf das Risotto, und zwar jeweils dann, wenn die Flüssigkeit vom Reis vollkommen aufgenommen worden ist. Nach ca. 25 Minuten ist alle Flüssigkeit verbraucht und der Reis körnig weich. Das Risotto wird rasch serviert und mit geriebenem Parmesan bestreut.

Hexenpilze

Wir wollen noch einmal darauf aufmerksam machen, daß der Netzstielige Hexenpilz mit Alkohol gemeinsam genossen Vergiftungserscheinungen hervorruft, bitte große Vorsicht!

HEXENPASTETE

Zutaten: 500 g Hexenpilze, zuerst halbiert, dann in dickliche Scheiben geschnitten; 50 g Butter; 1 mittlere Zwiebel, feingehackt; 1 etwas in Milch eingeweichte und ausgedrückte alte Semmel oder 100 g Knödelbrot; 500 g gehacktes Fleisch, halb Schwein, halb Rind; 1 rohes Ei; 2 hart gekochte Eier, in feine Scheiben geschnitten; 1 Handvoll fein geschnittene Petersilie; Salz und Pfeffer.

Die Pilze werden in der Butter vorsichtig und langsam 10 Minuten gedünstet, aber nicht umgerührt, damit sie nicht zerfallen. Nun mischt man Petersilie, Salz, Pfeffer, das rohe Ei, die gehackte Zwiebel und die eingeweichte Semmel gut unter das Fleisch, teilt die Fleischmasse in drei Teile, formt daraus drei längere, flache Stücke, gibt einen in die Kastenform, belegt ihn mit den hartgekochten Eiern, gibt den zweiten Teil darüber und verteilt die Pilze gleichmäßig. Nun legt man den dritten Teil der Fleischmasse darüber, streicht die Seiten gut zu, so daß man außen von der Fülle nichts sieht. In das heiße Backrohr geben. Am besten bedeckt man die Kastenform erst mit Alufolie und öffnet nach einer Stunde. Dann läßt man das Fleisch ohne Folie eine weitere halbe Stunde braten, bis es oben bräunlich knusprig wird. Diese Pastete kann man warm oder kalt servieren.

ÜBERBACKENES PILZRAGOUT

Zutaten: 500 g Hexenpilze, halbiert und in dünne Scheiben geschnitten; 1 Handvoll fein geschnittene Petersilie; 1/8 l saure Sahne; 3 gut verquirlte Eier; 80 g Butter; 100 g geriebener Parmesan; 1 kleine, feinst gehackte Zwiebel; Salz, Pfeffer, eine Messerspitze Knoblauchpulver.

Die Zwiebel wird in der Butter leicht angeröstet und dann zugedeckt weichgedünstet. Dazu kommen die Pilze; alles wird 20 Minuten auf kleiner Flamme weitergedünstet. Nun werden alle weiteren Zutaten dazugemischt. In einer Auflaufschüssel 15 Minuten im heißen Rohr überbacken.

Röhrlinge

Die folgenden Rezepte können für alle in diesem Buch angeführten Röhrlinge verwendet werden. Am besten fanden wir Saucen mit Butterpilzen und Lärchenröhrlingen. Besonders wollen wir jene empfehlen, die mit saurer Sahne zubereitet werden. Diese scheint ihren Geschmack besonders zu unterstreichen.
Alle Röhrlinge bilden – in Butter und Petersilie gedünstet – eine erstklassige Beilage zu jedem Fleisch. Für exquisite Saucen wie die folgende sind Butterpilze, Maronenpilze und Herrenpilze sehr geeignet, während Birkenpilze und Rotkappen für alle anderen Rezepte verwendet werden können. Alle Röhrlinge (mit Ausnahme der Butterpilze) eignen sich zum Panieren.

RÖHRLINGS-SAUCE

Zutaten: Röhrlinge; 1–2 feingehackte Zwiebeln; etwas Butter; 1/4 l saure Sahne; Salz; ein Eßlöffel Mehl.

Die Röhrlinge gut reinigen, aber nie waschen! In nicht allzu dünne Scheiben schneiden, wobei die Stiele entweder gar nicht verwendet oder in sehr feine Scheibchen geschnitten werden. Nun werden, je nach Menge der Pilze, 1–2 Zwiebeln ganz fein gehackt und in etwas Butter ca. 10 Minuten mit den Pilzen zusammen auf kleinem Feuer, erst zugedeckt, dann offen gedünstet, bis die entstandene Pilzflüssigkeit wieder verdunstet ist. Nun wird 1/4 Liter saure Sahne zu den Pilzen gerührt, etwas Salz dazugegeben und alles noch einmal aufgekocht. Man kann, je nach Menge der Pilze, immer noch etwas mehr saure Sahne beigeben, aber auch die Sauce mit einem Eßlöffel Mehl verdicken. Besonders gut schmeckt diese Pilzsauce zu Semmel- und Kartoffelknödeln. Zur Sauce kann man Kuhpilze oder Rotfüßchen mischen.

KARTOFFELKNÖDEL MIT RÖHRLINGEN

Dazu kann man alle vier angeführten Röhrlinge verwenden, auch kunterbunt gemischt.

Fülle: 200 g feingehackte Pilze; 1 kleine, sehr fein gehackte Zwiebel; 1 Eßlöffel Paniermehl/Brösel; 2 Eßlöffel feingehackte Petersilie; Salz und Pfeffer.
Knödelteig: 1000 g Kartoffeln, weich gekocht und passiert; 1 Ei; Mehl und Salz.

Die Pilze werden in der Butter mit der Zwiebel 7–8 Minuten gedünstet, dann gesalzen und gepfeffert und mit Paniermehl/Bröseln und der Petersilie gut vermischt. Man läßt die Pilzmischung ganz abkühlen. Inzwischen mischt man die passierten Kartoffeln mit dem Ei und dem Salz und gibt soviel Mehl dazu, daß ein leichter, nicht allzufester Teig entsteht. Diesen Teig rollt man fingerdick aus und sticht runde Stücke aus, auf die man nun jeweils einen kleinen Löffel Pilzfülle gibt. Knödel werden geformt und in reichlich kochendem Salzwasser 7–10 Minuten gekocht. Dazu paßt grüner Salat, aber auch Gurken- oder Tomatensalat.

TRIFOLATI

Zutaten: Pilze; eine Knoblauchzehe; Rindsuppe; Petersilie, Öl, Salz und Pfeffer.

Für dieses klassische italienische Rezept sollten nur junge Pilze ausgesucht werden; die Hüte werden in größere, die Stiele in ganz feine Scheiben geschnitten. Danach läßt man in einer Kasserolle die Knoblauchzehe in Öl anrösten, nimmt sie heraus und fügt die Pilze bei. Diese werden langsam auf kleiner Flamme durch wiederholtes Rühren solange gedünstet, bis das Pilzwasser fast verdampft. Dann mischt man mit Salz und Pfeffer, gießt etwas Suppe darüber und fügt eine Handvoll Petersilie bei. In manchen Gegenden nimmt man statt Petersilie Origano oder Bergminze.

GLASIERTE PILZKÖPFE

Zutaten: 4–8 Pilzköpfe, alle Röhrlinge, mit Ausnahme des Butterröhrlings; 1 Knoblauchzehe; Petersilie; etwas Zitronensaft (1/4 Zitrone); Olivenöl; Salz und Pfeffer.

Die Pilze müssen dafür ganz jung und fest sein, besonders aber muß man jene Stelle untersuchen, an der der Stiel an die Kappe gewachsen ist, weil sich dort eventuelle Madenlöcher zeigen. Sind die Pilze älter, muß man den »Bart« (die Röhren) ablösen. Man zerstoße oder zerquetsche den Knoblauch und bereite damit und mit Öl, Salz und Pfeffer eine Marinade; dann lege man die Pilzköpfe ins Rohr und schalte Oberhitze ein. Mit der Marinade die Pilzköpfe in kurzen Abständen wiederholt bestreichen. Wenn sie goldbraun geworden sind, serviert man sie mit Zitronenscheibchen. Man kann dieses Gericht, wenn es nicht ganz verbraucht wird, in einem Gefäß – mit zerlassener Butter überdeckt – ein bis zwei Tage im Kühlschrank aufbewahren.

KALBSVÖGERLN MIT RÖHRLINGEN

Zutaten: 500 g in dicke Streifen geschnittene Kalbsschnitzel; 300 g in dickere Scheiben geschnittene Pilze (keine Netzstieligen Hexenpilze!); 2 Knoblauchzehen; 4 geschälte Tomaten; 1 Handvoll Petersilie, sehr fein gehackt; 1/8 l Würfel- oder Rindsuppe; 1/4 l trockener Weißwein; 1/16 l feines Speiseöl (wenn möglich Olivenöl); Salz und Pfeffer.

Die beiden Knoblauchzehen läßt man langsam im heißen Öl rosig anlaufen. Dann nimmt man sie heraus und bräunt die Fleischstücke auf großer Flamme, während man sie ständig dreht und wendet. Salzen, pfeffern nach Geschmack; Petersilie; mit Weißwein wird aufgegossen. Auf mittlerer Flamme so lange dünsten, bis der Wein verdunstet ist. Nun passiert man die geschälten Tomaten, gibt sie mit den Pilzen zusammen zum Fleisch, gießt mit soviel Suppe auf, daß alles gut bedeckt ist und läßt auf kleinem Feuer so lange weiterkochen, bis das Fleisch gar ist. Ist noch Flüssigkeit notwendig, gießt man Suppe bei.

Hiezu passen Salzkartoffeln oder Butterreis. Man kann diese Speise auch mit ausgelöstem Hühnerfleisch, das man in mittelgroße Stücke schneidet, zubereiten.

FLEISCHRAGOUT FÜR SPAGHETTI MIT PILZEN

Zutaten: 100 g klein gehackte Pilze; 150 g durch den Wolf gedrehtes Rindfleisch; 1 kleine, feingehackte Zwiebel, 1 geriebene Karotte (Mohrrübe); 1 feingehackte Stange Sellerie (oder ein Stück gehackte Selleriewurzel); Petersilie; 1/8 l Milch; etwas Würfel- oder Rindsuppe (1/16 Liter); 50 g Butter; Salz und Pfeffer.

Das Fleisch wird mit Zwiebel, Karotte, Sellerie und etwas Petersilie in Butter leicht gebräunt, dann mit Milch aufgegossen. Die Pilze werden dazugemischt und alles mit Salz und Pfeffer langsam (zugedeckt) ca. 30 Minuten gedünstet. Wird das Ragout zu trocken, etwas Suppe beigeben.

Herrenpilz

PIROGGEN MIT PILZFÜLLUNG

Füllung: 400 g Herrenpilze; 1 Zwiebel; 2 Eßlöffel Butter; Salz, Pfeffer; 1 Eßlöffel feingewiegte Petersilie.
Mürbteig: 300 g Mehl; 100 g Butter; 2 Eier; Salz; etwas saure Sahne/Rahm; 1 Ei zum Bestreichen.

Frische Herrenpilze werden in feine Streifen geschnitten, mit der gehackten Zwiebel in Butter weich gedünstet und mit Salz, Pfeffer und Petersilie gewürzt.

Mehl, Butter und Eier zu einem nicht zu festen Teig verarbeiten und messerrückendick ausrollen. Mit einem Rädchen handtellergroße runde Stücke ausradeln, in die Mitte etwa einen Eßlöffel Pilzfüllung geben, die Ränder mit Eiweiß bestreichen, zu einem Halbmond zusammenschlagen und gut andrücken. Die Oberseite mit Eigelb bestreichen und im Backrohr bei mittlerer Hitze hellbraun backen.

BOMBE MIT HERRENPILZEN

Zutaten: 8 Pilze; 100 g durch den Wolf gedrehtes Kalbfleisch; 50 g Butter, Öl; 2 Eßlöffel Parmesan; 1 Handvoll Petersilie; 1 Eßlöffel süße Sahne/Obers; etwas glattes Mehl; 1 Ei; Paniermehl/Brösel; Salz und Pfeffer.

Man nehme mittelgroße feste Pilze, separiere den Hut von den Stielen und entferne die Röhren. Die Röhren und die Stiele werden feingehackt und 20 Minuten mit Salz und Pfeffer in Butter gedünstet. Nebenbei läßt man das Fleisch in etwas Butter 10 Minuten kochen und fügt die Röhren und Stiele dazu, ebenso die Petersilie, den Parmesan, die Sahne sowie Salz und Pfeffer. Nun wird alles gut vermischt und in die Hüte gefüllt. Dann werden je zwei Hüte mit der Innenseite zusammengelegt und angedrückt, damit sie nicht auseinanderfallen. Die doppelten Hüte werden nun in Mehl, Ei und Paniermehl/Brösel gewendet und langsam in reichlich Öl herausgebacken. Zum Servieren mit Petersilie bestreuen und mit Zitronenscheiben garnieren.

Boviste

BOVISTE-SCHNITZEL

Die beste Art, Boviste zuzubereiten, ist sicher die, sie in Scheiben zu schneiden und zu panieren – wie ein Wiener Schnitzel. Allerdings kann man sie auch in Bierteig tauchen und in Fett herausbacken:
Mehrere kleine Flaschenboviste (oder einen Riesenbovist) mit einem Tuch abwischen. Nicht waschen! Manche meinen, man möge Boviste schälen, weil die Haut schwer verdaulich und bitter sei, doch haben wir dies bisher nie festgestellt. Schaden kann es nicht, die Haut abzuschälen. Man schneidet den Pilz (Riesenbovist) in dicke Scheiben, oder man halbiert ihn (Flaschenbovist). Nun rührt man ein ganzes Ei mit etwas Wasser oder Bier mit soviel Mehl an, daß eine leicht breiige Masse entsteht. Man salzt und pfeffert, tunkt einen Pilzteil nach dem anderen ein und bratet sie in einer tiefen Pfanne in sehr heißem Fett aus, bis sie goldgelb sind.

BOVISTE »ALLA ZOCCA«

Zutaten: 500 g Pilze; 1 Knoblauchzehe; 2 geschälte frische oder eingelegte Tomaten; etwas frisches oder getrocknetes Basilikum; eine Messerspitze Salbei; 1 Eßlöffel Mehl; Olivenöl und Butter (ca. 1/8 l flüssig); Salz und Pfeffer; eine Handvoll Petersilie.

Schneiden Sie die Hälfte der Pilze in Scheiben, wälzen Sie sie in Mehl und braten Sie sie leicht in etwas Öl an. Lassen Sie die Pilze nun warm stehen, während Sie in einer Pfanne die Knoblauchzehe leicht in etwas Fett – Butter und Öl gemischt – anbräunen. Nehmen Sie den Knoblauch heraus und geben Sie die restlichen Pilze nun feingehackt zusammen mit den Tomaten, dem Basilikum samt Salz, Pfeffer, Salbei und gehackter Petersilie in das Ölbuttergemisch. Kochen Sie nie so lange, bis die Flüssigkeit fast verdunstet ist. Nun geben Sie jeweils eine Lage gebratene Pilze und eine Lage Pilzgemisch übereinander in den Topf. Kurz in das sehr heiße Rohr stellen und danach mit Kartoffelkroketten oder Salzkartoffeln servieren.

Kaiserlinge

In Italien, wo der Kaiserling wirklich als »Kaiser« der Pilze geschätzt wird, ja wo die Pilze im allgemeinen ein so wichtiger Bestandteil der Gourmetküche sind, daß man im Winter sogar Herrenpilze aus Marokko importiert (und das nicht nur für die teuersten Restaurants!), um nie ohne frische Pilze zu sein, gibt es mehrere Rezepte für rohe Kaiserlinge. Damit will man verhüten, daß beim Kochen etwas vom feinen Aroma des Pilzes verloren geht. Es handelt sich bei diesen Rezepten meist um Pilzsalate, zu denen man Hühnerfleisch geben kann, besonders wenn man wenige Pilze nur gefunden hat. Oder man mischt die Pilze meist mit feingeschnittenem Emmentaler Käse: ein Rezept, das besonders in der Toskana sehr beliebt ist.

KAISERLINGE MODENA

Zutaten: Junge, gerade aus dem »Ei« geschlüpfte Kaiserlinge, in dünne Streifchen geschnitten; Öl; Essig; so viel Emmentaler Käse wie Pilze, in feine Streifchen geschnitten; Salz, Pfeffer (sehr wenig).

Die Zutaten werden sehr vorsichtig vermengt, so daß die delikaten Pilze nicht zerbrechen. Es ist zu empfehlen, erst aus Öl, Essig, Salz und Pfeffer die Marinade zu machen.

KAISERLINGSSALAT BOLOGNA

Zutaten: 300 g junge, feste Kaiserlinge, in Streifen geschnitten; 300 g gekochtes Hühnerfleisch (Bruststück); 4 mittlere, nicht zu reife Tomaten, in Streifen geschnitten; 3 3 hartgekochte Eier, in Scheibchen geschnitten; Essig; Olivenöl; Salz und Pfeffer.

Man bereitet aus Öl, Essig, Salz und Pfeffer eine Marinade und vermische sie vorsichtig mit den anderen Zutaten. Die Tomaten vor dem Schneiden vom weichen Inneren befreien, damit der Tomatensaft den feinen Geschmack der Kaiserlinge nicht überdeckt. Eine empfehlenswerte Vorspeise!

Perlpilz

Der Perlpilz sollte schon im Wald, am besten gleich am Fundort, geputzt werden, indem man zuerst die Huthaut sorgfältig abzieht, dann die Erdreste von dem unteren Stielende beseitigt und schließlich den Pilz der Länge nach halbiert. Auf diese Weise sieht man sofort, ob es sich um einen Perlpilz handelt, denn er muß rosa anlaufen. Außerdem kann man auf diese Weise sofort erkennen, ob der Pilz von Maden zerfressen ist.
Der Perlpilz darf nicht roh gekostet werden! 15–20 Minuten Kochzeit sind unbedingt erforderlich; der Pilz enthält nämlich im Rohzustand das leichte Gift Amanitin, das beim Erhitzen zerstört wird. Obwohl der Perlpilz auch in Mischgerichten verwendet werden kann, ist er doch so schmackhaft und delikat, daß er, allein gekocht, am besten ist. Außer den unten angegebenen Rezepten eignet er sich auch als Füllung für Pasteten und Pfannkuchen sowie als Belag auf Pizzas. Werden die Stiele nicht verwendet, kann man aus diesen eine zarte Suppe bereiten oder eine fertige Rind- oder Würfelsuppe mit Pilzsud verbessern.

PERLPILZSUPPE

Zutaten: 200 g Pilze, in feine Streifen geschnitten; 5 mittlere Kartoffeln; 2 Knoblauchzehen; 50 g Butter; 1 Tasse süße Sahne; Salz und Pfeffer; frische, fein gehackte Petersilie.

Man schält die Kartoffeln und läßt sie in ganz leicht gesalzenem Wasser unter Beigabe von 2 Knoblauchzehen weich kochen. Dann nimmt man Knoblauch und Kartoffeln heraus, ohne jedoch das Wasser wegzuschütten. Die Kartoffeln werden passiert und wieder ins Wasser zurückgegeben. Nun fügt man Butter, Salz und Pfeffer nach Geschmack hinzu und läßt einmal aufkochen. Dann erst gibt man die geschnittenen Pilze dazu und kocht auf ganz kleiner Flamme 15–20 Minuten. Zum Schluß mengt man die Sahne/Obers hinein und streut kurz vor dem Servieren die Petersilie ein. Mit gebähtem Brot sofort servieren.

PERLPILZRISOTTO

Zutaten: 400 g Reis; 200 g in feine Streifen geschnittene Pilze; 1 Knoblauchzehe; 1 halbe Zwiebel mittlerer Größe, fein gehackt; 2–3 Eßlöffel geriebener Parmesankäse; 1 Eßlöffel Butter; 1 Eßlöffel Olivenöl; 1 l Würfel- oder Rindsuppe; 1 Handvoll klein gehackte Petersilie.

In feuerfestem Glas löse man auf kleinem Feuer die mit dem Öl vermischte Butter auf, gebe die ganze Knoblauchzehe und die gehackte Zwiebel dazu und lasse sie etwas bräunen. Dann entferne man die Knoblauchzehe, füge die feingeschnittenen Pilze dazu und lasse das Ganze auf kleinem Feuer ungefähr 20 Minuten kochen. Nun kommt der Reis dazu. Auf kleinem Feuer so lange rühren, bis der Reis glasig ist. Nun gieße man 2–3 Schöpflöffel Suppe auf und lasse diese unter ständigem Rühren verdampfen. Danach abermals 2–3 Schöpflöffel Suppe beigeben und dünsten, bis die Suppe verdampft ist (ca. 18–20 Minuten). Dann aber ist der Reis auch schon körnig weich. Keinesfalls darf er zu weich werden! Zum Schluß rühre man nun noch frische Petersilie unter, dann den frisch geriebenen Parmesankäse. Das Risotto kann als Vorspeise, oder aber – mit grünem Salat – als Hauptspeise gereicht werden (4–6 Personen).

GEFÜLLTE PILZKÖPFE

Zutaten: 6–10 Pilzköpfe, die man sorgfältig vom Stiel getrennt hat; 1 kleine Zwiebel; 2 Eßlöffel Butter; 2 Eßlöffel Petersilie, gehackt; 2 Eßlöffel Paniermehl/Brösel; 1 Eßlöffel süße Sahne.

Pilzköpfe auf kleiner Flamme in einer Pfanne anschmoren und zur Seite stellen. Die Stiele ganz fein schneiden und sie mit den gehackten Zwiebeln dünsten. Paniermehl/Brösel, Petersilie und Sahne hinzufügen und alles zusammenrühren. Nun werden die Pilzköpfe aus dem Fett genommen, in eine kleine, gefettete Bratschüssel nebeneinander gesetzt und mit der Fülle gefüllt. Die restlichen Fettreste darüberschütten und für 15 Minuten ins heiße Rohr schieben. Wenn die Fülle bräunlich wird, mit Reis oder Kartoffeln servieren.

PERLPILZ MIT EIERN

Zutaten: 3–5 Eier, gut verschlagen; 6–8 junge, feste Pilze; 2 Eßlöffel geriebener Parmesan; 1/2 Zwiebel, fein geschnitten oder gehackt; 1 Handvoll Petersilie, gehackt; 1 Eßlöffel Mehl; 1 Eßlöffel Olivenöl; 1 Eßlöffel Butter.

Butter und Öl in eine Pfanne geben, zergehen lassen, und die Zwiebel dazugeben. Wenn diese glasig sind, füge man die Pilze hinzu. Zudecken. Auf ganz kleiner Flamme lasse man das Ganze nun 1–2 Minuten dünsten. Nun hat sich etwas Pilzbrühe gebildet, die man in der Pfanne – ohne Deckel – wieder verdunsten läßt. Danach mische man die Petersilie, die verschlagenen Eier und den Parmesan dazu und erhitze auf ganz kleiner Flamme so lange, bis die Mischung gestockt ist (nicht umrühren!). Sofort mit Salat oder Butterkartoffeln servieren (4 Personen).

Pfifferlinge/Eierschwämme

PILZE MIT EI

Ein Rezept, das für viele Pilze verwendet werden kann, meist aber für Pfifferlinge. Man kann die Pilzmenge variieren, je nach Ernte oder nach Anzahl der Gäste, rechnet aber ungefähr 1 Ei auf 100 g Pilze.

Zutaten: Für 100 g Pilze (nur junge, feste Pilze werden halbiert); 50 g Butter; 1 Handvoll Petersilie, fein gehackt; 1 ganzes Ei; Pfeffer und Salz.

Geben Sie die halbierten Pilze mit der Butter in eine Pfanne und lassen Sie alles auf kleiner Flamme leicht anrösten. Dann wird die Pfanne zugedeckt, die Pilze werden weitere 15 bis 20 Minuten – immer noch auf kleiner Flamme – gedünstet. Hierbei entsteht ziemlich viel Pilzwasser, das, nachdem der Deckel abgenommen worden ist, nun langsam durch Weiterkochen zum Verdunsten gebracht wird. Die Pilze sollten nun kernig weich sein. Nun salzen und pfeffern Sie alles ein wenig, gießen die leicht verquirlten Eier darüber, kochen weiter, bis die Eier gestockt sind, geben die frischgehackte Petersilie dazu und servieren entweder auf Buttertoast oder mit Semmelknödeln.

PFIFFERLINGE/EIERSCHWÄMME IM KARTOFFELRING

Zutaten: 500 g Pfifferlinge/Eierschwämme, halbiert oder geviertelt, je nach Größe; 125 g Schinkenspeck; 2 kleine Zwiebeln; 1 Eßlöffel gehackte Petersilie; 1 Säckchen Kartoffelpüree; Salz und Pfeffer.

Die Pfifferlinge/Eierschwämme werden geputzt, gewaschen und mit dem gewürfelten Speck in einer Pfanne leicht angebraten, dann zugedeckt 15 bis 20 Minuten auf kleinem Feuer gedünstet. Nun kommen die kleingehackten Zwiebeln dazu, und alles wird weitergekocht, bis die Zwiebeln hellbraun sind. Nun salzt und pfeffert man etwas, gibt das fertige Kartoffelpüree in einen Spritzsack und spritzt damit einen Ring auf eine vorgewärmte Schüssel, gibt die Pilze in die Mitte und bestreut alles mit frischer Petersilie.

PIKANTER PILZAUFLAUF

Zutaten: 500 g gemischte Pilze (Steinpilze, Maronenröhrlinge, Pfifferlinge); 3 Zwiebeln; 1 Knoblauchzehe; Butter zum Dünsten; ½ l Milch; 20 g Speisestärke; Wasser zum Anrühren; Salz; frisch gemahlener weißer Pfeffer; 1 Bund Petersilie; 6 Eier; 100 g geriebener Emmentaler; Butter zum Einfetten.

Geputzte Pilze waschen, gut abtropfen lassen und fein hacken. Zwiebeln und Knoblauchzehe schälen, beides ebenfalls fein hacken. Butter in einem Topf erhitzen, Pilze zusammen mit Zwiebeln und Knoblauch darin anbraten. 10 Minuten unter Rühren dünsten. Etwas abkühlen lassen. Milch in einem Topf aufkochen. Speisestärke mit wenig Wasser anrühren, zur Milch geben und unter Rühren noch einmal aufkochen lassen. Vom Herd ziehen. Die Eier trennen. Eigelb mit etwas Sauce verrühren, darunterziehen. Käse eßlöffelweise unterrühren. Die Masse mit Salz und Pfeffer pikant abschmecken. Zum Schluß die gewaschene, gut abgetropfte, fein gehackte Petersilie untermischen. Eiweiß mit etwas Salz zu steifem Schnee schlagen und vorsichtig unter die Sauce ziehen. Die Pilz-Masse unterheben. Eine feuerfeste Form mit Butter einfetten und die Pilz-Masse einfüllen. An der Oberseite glattstreichen. Die Form in den vorgeheizten Backofen auf die untere Schiene stellen und den Pilzauflauf bei 220° (Gas: Stufe 5) etwa 40 Minuten backen. Bitte öffnen Sie während der ersten 30 Minuten keinesfalls das Backrohr, sonst fällt der Auflauf zusammen.

Servieren Sie den Pilzauflauf mit Kopfsalat in Kräutermarinade. Wenn Sie die Zutaten halbieren, können Sie den Auflauf auch als pikante kleine Vorspeise reichen.

PFIFFERLINGE/EIERSCHWÄMME MIT MAISKÖRNERN

Zutaten: 250 g Pfifferlinge; 75 g geräucherter Speck; 50 g Butter; 1 Dose Maiskörner; 1 Teelöffel gehackte Petersilie; ½ Zwiebel; Prise Salz, Prise Pfeffer, Prise Zucker, Spritzer Zitronensaft.

Speck klein würfeln, Zwiebel hacken, Pilze putzen und waschen, bei Bedarf etwas zerkleinern (von oben nach unten durchschneiden). 25 g Butter erhitzen und die Speckwürfel darin anschwitzen, die gehackte Zwiebel und die Pilze dazugeben. Alles leicht anbraten, salzen, pfeffern und mit Zitronensaft beträufeln. Pilze zudecken und 10–12 Minuten dünsten lassen. Maiskörner erhitzen, Butter daruntergeben, mit Salz und ganz wenig Zucker abschmecken. Beim Anrichten Maiskörner in die Mitte legen, Pilze herumgruppieren und mit Petersilie bestreuen.

PFIFFERLINGE/EIERSCHWÄMME MIT GEBRATENEN BANANEN – EIN EXOTISCHES EXPERIMENT

Zutaten: 500 g Pfifferlinge/Eierschwämme; 100 g Mandelraspel; 75 g Butter; 1 Teelöffel gehackte Petersilie; 1 Ei; 4 Bananen; Prise Salz, Prise Paprika, Messerspitze Suppenwürze; Spritzer Zitronensaft, Spritzer Ingwerlikör.

Gereinigte Pilze mit etwas Butter und Zitrone 10–12 Minuten garen. Salzen, mit Paprika und Suppenwürze würzen und mit Petersilie bestreuen. Die geschälten Bananen mit Ingwerlikör beträufeln, in ein geschlagenes Ei tauchen, in den Mandelraspeln wälzen, leicht andrücken und in Butter von allen Seiten braten. Auf der Platte werden die Pilze mit Bananen umlegt.

RISOTTO MIT PFIFFERLINGEN/ EIERSCHWÄMMEN

Zutaten: 500 g Pilze, 3 mittlere Zwiebeln; 1 Knoblauchzehe; 400 g Reis; 2 Karotten; 2 l Fleischsuppe (oder Würfelsuppe); 100 g Butter; 1 Eßlöffel Öl; 1 Eßlöffel gehackte Petersilie; 1 Eßlöffel Estragon (frisch); 1 Eßlöffel Schnittlauch; 60 g Parmesan; 1 Messerspitze Safran; 1 Messerspitze Paprika (mild!); Salz und Pfeffer.

Man kocht die Pilze 12 Minuten mit 60 g Butter und dem Öl im offenen Topf mit einer gehackten Zwiebel und der Knoblauchzehe sowie dem Paprika, decke den Topf zu und stelle ihn warm. In einer großen Kasserolle 40 g Butter etwas braun werden lassen, die restlichen gehackten Zwiebeln zugeben; während man umrührt, läßt man den Reis langsam hineinfließen und so lange rösten, bis er leicht golden ist. Nun fügt man die geriebenen Karotten und die vorbereiteten Pilze dazu. Salzen, pfeffern, etwas Safran. Dann gieße man die Suppe, die ungefähr das doppelte Volumen des Reises haben soll, dazu. Nun wird das Ganze zugedeckt in das Backrohr gesteckt und bei mittlerer Hitze 20 Minuten – ohne umzurühren – gebraten. Aus der Röhre nehmen und langsam die übrig gebliebene Butter, die Petersilie, den Schnittlauch und den Estragon einrühren, zum Schluß den geriebenen Parmesan (ohne Deckel). Sofort ganz heiß servieren.

FÖRSTERPASTETCHEN

Zutaten: 250 g Pfifferlinge; 100 g Räucherspeck; 1 Zwiebel; 4 Blätterteigpasteten; 1 Zitrone; Prise Salz, Prise Pfeffer; Salatblättchen.

Pilze putzen, waschen und etwas schneiden. Den Speck klein würfeln und leicht anbraten. Zwiebel hacken und mit den Pilzen und dem Speck mischen. Das Ganze salzen, pfeffern und 5–7 Minuten schmoren lassen. In warme Pasteten füllen, mit Zitronenecken und Salatblättchen garnieren.

PFIFFERLINGS/ EIERSCHWAMMKROKETTEN

Zutaten: 500 g Pilze; 2 große Zwiebeln; Petersilie; 1 Kartoffel; 3 Eier, Paniermehl/Brösel; das Innere einer Semmel; 1 paar Zitronenscheiben; etwas Mehl; 80 g Butter, Kapern; Salz und Pfeffer.

Man läßt die in feine Scheiben geschnittenen Pilze zusammen mit den feingehackten Zwiebeln und viel Petersilie so lange schmoren, bis sie bräunlich werden. Dann vom Feuer nehmen und das Innere einer (in Wasser) erweichten Semmel ausgedrückt dazu geben.

Man nimmt die Pilze vom Herd und passiert alles zusammen, reibt eine rohe Kartoffel dazu und mischt. Wenn die Masse ausgekühlt ist, gibt man ein Ei und eventuell etwas Paniermehl/Brösel dazu. Salzen, pfeffern, kleine Kroketten formen, in Mehl wenden, dann in den übrig gebliebenen geschlagenen Eiern noch einmal wenden und zum Schluß in Paniermehl. In Butter braten und mit Zitronenscheiben und Kapern servieren.

RÜHREIER MIT PFIFFERLINGEN

Zutaten: 200 g Pfifferlinge; 100 g Räucherspeck; 1/2 Zwiebel; 8 Eier; 1 Teelöffel gehackte Kräuter; Prise Salz, Prise Pfeffer.

Gereinigte Pfifferlinge heiß überbrühen und in etwas Wasser 30 Minuten verkochen. Gewürfelten Speck halb ausbraten und dann die gehackte Zwiebel dazugeben. Pilze ebenfalls abgeseiht in die Pfanne geben und weiterschwenken oder rühren. Inzwischen Eier gut verquirlen. Eier und Pilze salzen und pfeffern. Die Eimasse zu den Pilzen schütten und vorsichtig mit einem Holzlöffel verschieben; nicht rühren. Nur dann werden die Rühreier cremig. Beim Anrichten mit Kräutern bestreuen.

ROHER PFIFFERLINGS-(EIERSCHWAMM-)SALAT

Zutaten: 500 g Pilze; 1 Glas Olivenöl; Petersilie; Schnittlauch; Essig; Salz und Pfeffer.

Man nehme nur ganz junge Pfifferlinge/Eierschwämme, schneide sie in ganz feine Scheiben und lasse sie zwei Stunden in Olivenöl liegen. Nach eineinhalb Stunden gebe man Salz, Pfeffer und etwas Essig dazu, mische durch. Vor dem Servieren feingehackte Petersilie und Schnittlauch darüberstreuen.

Semmelstoppelpilz

PILZKNÖDEL

Zutaten: 300 g fein geschnittene Pilze; 1 Handvoll fein gehackte Petersilie; 1 Semmel, in Milch geweicht (nachher ausgedrückt); 50 g Butter; Salz, 1 Eßlöffel Zitronensaft; 1 Ei; etwas Paniermehl/Brösel (nach Bedarf 1–2 Eßlöffel).

Die Pilze werden mit etwas Salz und dem Zitronensaft in Butter 20 Minuten auf kleiner Flamme gedünstet. Man läßt sie dann auskühlen und vermischt sie gut mit dem Ei, der ausgedrückten Semmel und der Petersilie, fügt soviel Paniermehl/Brösel bei, daß ein nicht zu fester Teig entsteht. Nun formt man mit nassen Händen die Masse in kleine Knödel und läßt sie in siedendem Salzwasser ca. 7–8 Minuten kochen. Man serviert mit Salat oder als Suppeneinlage. Ein köstliches Gericht!

PILZGULASCH

Zutaten: 500 g Semmelstoppelpilze (auch mit Pfifferlingen/Eierschwammerln gemischt), in grobe Stücke geschnitten; 500 g Zwiebeln; 1 Knoblauchzehe; 1 Teelöffel Parika, 80 g Butter; 1 Eßlöffel Mehl; Salz. Nach Bedarf auch 2 Eßlöffel saure Sahne.

Die Zwiebeln in ganz feine Ringe schneiden und in der Butter leicht glasig anlaufen lassen. Nun kommt die Knoblauchzehe dazu, und alles wird abermals gebraten. Dann wird der Paprika beigemischt, die Knoblauchzehe herausgenommen. Nach ca. zwei Minuten Kochzeit wird mit 2 Eßlöffel Wasser gelöscht. Nun gibt man die Pilze dazu, und alles wird zugedeckt auf kleiner Flamme rund 25 Minuten gedünstet. Zum Schluß wird mit dem Mehl gestaubt. Man kann saure Sahne dazugeben oder auch Vollmilchjoghurt. Sowohl mit Semmelknödeln wie auch mit Spätzle/Nockerln ist das Pilzgulasch eine willkommene Abwechslung zu Fleischspeisen.

BÖHMISCHE KARTOFFEL-PILZ-OMELETTE

Zutaten: 750 g gekochte Kartoffeln, in Scheiben geschnitten; 500 g Semmelstoppelpilze, in Scheiben geschnitten (nicht zu dünn!); 3 Eßlöffel Olivenöl; 1 Knoblauchzehe; 1 Handvoll feingehackte Petersilie; Salz, Pfeffer; 3 bis 4 Eier, verquirlt; 50 g Butter, Salz.

Die Knoblauchzehe wird im Öl angebraten und dann herausgenommen. Nun legt man die Pilze in das Öl. Sie werden 15 Minuten auf sehr kleiner Flamme durchgeröstet. Danach fügt man Petersilie, Salz und Pfeffer hinzu. Man befettet nun eine mittelgroße flache Pfanne mit Butter und gibt lageweise die geschnittenen, gekochten Kartoffeln und die Pilze hinein. Über das Ganze werden die verquirlten Eier geleert und 50 Minuten im Backrohr gebraten. Mit Salat geben die Böhmischen Kartoffeln eine gute vegetarische Speise ab.

Habichtspilz

GERÖSTETE HABICHTSPILZE

Zutaten: 300 bis 400 g Habichtspilze; 100 g Butter; eine kleine Zwiebel; 1 Knoblauchzehe; Petersilie; Salz.

Man läßt die Butter in einer Pfanne zergehen und röstet darin einige Minuten lang die ganze Knoblauchzehe. Diese wird nun herausgenommen und im Fett die zerhackte Zwiebel leicht glasig geröstet. Die Habichtspilze – nur die Hüte, nicht die Stiele – werden in feine Streifen geschnitten und mit der Zwiebel gemeinsam auf kleiner Flamme 15 Minuten lang geröstet. Gesalzen wird nach Geschmack, vor dem Servieren Petersilie darübergestreut. Wir fanden, daß Habichtspilze, auf diese einfache Art geröstet, am besten schmecken.

HABICHTSPILZE MIT KARTOFFELN

Zutaten: 500 g Habichtspilze; 125 g geräucherter Speck; 500 g Kartoffeln; 3 Schalottenzwiebeln; 1 Lorbeerblatt; 2 Tassen Fleischbrühe; 1 Tasse Weißwein; 1 Teelöffel gehackte Kräuter; Salz, Paprika, Oregano.

Speck kleinwürfeln, Schalotten hacken, Pilze putzen und waschen, Kartoffeln schälen. Den Speck glasig schmoren, und die Schalotten dazugeben. Sind sie goldgelb, werden die Pilze daruntergerührt. Man läßt sie 5 Minuten im Saft ziehen. In der Zwischenzeit schneidet man die Hälfte der geschälten Kartoffeln in gleichmäßige Scheiben, schichtet sie sorgfältig in einen Topf und bestreut mit Salz und Paprika. Die Pilze samt Speck und Schalotten gibt man dazu, begießt das Ganze mit Fleischbrühe, würzt wieder mit Salz und Paprika, gibt das Lorbeerblatt und Oregano dazu, legt die ganzen Kartoffeln darauf und bestreut sie mit Kräutern. Nun gießt man den Weißwein darüber und läßt alles 40 Minuten ganz langsam bei festverschlossenem Topf dünsten. Durch die untere Kartoffelschicht wird das Gericht gebunden und sämig, und die ganzgebliebenen Kartoffeln schmecken besonders gut.

Parasol und Safranschirmling

Wir haben Parasolpilze schon auf die verschiedenste Weise zuzubereiten versucht; ihre großen Hüte wie Wienerschnitzel zu panieren und in Fett herauszubacken, scheint uns immer noch die beste zu sein.

Man kann Parasolpilze auch mit viel gehackter Petersilie nur in Butter auf kleiner Flamme langsam braten; sie saugen aber sehr viel Fett an und werden dann zu rasch zu braun. Man sollte jedoch aus Parasolen weder Suppen machen, noch sind sie in Mischgerichten zu verwenden, denn so verlieren sie ihr feines Aroma gänzlich.

Ihre Stiele lassen sich gut trocknen und zu Pilzpulver vermahlen. Man kann die ganzen Stiele auch in der Suppe mitkochen, doch sollten sie nicht gegessen werden, denn sie sind nach dem Kochen geschmacklos und zäh.

Wir haben Parasolpilze und Safranschirmlinge auch schon in Backteig und Bierteig ausgebacken, was auch köstlich ist.

Sowohl der Safranschirmling wie auch der Parasol sind nicht allen Menschen gleich bekömmlich, und manche reagieren mit leichter Übelkeit und Verdauungsstörungen auf Schirmlingsgerichte, wobei nicht geklärt ist, wieso es dazu kommt, denn der Pilz enthält keinerlei giftige Substanzen.

Findet man in der Pilzzeit manchmal Herrenpilze, Maronenpilze und Parasole oder Safranschirmlinge in geringen Mengen, so ist eine Mischung von verschiedenen panierten Pilzen mit Sauce tatare eine köstliche Vor- oder Hauptspeise.

Parasole und Safranschirmlinge sind zum Grillen oder Kochen *ungeeignet.*

Reizker

Die Zahl der Reizker-Liebhaber ist nicht groß, da diese Pilze einen sehr eigenen Geschmack haben. Reizker eignen sich auch nicht besonders für eine Zubereitung herkömmlicher Art (zum Beispiel in Butter, Zwiebel und Petersilie dünsten). Einige Reizker-Freunde schwören auf Reizker-Salat, und alle sind der Ansicht, daß kein Pilz sich so gut zum Einlegen in Essig eignet wie er. Zu letzteren Gruppe gehören auch wir. Auf jeden Fall werden Reizker immer ein paar Minuten in kochendem Salzwasser geschwenkt, bevor sie weiterverarbeitet werden. Das nimmt ihnen den bitteren Geschmack.

REIZKER-SALAT

Zutaten: Eine beliebige Menge junger, gesunder Reizker; Weinessig; Salz, weißer Pfeffer; Oliven- oder anderes Salatöl. Um verschiedene Variationen zu zaubern, braucht man nur noch frische Kräuter jeweils nach Belieben beizugeben, wie Estragon, Kerbel, Boretsch, Thymian, Rosmarin, Majoran und Bohnenkraut oder klein geschnittene Frühlingszwiebeln oder Kapern.

Erst erhitzen Sie leicht gesalzenes Wasser, legen die Reizker in ein feinmaschiges Sieb und schwenken sie ein paarmal im stark kochenden Wasser – zirka 5 Minuten lang. Dann die Pilze auskühlen lassen, in fingerdicke Streifen schneiden, Weinessig, Salz und Öl dazugeben, nach Belieben pfeffern und die gewünschten frischen Kräuter beifügen. Die Pilze werden ein paar Stunden in der Marinade liegengelassen, bevor sie serviert werden.

REIZKER-OMELETTE

Zutaten: 300 g Reizker, grob gehackt (Stiel und Hut); 100 g Butter, 1 kleine Zwiebel; 1 Handvoll feingeschnittene Petersilie; Salz, Pfeffer. Für den Omelettenteig: 1 Ei; etwas Salz; $^1/_8$ l mit etwas Wasser verdünnte Milch; soviel glattes Mehl, daß ein dickflüssiger Teig entsteht.

Die Pilze werden in 50 g Butter mit der feinstgehackten Zwiebel auf sehr kleiner Flamme gedünstet, zuerst zugedeckt, dann so lange, bis das Pilzwasser verdampft ist. Nun wird die Pilzmasse mit der Petersilie, dem Salz und dem Pfeffer vermischt und unter den Omelettenteig gezogen. In den restlichen 50 g Butter werden nun kleine Omeletten ausgebacken. Sollte das Fett nicht ausreichen, kann man noch etwas zugeben. Die Omeletten werden mit grünem Salat serviert.

PANIERTE REIZKER

Wie viele Pilze lassen sich auch Reizker wie Wiener Schnitzel in Mehl, Ei und Paniermehl/Brösel herausbacken; sie sollten jedoch vorher kurz in kochendem Wasser geschwenkt und gut getrocknet werden.

GEGRILLTE REIZKER

Für dieses Rezept nehmen wir nur die Hüte, die gut geputzt, aber nicht gewaschen, leicht eingeölt, mit etwas Zucker bestreut und mit den Blättern nach oben auf eine Grillplatte gelegt werden. Während des Grillens immer wieder mit Zitronensaft bepinseln. Wenn die Pilzköpfe gut gebräunt sind (ca. 15 Minuten), salzt man sie und serviert sie zu Schweinebraten oder Rinderrouladen.

Brätlinge

Roh und nur mit Salz gewürzt, ist er nicht jedermanns Geschmack. Da er aber auf verschiedenste Weise gebraten und geschmort ausgezeichnet ist, halten wir uns in unseren Rezepten daran. Jedenfalls ist er auch roh durchaus eßbar.
In einem alten Buch aus dem Jahre 1832 fanden wir folgendes Rezept: Man schneide die Pilze, ohne sie zu waschen, sondern nur sorgfältig geputzt und mit einem Tuch abgewischt, in fingerdicke Scheiben, bringe sie mit einem nußgroßen Stück Butter und kleinen Zwiebelwürfeln über Feuer, brate sie unter Zusatz von Pfeffer und Salz schnell ab und esse sie auf geröstetem Schwarzbrot, das vorher mit Knoblauch gut eingerieben wurde. Statt Zwiebel- kann man auch kleine Speckwürfelchen mitbraten.
Wir würden meinen, daß sich die nußgroße Butter auf ungefähr 250 g Pilze bezog. Unserer Erfahrung nach aber eignet sich gerade bei Brätlingen Schweineschmalz besser als Butter. Bitte zu probieren!

BRÄTLINGE MIT GERÖSTETEN SEMMELKNÖDELN

Zutaten: 500 g junge Brätlinge; 1 Handvoll Petersilie, fein gehackt; Salz; geriebener weißer Pfeffer; 80 g Schweineschmalz; 4 bis 5 fertige Semmelknödel, in grobe Scheiben geschnitten; 3 Eier.

Die Brätlinge werden in dickliche Scheiben geschnitten und in 40 g Schweineschmalz sehr rasch bgebraten, bis die Milch völlig verdunstet ist. Dann werden die geschnittenen Semmelknödel, Pfeffer und Salz vermischt und mit den Pilzen weitergeröstet, bis die Knödelscheiben leicht bräunlich sind. Nun kommen die frische Petersilie und die drei gut versprudelten Eier dazu. Wenn diese gestockt sind, wird die Speise sehr heiß serviert. Dazu paßt sowohl Tomaten- als auch grüner Salat.

Wem aber der Geschmack der Brätlinge besonders zusagt, wird am liebsten ganze Brätlingsköpfe scharf in heißem Schmalz herausbraten, denn so kommt sein Aroma am besten zur Geltung. Zum Schluß ist eine Handvoll in Butter vorgebratene, fein gewiegte Petersilie unerläßlich. Scharfer weißer Pfeffer ist dann noch das Tüpferl auf dem I.

Sehr häufig in den Alpenländern ist auch die Methode, Brätlingsköpfe einfach leicht gesalzen auf der heißen Herdplatte zu schmoren. Dazu paßt deftiges schwarzes Landbrot.

Frauentäublinge

KARTOFFEL-PILZGEBACKENES (Mähren, 1910)

Je nach Menge der Pilze kann man Frauentäublinge, die aber auch mit Grüntäublingen gemischt sein können, mit der doppelten Menge (gewichtmäßig) an Kartoffeln zubereiten. Dieses Rezept haben wir mit folgenden Massen mit Erfolg ausprobiert:

Zutaten: 300 g Pilze, fein geschnitten; 600 g geschälte, rohe Kartoffeln; 1 nußgroßes Stück Butter, zusätzlich noch etwas Butter zum Befetten der Torten- oder Auflaufform; 1 Handvoll fein gehackte Petersilie; 1/16 l leicht gesalzenes Wasser; 4 verquirlte Eier.

Die Kartoffeln werden in dünne Scheibchen geschnitten, die Pilze in der Butter leicht angeröstet und dann zugedeckt 10 Minuten lang gedünstet. Nun werden die Eier mit dem Wasser verschlagen, die Form gut gefettet und der Boden mit Kartoffelscheiben ausgelegt. Dann vermischt man die Pilze mit etwas Salz und belegt mit einem Teil die unterste Lage Kartoffeln. Darauf werden jetzt abwechselnd Kartoffeln und Pilze geschichtet, auf die oberste Lage kommt die Petersilie, und alles wird mit den verquirlten Eiern übergossen und im gut vorgeheizten Backrohr so lange gebacken, bis die Kartoffeln gar sind. Nach Belieben kann man auch noch etwas geriebenen Käse darüberstreuen (5 Minuten, bevor die Backzeit zu Ende ist).

GEFÜLLTE FRAUENTÄUBLINGHÜTE

Für folgendes Rezept müssen die Pilzhüte vorsichtig von den Stielen getrennt werden.

Zutaten: Je nach Menge der Pilze 1/2 Eßlöffel Paniermehl/Brösel, 1/2 Eßlöffel Petersilie pro Pilz; Öl und Butter, gemischt; 1 Eßlöffel Öl, ein nußgroßes Stück Butter; Salz und Pfeffer.

Die Stiele der Pilze werden fein gehackt und im Butter-Öl-Gemisch leicht angebraten. Danach gibt man die Petersilie dazu und läßt alles zugedeckt 10 Minuten auf sehr kleiner Flamme dünsten. Nun nimmt man den Dekkel ab und läßt das Pilzwasser (immer noch auf kleiner Flamme) halb verdunsten. Die gekochten Stiele werden mit dem Paniermehl/Bröseln vermischt, alles wird sorgfältig in die Pilzhüte eingefüllt. Die Hüte werden auf ein Backblech gelegt und ca. 20 Minuten lange im nicht zu heißen Rohr gebraten.

Grüntäubling

GRÜNTÄUBLINGS-KOTELETTEN

Zutaten: 500 g Pilze (klein geschnitten); 120 g Butter; 2 Eßlöffel Öl (am besten frisches Olivenöl, aber auch andere Öle); 100 g Emmentaler (kleingewürfelt); 50 g Mehl; 1/4 l Milch; 2 Eier; 2 Eßlöffel Parmesan; etwas Paniermehl/Brösel; Salz, Pfeffer.

Die Pilze werden in 20 g Butter auf kleiner Flamme 30 Minuten gebraten. Nun wird aus 50 g Butter, dem Mehl und der Milch eine Bechamel gemacht, die ziemlich fest sein soll. Salzen und etwas pfeffern, dann die Pilze, die Emmentalerwürfel und den Parmesan beigeben. Nun wird noch ein Ei daruntergemischt. Aus dieser Masse werden jetzt Koteletts geformt, im zweiten Ei und in Paniermehl/Bröseln gewendet und in der restlichen Butter mit dem Öl herausgebacken.

NUDELAUFLAUF MIT GRÜNTÄUBLINGEN

Zutaten: 200 g Bandnudeln (in Salzwasser fast weich gekocht); 400 bis 500 g Pilze; 50 g Butter; 1 Handvoll Petersilie, fein gehackt; 3 Eier; 1/8 saure Sahne; 4 Eßlöffel Parmesan; Salz, etwas Pfeffer; 50 g Butter zum Fetten der Auflaufschüssel und Paniermehl/Brösel.

Die Pilze in 50 g Butter 15 Minuten lang auf kleiner Flamme dünsten, bis alle Pilzflüssigkeit verdunstet ist. Nun kommt die Petersilie dazu, die saure Sahne, die drei verquirlten Eier, der Parmesan, Salz und Pfeffer, und alles wird gut unter die gekochten Nudeln gemischt. Mit der Butter und Paniermehl/Bröseln wird nun die Auflaufform präpariert und die Pilzmasse eingefüllt. Nun kommt alles in ein vorgeheiztes Rohr und wird 25 Minuten lang bei starker Hitze gebacken, bis die Masse leicht goldbraun ist. Dazu paßt grüner Salat oder Endiviensalat.

Rotkappen und Birkenpilze

Für alle eßbaren Röhrlinge kann man, unserer Erfahrung nach, dieselben Rezepte verwenden, also sind zum Beispiel alle Herrenpilz- und Maronenpilzrezepte auch für den Birkenpilz und die Rotkappe verwendbar.

PILZNOCKERLN ALS SUPPENEINLAGE

Zutaten: 50 g Trockenpilze, eine halbe Stunde vor Kochbeginn in lauwarmem Wasser eingeweicht und danach abgeseiht und feingeschnitten; 2 Eier; 60 g Mehl; 2 Eßlöffel Parmesan, gerieben; 1 l Rind- oder Würfelsuppe; 50 g Butter; Salz und Pfeffer.

In 1/8 l Wasser läßt man 30 g Butter aufkochen, gibt nach und nach Mehl und Salz dazu und kocht so lange weiter, bis sich der Teig leicht von der Seite des Topfes löst. Nun nimmt man alles vom Feuer und rührt so lange weiter, bis die Masse lauwarm ist. Nun werden die Eier und der Parmesan dazugemischt. Dann läßt man die geschnittenen Pilze in der restlichen Butter ein paar Minuten kochen, gibt sie zu dem Rest dazu, mischt sehr gut durch und sticht dann mit einem in die heiße Suppe getauchten Löffel Spätzle aus, legt sie vorsichtig in die Suppe ein und läßt alles auf kleiner Flamme ein paar Minuten kochen.

GEBACKENE ROTKAPPEN

Zutaten: Mehl, Ei und Paniermehl/Brösel; 200 g Sauce Tartare oder Schnittlauchsoße. Je nach Anzahl der Gäste und der gefundenen Pilze – pro Person rechnet man mit 1–2 mittelgroßen Pilzen – schneidet man sie so, daß die Hüte vom Stiel getrennt sind und die Stiele halbiert werden.

Man wendet die Pilze zuerst in Mehl, dann im verquirlten Ei und zuletzt im Paniermehl/Bröseln und brät sie in einer tiefen Pfanne in heißem Fett. Auch in dicke Scheiben geschnitten, lassen sich die Pilze gut ausbacken.

GEFÜLLTE BIRKENPILZKÖPFE

Zutaten: 5–6 größere Herrenpilzhüte; 1 in Milch eingeweichte und gut ausgedrückte Semmel; 1 Handvoll feinstgehackte Petersilie; 100 g Kalbfleisch, gehackt; die Herrenpilzstiele, feinstgehackt; Pfeffer; Salz; 1 Zehe Knoblauch; 1 Ei.

Vermischen Sie das gehackte Kalblfleisch mit dem Ei, der Petersilie, den Stielen der Rotkappen und der eingeweichten Semmel. Nun kommen noch Salz, Pfeffer und etwas Knoblauch dazu. Diese Mischung wird nun in die Pilzköpfe gefüllt und diese auf die gefettete Schüssel mit der Hutoberfläche nach oben eingeschlichtet. Nun wird alles mit einer Alufolie zugedeckt und 30 Minuten ins heiße Rohr geschoben. Kurz vor dem Servieren werden die Pilze abgedeckt und von der Oberhitze des Backrohrs etwas gebräunt. Mit Salzkartoffeln oder Kartoffelkroketten ein köstliches Gericht.

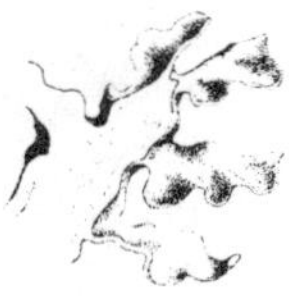

Krause Glucke

TAGLIERINI ALLA LOGGIA

Zutaten: 400 g Taglierini (Bandnudeln); 80 g Butter; 100 g Emmentaler; 3 oder 4 Stück Krause Glucke (junge Pilze); Salz und Pfeffer.

Zuerst kocht man die Bandnudeln in reichlich gesalzenem Wasser kernig, dann seiht man diese ab, gibt etwas Butter dazu und den geriebenen Emmentaler (nur leicht durchziehen!). Die in feine Streifen geschnittenen Pilze brät man in etwas Butter scharf an und läßt sie 10 Minuten dünsten. Dann nimmt man sie aus der Pfanne und vermischt sie mit den Nudeln. In einer befetteten, feuerfesten Auflaufschüssel im heißen Backrohr 5 Minuten überbacken und servieren.

RISSOLEN MIT HIRN UND KRAUSER GLUCKE

Zutaten: Fülle: 500 g Kalbshirn, enthäutet und fein gehackt; 150 g Krause Glucke, fein gehackt; 2 Eßlöffel Mehl; 100 g Butter; 1/8 l Rind- oder Würfelsuppe; Salz und Pfeffer.
Mürbteig: 1 Ei; 1 Eiweiß; 150 g Mehl; 100 g Butter; Salz und Fett zum Ausbacken (Öl oder Pflanzenfett).

Aus Butter, Mehl und Wasser wird eine helle Mehlschwitze bereitet, mit Suppe aufgegossen und gesalzen. Das Hirn und die Pilze werden dazugemischt, alles wird aufgekocht und abgekühlt. Nun bereitet man einen Mürbteig aus den obigen Zutaten, rollt ihn 2 mm dick aus und sticht mit einem Glas runde Scheiben aus. Auf jede Scheibe kommt eine nußgroße Menge der Fülle in die Mitte, der Rand wird mit Eiweiß bepinselt, dann wird eine zweite Scheibe daraufgesetzt. Die Ränder werden gut angedrückt, und nun werden die Rissolen in heißem Fett schwimmend goldgelb herausgebacken.

HÜHNERLEBER MIT GLUCKENREIS

Zutaten: 500 g gut gewaschene und abgetropfte Hühnerleber; 200 g grobgeschnittene Krause Glucke; 400 g Reis; 100 g Butter; eine kleingehackte Zwiebel, Salz und Pfeffer.

Man dünstet den Reis in leicht gesalzenem Wasser, bis er körnig weich ist. Nun läßt man ihn zugedeckt stehen, während man die Zwiebel in 50 g Butter rosig anlaufen läßt und sie dann mit den Pilzen vermischt weiterbrät, bis die Pilze etwas weich geworden sind (etwa 8 bis 10 Minuten). Nun salzt man, pfeffert und vermischt die Pilze mit dem Reis. Dann röstet man in der restlichen Butter die Hühnerleber kurz durch und mischt sie entweder unter den Reis oder serviert sie zum Reis dazu.

Hallimasch

Der Hallimasch ist kein Pilz, den man für jedes Pilzrezept verwenden kann, ja man muß sogar sagen, daß ihn nicht jedermann verträgt. Bis vor kurzer Zeit war er auch bei uns ein beliebter Marktpilz. Die Stiele des Hallimasch sind holzig im Alter und sehr zäh in der Jugend, also ungenießbar. Im Rohzustand ist er giftig, es empfiehlt sich also, ihn nicht nur vorzukochen, sondern seine normale Kochzeit etwas länger anzusetzen als die anderer Pilze. Wir verwenden den Hallimasch hauptsächlich für Suppen oder als Mischpilz.

HALLIMASCHSUPPE

Zutaten: 300–400 g Hallimaschhüte, zuerst fünf Minuten im Ganzen vorgekocht, das Wasser abgegossen und dann fein gehackt; 1 mittlere Zwiebel, sehr fein gehackt; 100 g Selchspeck, in kleinste Würfel geschnitten; 300 g gekochte und passierte Kartoffeln; 1 Handvoll frische, grobgehackte Petersilie; Salz, schwarzer Pfeffer; 1 l Rind- oder Würfelsuppe. Nach Bedarf auch etwas Knoblauch fein zerdrückt.

Die Zwiebel wird mit dem Speck zusammen leicht angeröstet (rosig, aber nicht braun!), dann kommen die Pilze dazu, und alles wird zugedeckt mindestens 20 Minuten gedünstet. Nun wird mit der Suppe aufgegossen, das Kartoffelpüree langsam eingerührt, nach Geschmack gesalzen und gepfeffert. Dann wird alles noch einmal 15 Minuten auf sehr kleiner Flamme weitergekocht.

HALLIMASCHSAUCE

Zutaten: 300 g kurz vorgekochte Hallimaschhüte, grob gehackt; 1 mittlere Zwiebel, fein gehackt; 1 Viertelliter saure Sahne/Rahm; 1 Eßlöffel Mehl, 1 Dotter; 1 Handvoll feinstgehackte Petersilie; 80 g Butter; 1 Liter Rind- oder Würfelsuppe; 150 g geröstete Weißbrotwürfel.

Die Pilze werden grob gehackt und mit der Zwiebel und der zerlassenen Butter 20 Minuten auf kleiner Flamme zugedeckt gedünstet. Der Deckel wird abgehoben, und alles wird mit dem Mehl unter ständigem Rühren gestaubt, mit der sauren Sahne aufgegossen, gepfeffert und gesalzen. Inzwischen hat man die Suppe kochend heiß gemacht, und nun wird die Pilzmasse langsam eingerührt. Zum Schluß wird das Eidotter rasch hineingeschlagen, und alles wird, mit der frischen Petersilie und den gerösteten Brotwürfeln bestreut, sehr heiß serviert.

Totentrompete, Trüffel und Leberpilz

Ganz ohne Zweifel ist einer der besten Würzpilze die zu Pulver gemahlene Totentrompete. Sie ist, wie auch einige andere Pilze, in diesem Zustand besser als frisch oder als Ganzes getrocknet. Sie ist deshalb ein wichtiges Requisit in der Pilzküche. Totentrompeten in frischem Zustand mischt man besser mit anderen Pilzen in Suppen und Saucen, denn sie haben nicht viel Würzkraft.

KALBSRAGOUT MIT EIERSCHWAMMERLN/PFIFFERLINGEN UND TOTENTROMPETEN

Zutaten: 4 bis 6 kleine Kalbssteaks; 6 bis 12 Eierschwämme und ebenso viele Totentrompeten (im ganzen oder halbiert); 2 Eßlöffel Mehl; 100 g Butter; etwas gehackte Petersilie; Salz und Pfeffer, 1/4 Liter trockener Weißwein.

Die Kalbssteaks werden in Mehl gewendet und rasch in 50 g Butter auf beiden Seiten goldbraun gebraten und mit dem Weißwein gelöscht. Inzwischen werden die Pilze in der restlichen Butter auf sehr kleiner Flamme ungefähr 15 Minuten zugedeckt gedünstet. Nun gibt man die Pilze und die Petersilie zu den Kalbssteaks dazu und läßt alles auf sehr kleinem Feuer ungefähr 25 Minuten lang zugedeckt kochen. Wenn das Fleisch weich ist, wird alles sehr heiß mit Reis oder Kartoffeln serviert.

PILZPULVER

Um Pilzpulver aus Totentrompeten zu machen, muß man ganz besonders darauf achten, daß die Pilze wirklich brüchig-trocken sind. Dies kann man am besten bewerkstelligen, wenn man sie bei halboffenem Rohr oder in einer Pilzdarre so lange trocknet, bis sie sich in der Hand leicht zerbrechen lassen. Dann muß man sie sofort mahlen, bevor sie wieder Feuchtigkeit aus der Luft aufnehmen können. Man kann dies in einer alten Kaffeemühle tun oder in einem Mörser, was aber viel mühsamer ist. Nach dem Mahlen muß das Pilzpulver in ein luftdichtes Gefäß gegeben werden.

Leberpilz, Trüffel

Um dem Leberpilz die Gerbsäure zu entziehen, ist es ratsam, ihn vor dem Kochen etwas einzuwässern, nach einer halben Stunde abzuseihen und ihn kurz in kochendem Wasser zu schwenken.

LEBERPILZ PANIERT

Man schneidet dickere Scheiben des Pilzes, wendet sie wie Wiener Schnitzel zuerst in Mehl, dann in Ei und schließlich in Paniermehl/Bröseln und backt sie in viel Öl rasch goldbraun. Dazu paßt grüner Salat oder Kartoffelsalat.

EINGELEGTER LEBERPILZ

Diese Marinade kann für alle Essigpilze verwendet werden. Zuerst wird der Leberpilz eine halbe Stunde in kaltem Wasser vorgewässert, dann abgeseiht und 10 bis 15 Minuten lang in Wasser gekocht. Das Wasser wird abgegossen und der Leberpilz in Scheiben geschnitten und in folgender Marinade nochmals 5 Minuten lang gekocht:

2/3 Liter Weinessig; 1/3 Liter Wasser; 1 Teelöffel Salz; 1 Teelöffel Zucker; 1 mittlere Zwiebel (in Scheiben geschnitten); 1 Lorbeerblatt; 8 bis 10 Wacholderbeeren; 1/2 Zitrone (in Spalten, ohne Kerne); 1 Messerspitze Piment, 3 Gewürznelken, eine Handvoll Estragon.

Nun nimmt man die Pilze heraus, legt sie in gut sterilisierte Einkochgläser. Man läßt nun die Marinade noch einmal aufkochen, dann auskühlen und leert sie über die Pilze. Sollten die Pilze nicht ganz mit der Flüssigkeit bedeckt sein, dann kann man mit einer Mischung aus 1/3 Essig und 2/3 gekochtem Wasser nachgießen. Gläser gut verschrauben und kühl lagern.

TRÜFFEL IN WEISSWEIN

Dieses Rezept kann für alle drei erwähnten Trüffelarten verwendet werden, obwohl die Wintertrüffel am besten geeignet ist.

Zutaten: Die Trüffel wird zuerst in warmem und dann in kaltem Wasser mit einer Bürste gereinigt; 6 bis 8 dünne Scheiben roher Schinken; 4 Scheiben Selchspeck; 1 Lorbeerblatt; 1 Eßlöffel getrockneter Thymian; Salz, Pfeffer; 1 Knoblauchzehe; 1/4 l Weißwein; 1 nußgroßes Stück Butter.

Am besten nehmen Sie einen kleinen Topf mit einem gutschließenden Deckel, legen diesen mit den Schinkenstücken aus, geben alle Gewürze hinein, legen die Speckstücke und das Stück Butter darauf, und nun wird alles mit Weißwein übergossen, so daß die Trüffel damit bedeckt ist. Dann wird der Topf fest verschlossen und eine halbe Stunde lang auf mittlerer Flamme gekocht. Wenn die Kochzeit um ist, wird die Trüffel in ganz feine Scheiben geschnitten, die Scheibchen werden entweder auf Beefsteaks, Kalbssteaks oder glasierte Leberschnitten gelegt.

TRÜFFELPASTETE NACH HAUSFRAUENART

Zutaten: 1/4 kg faschiertes Kalbfleisch; 1/4 kg faschierte Kalbsleber; 1/4 kg faschiertes fettes Schweinefleisch; 200 g Schweineschmalz; 8 bis 10 zerdrückte Wacholderbeeren; genügend sehr dünn geschnittener Hamburger Speck, um eine feuerfeste Kasserolle damit auszulegen; 1 Trüffel (klein gewürfelt); Salz; Pfeffer; 1/16 l Kognak; 1/16 l Madeirawein; 1/16 l Obers (Sahne); 1 Ei.

Alle Zutaten, mit Ausnahme des Schweineschmalzes, werden gut vermischt, gleichgültig in welcher Reihenfolge, dann in die mit Speck ausgelegte Kasserolle gegeben und fest zugedeckt im Rohr im Wasserbad eine Stunde lang bei mittlerer Hitze gekocht. Nachdem die Pastete ausgekühlt ist, stürzt man sie aus der Kasserolle, gießt mit zerlassenem Schweineschmalz auf, gibt die Pastete wieder hinein und kühlt alles im Kühlschrank einige Stunden. Mit Preiselbeeren und Salat eine königliche Vorspeise.

Schneepilz

Die Zeit der Schneepilze ist auch die Zeit für Wildgerichte, und es ist deshalb anzuraten, Schneepilze als Beilage zu Wildschwein oder Rehschlögel zu servieren, was eine gute Abwechslung zu den üblichen Preiselbeeren oder zum Rotkraut bietet. Schneepilze sind meist unter Nadeln und Blättern zu finden und deshalb oft sehr verschmutzt, so daß man sie sehr gut waschen muß. Am besten sollte man sie rasch unter nicht zu starkem Wasserstrahl abspülen und ausschütteln. Man kann jeden Teil des Pilzes verwenden und muß auch die Huthaut nicht abziehen.

SCHNEEPILZE ALS BEILAGE ZU WILD

Zutaten: 500 g Pilze, einmal in der Mitte durchgeschnitten; 1 große, grobgewürfelte oder in dicke Ringe geschnittene Zwiebel; 150 g in grobe Würfel geschnittener, gut durchzogener Selchspeck; Pfeffer und Salz; etwas gehackte Petersilie.

Der Speck wird unter ständigem Abgießen des Fettes gebraten, so daß zum Schluß schöne braune Grammeln entstehen, die man auf saugendes Küchenpapier legt, um sie knusprig zu erhalten. Nun werden im abgegossenen Fett die Zwiebelringe so lange gedünstet, bis sie rosigbraun sind. Dann kommen die Pilze dazu, und alles wird sehr rasch auf mittlerer Flamme geröstet, bis das Pilzwasser etwas verdunstet ist. Nun gibt man die Speckwürfel dazu, und alles wird nach nochmaligem Aufkochen sehr heiß serviert.
Man kann auch leicht geröstete Kartoffeln daruntermischen.

EINGELEGTE SCHNEEPILZE

Es gibt prinzipiell zwei verschiedene Arten, Pilze in Essig zu konservieren: sie erstens nur in Essigwasser einzulegen oder zweitens mit Kräutern und Gewürzen im Essigwasser zuzubereiten. Da wir aber einen sehr guten Essigkräutersud schon bei dem Kapitel Reizker erwähnt haben, beschreiben wir nun die einfachste und zeitsparendste Methode, Schneepilze einzulegen, die aber für alle anderen Pilze auch angewendet werden kann:

SCHNEEPILZE IN ESSIGWASSER

Zutaten: Schneepilze; Salz; guter Weinessig und dicht verschraubbare Gläser.

Man gibt die Schneepilze, halbiert und gut geputzt, in einen großen Topf mit kochendem Wasser und Salz – auf 1 l Wasser 5 bis 6 Eßlöffel Salz – und läßt die Pilze 10 Minuten darin kochen. Nun wird die Brühe abgeseiht (aber nicht weggeschüttet!). Der Topf wird gut gereinigt, und die Pilze werden nun in folgendem Sud gekocht: Auf fünf Teile Wasser ein Teil Essig (aber kein Salz), so daß die Pilze von dem Sud gut abgedeckt sind. Alles wird nun 5 Minuten lang wallend gekocht. Dann nimmt man die Pilzstücke einzeln heraus, schlichtet sie fest in vorbereitete saubere Gläser ein, und zwar so, daß zirka zwei Finger breit Sud über den Pilzen steht. Man verschraubt die Gläser nun, öffnet sie aber wieder, wenn sie erkaltet sind, und gießt gutes Olivenöl einen Finger breit darüber, verschließt wieder und stellt sie kühl. Man kann die Pilze so jahrelang konservieren. Wenn man ein Glas öffnet, muß man in kurzer Zeit alle Pilze verbrauchen. Man spült sie gut ab und verwendet sie als Salat oder Beilage zu kaltem, aber auch warmem Fleisch und Fisch. Das abgeseihte Sudwasser der ersten Brühe kann man so lange kochen, bis es sich eindickt (öfters umrühren!), und in einer weithalsigen Flasche zum Würzen aufheben.

Register der deutschen Namen

Enthält die in diesem Buch verwendeten und einige zusätzliche sehr häufige deutsche Pilznamen. (Zur genauen Definition – in Klammern – der heute gebräuchliche lateinische Name.)

Register der lateinischen Gattungs- und Artnamen